# 자연농 교실

자연농 교실


아라이 요시미, 가가미야마 에츠코가 짓고, 가와구치 요시카즈가 감수하고, 최성현이 옮긴 것을 정신세계사 정주득이 2017년 1월 31일 처음 펴내다. 김우종과 서정욱이 다듬고, 김윤선이 꾸미고, 한서지업사에서 종이를, 영신사에서 인쇄와 제본을, 김영수가 기획과 홍보를, 하지혜가 책의 관리를 맡다. 정신세계사의 등록일자는 1978년 4월 25일(제1-100호), 주소는 03965 서울시 마포구 성산로4길 6 2층, 전화는 02-733-3134, 팩스는 02-733-3144, 홈페이지는 www.mindbook.co.kr, 인터넷 카페는 cafe.naver.com/mindbooky이다.

2024년 2월 19일 펴낸 책(초판 제6쇄)

ISBN 978-89-357-0405-7 03520

이 도서의 국립중앙도서관 출판시도서목록(CIP)은 서지정보유통지원시스템 홈페이지(http://seoji.nl.go.kr)와 국가자료공동목록시스템(http://www.nl.go.kr/kolisnet)에서 이용하실 수 있습니다.
(CIP제어번호: CIP2017000315)

가와구치 요시카즈의

# 자연농 교실

自然農教室

아라이 요시미, 가가미야마 에츠코 지음 | 가와구치 요시카즈 감수 | 최성현 옮김

정신세계사

아카메 자연농 학교 9월의 실습지. 오크라, 참깨, 모로헤이야, 호박 등이 자라고 있다. 개울 건너는 실습생의 논으로, 벼(赤米)이삭이 패고 있다.

자연의 힘을 빌려
많은 수확을

어느 여름날 거둔 채소들. 오이, 미니 토마토, 여주, 꽈리고추, 참외.

논두렁에 심은 김장콩이 쑥쑥 자라고 있다. 아카메 자연농 학교에서는 멧돼지의 피해가 적은 적미를 심는다.

밭에 남겨두었던 교나가 큰 포기로 자랐다. 물론 무비료다.

겨울에 자라는 채소는 풀에 좀처럼 지지 않기 때문에 흩어뿌리기로도 잘 자란다. 여러 가지 순무를 솎아놓은 모습.

풍요로운 밭에
다양한 생명이 모인다

더운 여름날, 참깨와 방아깨비.

커다란 거미가 옥수수 열매 가까이 줄을 치고 벌레를 잡아준다.

실습생이 놓은 벌통에 토종벌이 들었다. 벌이 있으면 채소의 가루받이에 도움이 된다.

아카메 자연농 학교는 매월 둘째 주 일요일에 열린다. 멀리서 다니는 사람도 많다. 매회 200명 이상이 모여 열심히 배우고, 자신의 논밭에서 실습한다.

매년 1월 모임은 새해맞이 잔치. 그 뒤 논밭을 돌아보고, 신사에 들렀다가, 산장으로 이동하여 말을 통한 공부를 계속한다.

직접 만든 찰떡으로 단팥죽을 만들어 먹는다. 모두 함께 새해맞이용 떡을 만든다.

매월 실습 전날에는 다 함께 '공동 작업을 통한 공부'를 하고, 밤에는 산장으로 이동하여 자연농 채소로 만든 식사를 한다. 그 뒤에는 '말을 통한 공부'를 한다.

사람의 활동도
자연의 활동

가와구치 씨의 밭에서 수확한 수박·풀 속에서 수박을 찾으면 보물을 찾은 것처럼 기쁘다.

# 서문

나무에 바람이 불고, 새들이 노래하고, 맑은 물이 그치지 않고 조용히 흘러가고, 계절마다 아름다운 꽃이 여러 가지 색깔로 바꿔가며 피어나고, 생명의 열매를 맺는 자연계에서 자급자족의 체제를 만들어간다. 텃밭이 있는 생활을 만들어간다. 농사에 바탕을 둔 생활을 만들어간다. 시골 생활을 만들어간다……. 생각만 해도 너무나 즐거워 가슴이 벅차오른다. 이것은 누구나가 꿈꾸고 바라는 생활이다.

생명을 안에 품고, 육체를 받아 사는 100년 전후의 삶. 내면의 영혼이, 생명이 깃든 육체가 농사에 바탕을 둔 생활의 근사함, 즐거움을 알고 그것이 생명 있는 우리 삶의 기본인 것을 깨닫고 아는 데서 오는 욕구다. 또한 우리 몸 안에 잠자는 3세대 과거, 10세대 과거, 100세대 과거……가 자연계에 몸을 두고, 논밭에 서서, 벼들과, 채소들과 함께 사는 기쁨을 경험했던 데서 오는 것이자, 그 실현은 삶의 의미와 의의에 대한 답이 되는 것이다. 맑은 대기 속에서 몸을 움직이며 태양의 온기 덕에 살아가는 기쁨을 느끼고, 불어오는 바람에 심신이 맑아지고, 나의 발로 대지를 힘차게 밟고 서서 내 육체와 간단한 도구만으로 채소와 벼를 사랑으로 보살피며 건강하고 아름답게 자라가기를 바라는, 가슴 뛰는 노동이 있는 삶이다. 나의 심신을 기르고, 인생을 후회 없이 완수해가는 길이다.

논밭이 있는 생활, 대자연 속에서 그 은혜들 가운데 사는 시골 생활은 참으로 즐겁고 뜻깊다. 마음을 담아 보살핀 채소가 저절로 자라는 걸 보며 날마다 감동한다. 아침 해에 두 손을 모으고 신선한 공기를 마시며 밭에 가면, 잘 자란 잎사귀 속에서 여기저기 모습을 드러내는 꽃봉오리 또한 감동이다. 아침 이슬을 안고, 아침 햇살에 빛나는 가지의 꽃들, 피망과 토마토의 꽃들, 수박, 동아, 호박의 꽃들이 활짝 피어 찬란하고 신비하다. 나비와 벌을 불러들이고, 그들에게 자신을 전부 주는 꽃의 여유로운 모습은 거룩하고 품위가 있다. 이 모든 게 신과의 공동 작업에서 오는 엄숙한 밭의 기적이다. 날마다 꽃을 피우고, 때가 지나면 고운 열매를 맺고, 나날이 크게 자라 짙은 자주색으로 물들어 빛나는 가지, 파란색에 고운 모습으로 열매를 맺는 피망, 송이송이 빨간 열매를 맺는 토마토……. 갖가지 모양과 색깔을 드러내는 여러 종류의 채소 아래에서는 덩굴을 뻗어가며 자라는 호박, 수박, 동아 등이 열매를 크게 키우며 자란다. 이 거대한 동아, 감로가 떨어지는 새빨간 수박, 믿음직스러운 모습으로 익어가는 호박 등은 도대체 어디에서, 어떻게 여기에 오는 것인지, 누가 만드는 것인지…….

생명이 엮어내며 논밭에 드러내 보이는 자연의 활동은 놀람의 연속이자, 크나큰 불가사의의 세계다. 즐겁다, 기쁘다. 마음이 설레고, 영혼이 감동한다. 이 생명으로 가득 찬 자연의 은혜가 가족이 모두 모인 밥상에 놓였을 때의 감동은 각별하고, 행복감 또한 크다. 막 찧은 밀가루로 구운 향기로운 빵, 바로 지은 밥에 신선한 채소로 끓인 된장국, 채소 절임, 바구니에 담은 여러 가지 채소……. 밥상의 대화는 신바람이 난다. 기쁨을 주고받는다. 자연에 대한 감사가 가슴 깊은 곳에서 절로 솟구쳐 오른다.

오늘날의 일본이나 세계 농업은 아주 많은 문제를 안고 있어, 밑바탕에서부터 풀어내지 않고는 인류의 미래가 없다는 걸 많은 사람들이 알고 있습니다. 농업이 불러온 환경오염, 환경 파괴 문제, 자원 낭비 문제, 쓰레기 문제, 식품의 안정성 문제, 농부의 건강 문제, 농작물의 생명력 문제, 자급률 문제……. 이 모든 문제들이 더욱 깊어져만 가고 있습니다.

이 책에서 소개하고 있는, 땅을 갈지 않고, 비료와 농약을 쓰지 않고, 풀과 벌레를 적으로 여기지 않는 자연농의 재배법은 현대의 여러 문제들을 밑바탕에서 해결해주는 안내서이자 인류의 미래를 지속가능하게 만드는 길이기도 합니다. 자연농의 논밭은 자연의 조화를 해치는 일이 없이 아름답고 맑은 세계를 실현해줍니다. 기계를 쓰지 않는 자연농은 예술가의 마음으로 논밭을 가꾸며 논밭을 천국으로 가꾸어갑니다. 자연농은 인간성의 성장으로도 이어져, 작물을 기르며 자신도 자라는 재배법이기도 합니다.

아라이 요시미 씨가 3년간 멀리 나라奈良, 미에三重 현에 있는 우리 논밭과 아카메 자연농 학교에 다니며 취재를 거듭하고, 사진으로, 말로…… 엮고, 거기에 일찍부터 시골 생활과 자급자족 생활을 이루고 자연농 배움터에서 지도도 하고 있는 자연농 22년차 가가미야마 에츠코 씨의 뛰어난 그림과 해설, 그리고 세키가미 에미 씨의 솜씨 있는 일러스트가 더해져서 자연농의 철학과 실제를 알기 쉽게 드러낸, 내용이 풍부한, 여러 사람의 마음을 설레게 할 이 책이 완성되었습니다. 거기에 월간 잡지 〈시골 생활의 책〉의 편집부 여러분이 이 시대의 수많은 사람들에게 이 책을 반드시 읽혀야 한다는 강한 열망 아래 몰두하여 훌륭한 책으로 만들어주셨습니다. 이 책이 많은 사람들에게 읽히고, 세계 여기저기에서 아름답게 꽃을 피우고, 풍요롭게 열매를 맺기를, 그래서 수많은 사람들이 참다운 평화와 행복을 얻을 수 있으시기를 바라며 기도합니다.

2013년 2월 입춘 즈음에,

가와구치 요시카즈

# 차례

이 책은 월간 〈시골 생활의 책〉에 2010년 4월호부터 2013년 3월호까지 연재된 내용을 정리하고, 가필 수정한 것입니다.

자연농 배움터 '아카메 자연농 학교'란?

아카메 자연농 학교는 가와구치 요시카즈가 지도하는 자연농 배움터. 미에 현과 나라 현 경계에 있고, 멀리서도 학생들이 온다. 크고 작게 나눈 논밭을 하나씩 맡아 직접 채소나 벼를 길러보며 자연농의 세계를 배운다. 상주 스태프는 없고, 실습생은 아무 때나 와서 일할 수 있다. 매월 둘째 주 일요일(12월은 첫째 주 일요일)에 공부 모임이 있다. 전날인 토요일에는 시골 생활에 필요한 공동 작업을 통해 배우고, 밤에는 근처에 있는 산장으로 옮겨 대화를 통해 배움의 시간을 가진다.

참고 _ '마음 편히 자연농' http://iwazumi.nsf.jp/

1장

# 자연농의 기본

자연농의 스승은 사람이 아니라,
아무도 도와주지 않는데도
푸르게 우거지는 자연의 숲과 초원이다.
하지만 자연농의 목적은 어디까지나 '재배'다.
방임해두기만 해서는 충분한 수확물을 거둘 수 없다.
최소한의 농작업은 필요하다.
자연의 조화를 깨지 않으며 더 많은 결과를 얻기 위한
기본 노하우를 작업에 따라 소개한다.

글·사진 아라이 요시미
일러스트 세키가미 에미

# 자연농의 기본, 재배 계획

▼자연농에서는 땅을 갈지 않고, 비료와 농약을 쓰지 않고, 풀이나 벌레를 적으로 여기지 않는다. 하지만 그것은 「방임」과는 다르다. 자연에 따른 필요 최소한의 농작업으로 풍요로운 결실을 얻어보자.

밭에 난 풀을 뿌리째 뽑지 않아도, 아주 조금 도와주기만 해도, 채소는 잘 자란다. 여러 가지 풀이나 꽃 속에서 생명력 넘치게 자라는 배추의 모습이 아름답다.

**자연계의 '이치'를 알다**

## 되도록 필요 없는 일을 하지 않고, 자연의 활동에 맡겨 '재배'한다

가와구치의 '자연농'은 가능한 한 불필요한 일은 하지 않고, 자연의 활동에 따르고 맡기는 재배 방법이다. 작업의 기본은 땅을 갈지 않고, 비료와 농약을 쓰지 않고, 풀과 벌레를 적으로 여기지 않는 것이다.

"자연계에는 미로가 없고, 장해가 없고, 문제도 없습니다. 자연계의 이치에 따르고 맡기면 됩니다. 탈이 생기는 것은 우리들에게 문제가 있기 때문입니다. 장해가 생긴다면 우리가 자연에서 벗어나 있기 때문입니다."

인류의 역사가 수렵·채집에서 농경 생활로 바뀌며 인류는 식량을 안정적으로 손에 넣을 수 있게 됐다. 그 변화는 컸다. 생활 자체가 크게 변했다. 농경 생활 그 자체가 환경 파괴라고 보는 사람도 있다. 하지만 잘못은, 농경 생활 그 자체가 아니라 자연의 섭리에서 벗어난 재배 방법에 있다. 인간이 자연과 함께 조화롭게 살아가는, 지속가능한 재배 생활을 자연농은 목표로 하고 있다.

일반적으로 '자연'은 다음과 같이 정의할 수 있다. ① 산이나 강과 풀과 나무처럼 인간은 물론 인간의 손이 닿은 것을 뺀 이 세상의 모든 것. ② 인간을 포함한 천지간의 만물. ③ 인간의 손이 닿지 않은 그것 본래의 상태.

"자연계는, 스스로 그러하다는 말뜻처럼, 모든 것이 과부족 없이, 어긋남 없이, 사는 데 필요한 식량을 준비하고 있습니다. 모든 것이 일체인 동시에 각각입니다. 그렇게 활동합니다."

수많은 생명을 기르는 풍요로운 무대

10월경의 가와구치 씨의 밭. 일견 풀로 뒤덮여 있는 것처럼 보이지만 이랑마다 온갖 채소가 잘 자라고 있다.

이기도 한 논밭은, 거기에 살고 있는 풀이나 소小동물 등이 생사의 순환을 반복함에 따라 해마다 더욱 비옥해져간다. 하지만 땅을 갈면 그 무대가 깨진다. 파괴된다.

풀이나 벌레, 소동물이 나고 죽고, 그 자리에 쌓여가며, '주검의 층'이 생기고, 거기에 미생물이 활동하며, 더욱 생명력이 넘치는 땅으로 바뀌어간다. '주검의 층'은 흙과 달리 보수력과 통기성이 높기 때문에 작물이 잘 자란다.

자연농에서는 동식물이 나고 죽는 생사의 전 과정이 통째로 밭에서 일어나고 있다. 한편 관행 농업이나 유기 농법에서는 그 일부만이 이루어지고 있다. 정말로 중요한 것은, 논밭이 저절로 비옥해지도록 하는 것이다.

자연농은 인기가 많다. 나라와 미에 현 경계에 있는 자연농 실습지 '아카메 자연농 학교'에서 매월 열리는 정기 모임에는 200명 이상이 모인다.

## 재배의 '목적'을 생각한다

## 현대 농업에서는 작물 재배 자체가 소비 행위다

현대 농업은 화학비료로 작물을 기르는데, 화학비료는 작물 본래의 생명력을 잃어버리게 만든다. 그 결과 병충해가 생기고 그것을 막기 위한 농약을 쓰지 않을 수 없다. 악순환에 빠져 있다. 자연에 맡겨두면 인간이 땅을 만들 필요가 없다. 하지만 밭 전체를 갈아 풀을 없애고 그 위에 채소만을 기르기 때문에 다양한 생명 활동이 사라짐에 따라 비료가 필요해진다.

비료, 농약, 기계, 그리고 기계를 움직이는 석유, 그것들을 갖추는 데 필요한 자원이나 에너지 등, 논밭 바깥에서 온갖 것을 가져오지 않으면 현대 농업은 식량을 얻을 수 없다.

그렇게 해서 얻은 먹거리는 안정성이 의심스럽고, 나아가 대지도 황폐해지고, 흙의 유실, 흙과 물과 공기의 오염, 비닐과 자재 쓰레기의 대규모 발생 등과 같은 다양한 문제를 불러오게 된다.

한편 무농약 농업이나 유기 농업과 같은 대체 농법이 생겼지만, 밭을 갈고 유기 비료를 주고 벌레나 풀을 적으로 여긴다는 점에서는 그것들도 관행 농법과 같은 자리에 서 있다. 또한 보기에 좋고 유통하기 쉬운, 균일하고 큰 수확물을 얻을 수 있도록, 거기다 제철이 아닌 때도 기를 수 있도록 비자연적인 방향에서 품종이나 생산 기술이 개량되어왔다. 관행 농법으로 기른 채소는 농약과 화학비료와 에너지를 대량으로 쓰는 공업제품과 같다.

현대 농업에서는 갈지 않으면 안 된다, 비료와 농약이 절대적으로 필요하다고 굳게 믿고 있다. 그것과 완전히 반대 생각을 갖고 있는 자연농은, 오늘의 농업이 불러들이고 있는 온갖 문제를 근본에서부터 해결할 수 있는 영속 가능한 재배 방법이다.

경운을 통해 말끔하게 풀을 관리하고 있는 유기 농업의 밭. 자연계에서 채소만이 떨어져나와 있다.

### 현대의 여러 가지 농법

**관행 농법**

농약 O 제초 O 경운 O 비료 O

현재 가장 많이 행해지고 있는 재배 방법으로 농약과 화학비료를 사용하고 기계나 시설의 이용을 전제로 한다. 수확한 작물은 농협을 통해 출하되는 일이 많고, 그때 상자값이나 선별료 및 배송비를 지불한다. 농약이나 화학비료, 기계와 설비 또한 농협이 알선.

**무농약 혹은 감농약 재배**

농약 △ 제초 O 경운 O 비료 O

농수산부로부터 '특별 재배 농산물에 관한 표시 가이드라인'이 정해지고부터 무농약, 무화학비료, 감減농약과 같은 표기 대신 '특별 재배'라고 표기하게 되었다. 관행적으로 행해지고 있는 농약 사용 횟수의 5할 이하가 기준이지만, 지역에 따라 농약과 화학비료의 사용 횟수가 달라 차이를 알기 어렵게 됐다.

**유기 농법**

농약 O 제초 O 경운 O 비료 O

화학비료를 쓰지 않고, 양질의 퇴비나 미생물로 유기 비료를 만들고, 그것을 흙 속에 투입하여 땅을 만드는 농법. JAS 유기인증제도를 취득한 것은 JAS 마크를 붙여 유기 표시를 해서 판매할 수 있다. 일반 농법에서 쓰고 있는 농약 중 유기 JAS 법에서 인정하고 있는 농약에 관해서는 사용을 허락하고 있고, 자연농약도 쓴다.

**후쿠오카 마사노부의 자연농법**

농약 ✖ 제초 ✖ 경운 ✖ 비료 ✖

'무경운, 무제초, 무비료, 무농약'이 기본으로, 다양한 씨앗이 든 '진흙 경단'을 뿌린 뒤에 그중 그곳에 맞는 작물이 나서 절로 자라는 것을 기다리는 방법. 진흙 경단은 발아하기까지 씨앗을 지키는 역할을 한다. 사막 녹화 활동을 전 세계에서 했고, 그 활동이 알려지며 해외에서 여러 가지 상을 받았다.

갈지 않은 밭

벌레는 분산
풀
부엽토 층
멀칭 효과
식물 잔사에서 생긴 새 흙
영양분
보온
지렁이, 벌레
통기성
생명 활동

## 갈지 않는다

**경운, 곧 대지를 가는 것은 부자연한 일.
수많은 생명이 사는 무대를
파괴하는 경운을 그만두자**

### 땅을 갈면 여러 가지 문제가 생긴다

무無경운이 자연농의 기본이자 자연계의 본래 모습이다. 땅을 갈면 거기에 사는 수많은 생명들을 죽이게 된다.

"갈면 일시적으로는 흙이 부드러워지지만 곧바로 딱딱해집니다. 그러므로 한 번 갈면 다시 갈아야만 하는 악순환에 빠집니다."

땅을 갈지 않으면 풀뿌리가 뻗으며 흙이 부드러워지고, 벌레나 소동물의 똥과 식물의 잔사殘渣가 쌓이며 땅이 기름지게 변한다. 풀이나 벌레들이 그곳에서 생명 활동을 완수하고 다음 생명의 무대로 순환해가는 것이 자연의 모습이다.

풀을 다 뽑아버리지 않고 낫으로 베어 그 자리에 펴놓는 자연농 김매기는 '풀 멀칭mulching' 효과가 있고, 흙의 건조를 막고, 풀이 나는 걸 억제한다. 잘라 펴놓은 풀은 썩어서 작물의 영양분이 된다. 자연농의 논밭에는 그 풀들로 이루어진 부엽토 층이 생긴다. 풀만이 아니다. 벌레와 소동물의 주검도 거기에 쌓인다. 가와구치는 그 층을 '주검의 층'이라 표현한다.

자연계에서도 야생 동물이 부분적으로 파고, 뚫는 일은 있다. 그러므로 이랑을 복원하기 위해 고랑의 흙을 파 올린다거나, 감자를 캘 때 포기 주변을 파는 일 따위는 문제가 안 된다. 무경운이라는 말에 갇히지 말고 자연계의 모습에서 배우자.

자연농에서는 '씨앗 뿌린다'고 안 하고, '씨앗을 떨어뜨린다'고 한다. 부분적으로 지표면의 풀을 베고, 필요하다면 여러해살이풀의 뿌리를 제거한다.

## 비료와 농약을 쓰지 않는다

**비료나 물을 주지 않는데도
어떻게 산의 나무는 해마다 열매를
맺는 것일까?**

### 필요하다면 조금 도와주고, 거기서 멈춘다

자연계를 보면 알 수 있듯이, 아무도 간다거나 비료를 준다거나 하지 않는데도 나무는 크게 자라 이윽고 숲이 되고, 산채나 버섯 따위가 해마다 돋아난다. 병해충이 생기며 죽어버리는 일도 없다. 벼나 채소도 그처럼 자연의 활동에 맡기면 된다.

다만 관행농에서 자연농으로 바꾸고 몇 년은 땅속의 양분이 부족하여 작물이 잘 자라지 않는 일이 있다. 그때는 필요에 따라 등겨나 유박油粕, 풀, 음식물쓰레기 등을 주면 좋다. 이것은 바깥으로부터 가져오는 '비료'가 아니다. 논밭에서 난 것을, 그리고 생활 속에서 나온 것을 다시 논밭으로 순환시키는 되돌려주기다. 땅을 파고 집어넣을 필요는 없다. 땅 위에 뿌려놓는다거나 모 가까이 놓아주면 된다. 천천히 분해되기 때문에 병이나 해충이 생기기 어렵다. 그 과정에서 흙이 좋아지며, 아무것도 주지 않아도 작물이 건강하게 잘 자라는 비옥한 땅이 되어간다.

비료를 주면 채소는 크고 훌륭하게 자라지만 그만큼 맛이 떨어진다. 비료로 커진 것뿐이고 작물이 가진 본래의 에너지는 변함이 없다. 겉모습에 사로잡히지 말고 본래의 맛을 향해 가는 게 좋다.

밭이 비옥해지면 배추나 양배추 등도 잘 자란다. 여러 가지 풀꽃과 공존하는 아름다운 밭의 모습.

## 땅을 갈고 있는 밭

농약을 쳐야 한다
작물에 벌레가 생긴다
물을 주어야 한다
건조
비료를 주어야 한다
건조
생명이 없다

## 풀이나 벌레를 적으로 여기지 않는다

**풀을 '잡초'로 분류하는 것은 인간의 편의. 생태계의 균형이 지켜지고 있다면 '해로운 벌레' 또한 없다**

### 생명 활동이 비옥한 밭을 만든다

채소도 풀의 동료이기 때문에 어려운 환경에서는 잘 자라지 않는다. 그럴 경우는 볏과나 콩과 작물의 씨앗을 뿌리면 좋다. 풀이 나서 자라는 환경으로 바뀌면 자연은 조금씩 건강을 회복해간다.

"풀이 소동물을 살리고, 소동물이 작물이나 풀을 살리는 하나의, 일체의 활동을 하고 있습니다. 서로 없어서는 안 되는 존재입니다."

잡초의 '잡雜'이란 어디까지나 인간의 편의에 따른 생각일 뿐이다. 자연계에 '해로운 벌레'란 없다. 자연 생태계의 균형이 지켜지고 있을 때는 병도, 해로운 벌레도 생기지 않는다. 인간의 편의에 따라 비료를 너무 많이 주거나 풀을 지나치게 베면 균형이 깨지며 병이 생긴다거나 벌레가 모여든다.

자연농은 풀베기도 하지 않는 방임 재배라고 생각하기 쉽지만, 실제로는 제대로 자라도록 최소한의 관리를 하고 있다. 채소와 풀의 싹이 동시에 나오면 풀의 기세에 채소가 지고 만다. 그러므로 그럴 때는 채소의 생육을 돕기 위해 풀을 잘라준다. 어느 한 가지 벌레가 많이 생긴다고 해도, 그것을 먹는 천적이 생기며 자연 스스로 균형을 회복해간다. 그러므로 병이 나더라도 바로 약으로 대처하지 말고, 작물의 생명력에 맡기고 지켜보는 쪽이 오히려 좋은 결과로 이어진다.

아카메 자연농 학교의 논밭에서는 거미나 잠자리 등, 온갖 생물을 볼 수 있다.

자가 채종을 하기 위해 남겨둔 채소에 꽃이 피면 거기에 벌이나 벌레가 모여든다. 논밭의 시간이 그들로 인해 즐겁다.

---

**1년간의 재배 계획을 세워보자**

## 연작 장해에는 주의. 감자, 고구마, 양파는 많이

밭 어디에 어떤 작물을 심고, 언제 수확을 하고, 그다음은 무엇을 심을까 하는 1년간의 농사 일정을 내다보는 재배 계획을 세워보자.

주의할 것은 같은 곳에서 같은 작물을 계속해서 재배하지 말 것. 자연농의 밭에는 수많은 생명이 살고 있기 때문에 연작 장해가 잘 안 일어나지만 만약을 대비해 작물에 따라 재배지를 바꿔주는 게 좋다.

계절마다 3~5종류의 채소를 정하고 거기에 잎채소, 조미나 향신을 위한 채소 등을 추가한다. 밭이 넓다면 저장이 가능하고 소비가 많은 감자나 고구마, 야콘, 양파 등을 많이 재배한다.

또한 같은 종류의 채소라도 조생, 중생, 만생(24쪽 참고) 종자를 심어 수확기간을 늘리는 길도 있다. 한 해에 봄과 가을, 두 번 뿌려도 되는 채소도 있으므로 전체의 흐름을 고려해가며 구체적으로 계획을 세우는 게 좋다.

재배 계획을 세울 때는 커다란 종이 두 장과 연필, 색연필 등을 준비한다. 한 장에는 전체 평면도를 그리고, 이랑의 위치를 적고, 방향과 함께 햇살이 잘 드는 곳이나 그늘이 지는 곳, 바람이 잘 통하는 곳 등 그 땅의 특징도 적어놓는다. 건물이나 나무의 영향도 고려하여 대략적으로 구획을 나눈다.

다른 한 장에는 씨앗을 뿌리는 시기나 수확기를 포함한 연간 농사 달력을 작성한다. 2월부터 12월(1월은 농작업이 거의 없다)까지 달마다 상순, 중순, 하순의 세 시기로 나누어 적는다. 아래로는 구획에 따라 심어 가꾸고 싶은 작물을 써넣고 씨 뿌리기, 아주심기, 수확 등의 작업 시기를 기입한다. 이 책 맨 뒤에는 가와구치 요시카즈 씨의 농사 달력을 참고로 하여 만든 농사 달력이 있으니 연간 계획에 참고로 하시길.

밭의 구획 나누기

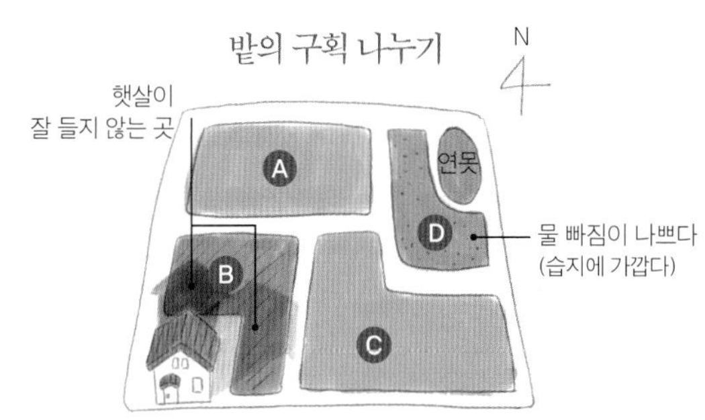


농사 달력 작성은 이런 식으로

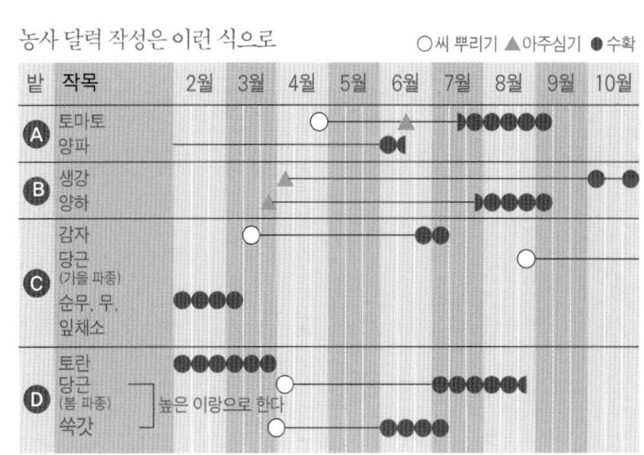

자연농의 기본 2

# 밭 개간과 이랑 만들기, 농기구

▼땅을 갈지 않는 자연농에서도 재배하기 쉽도록 이랑을 만든다. 만든 이랑은 그대로 계속해서 사용하기 때문에 처음에 폭이 서로 다른 이랑을 여러 개 만들어놓으면 좋다.

방치돼 있던 곳을 밭으로 개간할 때는 먼저 고랑을 파고 이랑을 만든다.

오래 농사를 안 지은 밭에는 갈대 등 키가 큰 풀이 우거져 있는 경우가 많다.

조릿대 따위가 나서 우거진 곳은 작업이 어렵다. 먼저 대충 베어놓고, 그 뒤에 되도록 표면 가까운 부분을 베어 이랑을 만든다.

**자연농의 밭에 맞는 땅**

## 방치돼 있던 기간이 길면 길수록 자연농의 밭으로 바로 바꿀 수 있다

전국 각지에서 경작을 포기한 땅이 늘어나고 마을 산이 황폐해져간다는 말을 듣는다. 과거에 밭이었던 곳도 방치해두면 쇠뜨기 등으로 뒤덮여버리거나 억새나 조릿대 차지가 돼버린다. 그런 곳을 보면 누구나 '밭으로 만들기는 어렵겠다'는 생각을 하기 쉽다.

하지만 사람의 손이 닿지 않은 기간이 길면 길수록 자연환경은 풍요로움을 회복하고 있다고 볼 수 있다. 그러므로 땅을 갈지 않고, 자연의 활동에 따르는 자연농에는 오히려 유리하다.

오랜 기간 방치돼 있는 밭에는 조릿대나 억새와 같은 여러해살이풀이 기세 좋게 자라난다. 그와 같은 풀도 뿌리를 뽑지 않고, 톱낫이나 삽 등을 써서 뿌리를 끊어놓는 정도면 족하다. 봄부터 여름까지 지상부를 두세 차례 잘라주면 조릿대와 억새의 생명 활동이 약해져가며 땅속의 뿌리도 차차 죽어가기 때문이다.

경운을 하던 밭에서 자연농으로 바꾸면, 처음에는 땅이 딱딱하지만 풀이 나 자람에 따라 온갖 생물의 활동이 활발해지며 서서히 부드러워져 간다. 무슨 이유에선지 풀이 안 나고, 흙이 부드러워지지 않을 때는 다음과 같이 한다. 첫째, 주변의 풀이나 낙엽을 모아다 덮는다. 둘째, 등겨나 왕겨, 유박 등을 뿌려준다. 셋째, 먼저 볏과나 콩과 채소를 심는다. 풀이 나기 시작하면, 그 뒤에는 불필요한 일을 하지 않고 자연의 생명 활동에 맡긴다.

아카메 자연농 학교의 모습. 무성하던 조릿대를 잘라내자 원래 있던 다랑논이 모습을 드러냈다.

**이런 곳도 자연농의 밭이 된다!**

## 주차장, 잔디밭, 화단 등도 자연의 회복력에 맡긴다

자연농을 시작해보고 싶지만 밭이 없을 때는 다시 한 번 주변을 돌아보기 바란다. 정원의 잔디밭, 주차장, 작은 꽃밭 등도 자연의 회복력에 맡겨두면 훌륭한 밭이 되기 때문이다.

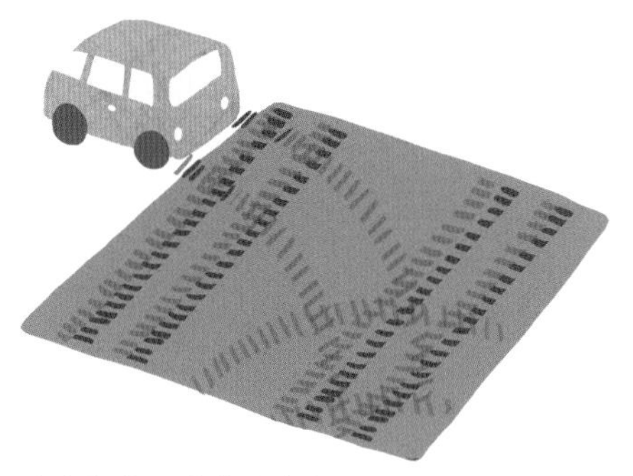

딱딱하게 굳어진 주차장
고랑을 파서 배수로를 만들고, 그 흙을 퍼올려 이랑을 만드는 작업부터 시작하자. 부족한 영양분은 강의 퇴적토나 산 흙을 가져다 펴거나 등겨나 유박 등을 뿌려서 보충해준다.

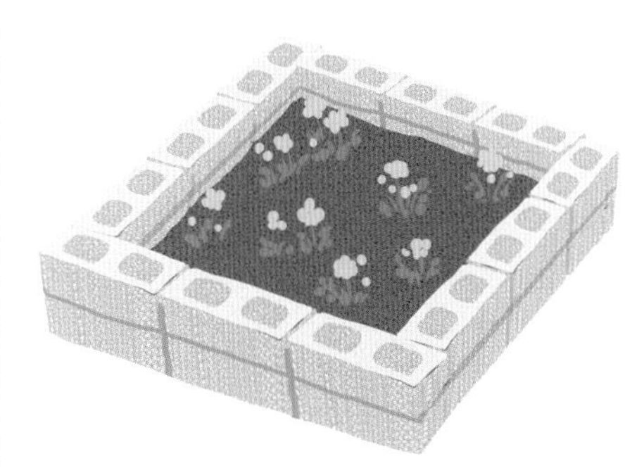

블록을 쌓아 만든 작은 꽃밭
꽃밭의 하부는 땅이기 때문에 바로 시작할 수 있다. 통기성이나 배수성을 높이기 위해 되도록 블록은 벗겨내고 이랑을 만드는 쪽이 좋다.

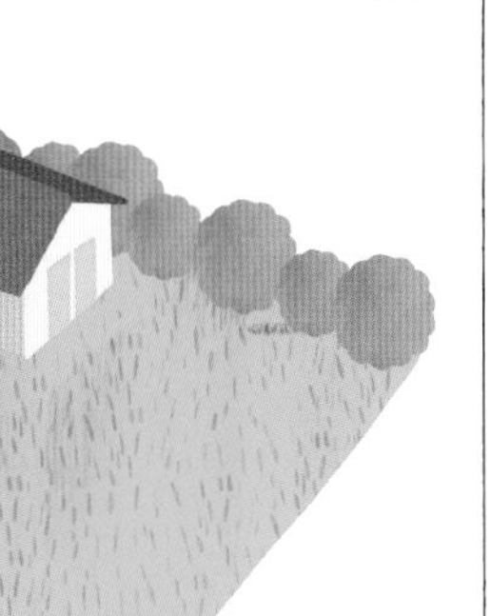

정원의 잔디밭
괭이나 삽을 써서 잔디를 벗겨낸다. 이때도 고랑을 내고, 거기서 나오는 흙을 올려 이랑을 만든다. 잔디가 나는 곳이 있다면 지표부만 베어 펴놓는다.

숲이나 대나무밭
예전에 밭으로 썼던 곳이 그간 묵었다면 다시 밭으로 바꿀 수 있다. 하지만 그렇지 않다면 옛날부터 밭에 맞지 않는 땅이다. 그런 곳이라면 숲은 표고버섯 재배, 대나무밭은 죽순 채취 등으로 활용할 수 있다.

**자연농의 밭에 맞는 땅**

## 방치된 밭의 개간

키 높이로 자란 조릿대를 벤다. 조릿대가 기세 좋게 자라고 있다는 것은 그만큼 땅속에 영양분이 많다는 뜻이므로 그런 곳에서는 채소도 잘 자란다.

**❶ 조릿대를 모두 자른다**
뿌리는 남겨둔 채 지표부만 정성껏 벤다. 키가 커서 작업을 하기 어려울 때는 위를 대충 잘라낸 뒤, 한 번 더 벤다. 이번에는 바짝.

**❷ 되도록 낮은 부분을 자르도록 한다**
톱낫 끝을 조금 땅속에 찔러 넣어가며 줄기와 뿌리의 접점을 벤다. 조릿대 싹은 자꾸 나기 때문에 여러 차례 베어야 한다.

**❸ 개간을 했을 때는 양분을 넣는다**
바로 채소 재배를 하고 싶을 때는 풀을 베어낸 뒤, 낙엽이나 부엽토 따위를 이랑에 뿌려주면 좋다. 그리고 파종을 하거나 모를 심을 때, 등겨나 유박을 뿌려준다.

### 물 빠짐이 좋은 밭과 나쁜 밭, 보수력이 있는 밭이란?

채소 재배에는 수분이 빠질 수 없지만 지나치면 뿌리가 썩는다거나 생육에 좋지 않다. 그러므로 고랑을 내고 이랑을 높여 배수가 잘 되도록 해야 한다.
비가 온 다음 날에도 걸을 수 있을 정도면 물 빠짐이 좋고, 이삼일 뒤에도 물이 고여 있다면 물 빠짐이 나쁜 곳이라 보면 된다. 한 해 내내 습기가 있는 곳에는 습지를 좋아하는 채소를 골라 심는 게 좋다. 보수력이 있는 한편 배수도 잘 된다고 하면 일견 모순되게 보이지만, 그것이 본래 자연의 모습이기도 하다.

비 온 뒤 물웅덩이가 생기면 물 빠짐이 좋지 않다는 뜻이다. 이때는 고랑을 고쳐 만든다.

### 자연농의 이랑 만들기

## 방임이 아니라 재배이기 때문에 자연농에서도 이랑을 만든다

고랑을 내고, 그 흙을 퍼 올려 평평하게 편 곳을 '이랑'이라 한다. 자연농에서는 한 번 만든 이랑을 이어 쓴다.

이랑과 고랑이 있으면 높이나 폭에 따라 물 빠짐이나 통기성을 조절할 수 있고, 작업을 하기 쉽고, 통로를 알기 쉽다는 등의 이점이 있다.

이랑은 가운데가 약간 높은 게 좋다. 아주 조금만 높으면 된다. 그렇게 마무리한다. 고랑을 파면 땅을 파는 것처럼 보이지만, 그 흙은 이랑 위를 덮을 뿐이다. 금방 원래 상태로 돌아간다.

이랑 높이는 밭 상태와 주변 환경에 맞춰 습한 곳은 높게, 건조한 곳은 낮게 만드는 것이 기본.

이랑을 만드는 시기는 가을이 끝나갈 무렵부터 겨울이 시작될 무렵이 자연환경의 혼란이 적기 때문에 가장 좋다. 고랑이나 이랑이 낮아졌을 때는 고랑의 흙을 이랑 위로 퍼 올린다.

밭 가의 과일나무 아래에 채소 씨앗을 뿌린다거나 보리 따위를 넓은 면적에 재배할 때는 이랑을 만들지 않거나 폭이 넓은 이랑을 만든다. 건조하기 쉬운 밭이나 경사지에서도 이랑을 만들지 않는 쪽이 좋은 경우도 있다.

낙엽수 아래에 잎채소 씨앗을 흩어 뿌릴 때는 이랑을 만들지 않아도 된다.

### 이랑 만들기의 기본

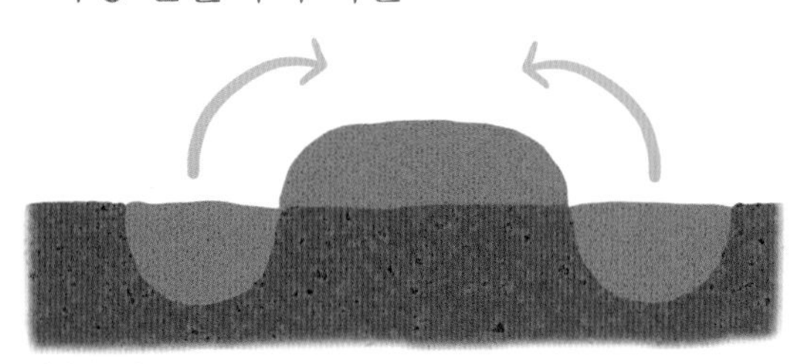

이랑 높이와 폭, 고랑의 깊이는 밭의 상태나 재배하고 싶은 작물에 따라 달라진다. 두 이랑 사이에 있는 고랑을 메워 한 이랑으로 만든다거나 폭이 넓은 이랑을 두 이랑으로 나누기도 한다.

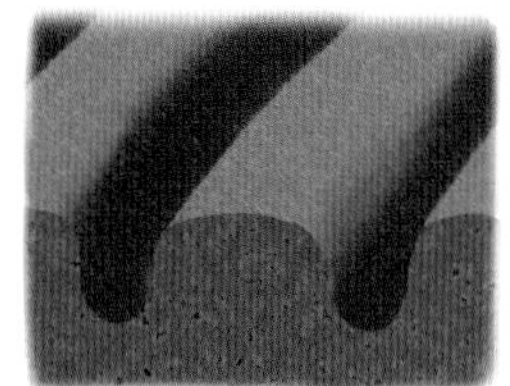

습한 땅

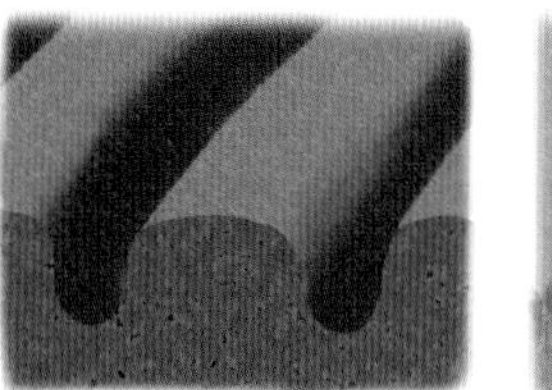

건조한 땅

이랑의 폭

이랑 폭은 통로 양쪽에서 손이 닿는 1m 정도가 기본. 호박이나 수박과 같은 덩굴 식물은 3~4m 폭이 필요하기 때문에 폭이 각각 다른 이랑을 준비해두면 좋다.

### 이랑의 방향

이랑의 방향은 햇살의 방향을 고려하여 남북을 기본으로 하고 물 빠짐, 밭의 모양, 작업상의 편리 등을 종합적으로 고려하여 정한다. 채소를 기를 곳은 늦어도 9시에는 해가 드는 곳을 고를 것. 자연농에서는 이랑을 그대로 이어서 사용하기 때문에, 밭에 여유가 있다면 폭이 다른 여러 이랑을 만들어두는 게 좋다.

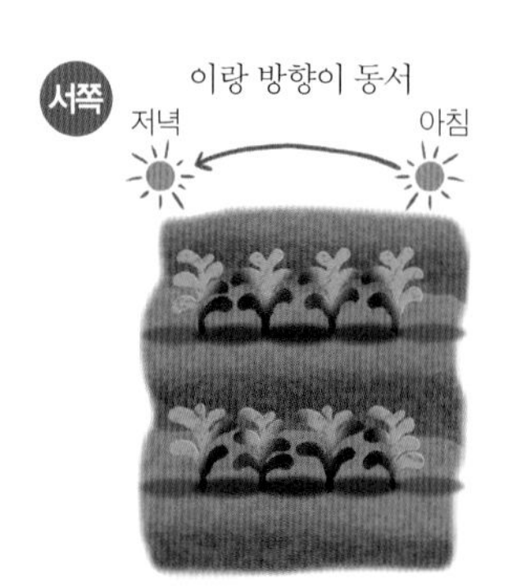


그루 사이가 좁기 때문에 옆 그루에 그늘이 진다.

이랑 사이가 넓기 때문에 옆 그루에 그늘이 잘 안 진다.

#### 남북 방향이 기본

채소의 성장에는 해가 빠질 수 없다. 그러므로 해가 잘 드는 쪽으로 이랑 방향을 정한다. 남북 방향이면 해가 떠서부터 질 때까지 해가 들지만, 동서라면 특히 아침저녁으로 옆 그루에 그늘이 질 가능성이 크다.

#### 논을 밭으로 만드는 경우

이랑 높이나 폭을 통해 물 빠짐을 조절할 수 있다. 하지만 논을 밭으로 만들 경우, 주변에서 샘이 난다거나 물이 흘러들어온다면 밭 주위로 '물 돌림 도랑'을 만들어 물이 흘러드는 것을 막고 배수 방향도 고려해야 한다.

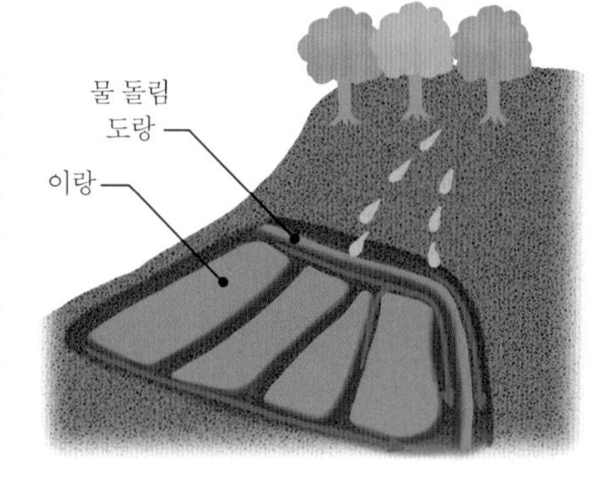


#### 비탈밭은 토질을 고려한다

경사지일 때는 이랑을 만들지 않고 등고선 모양으로 작물을 심으면 된다. 건조한 밭은 등고선을 따라 이랑을 만들면 보수력이 높아지고, 거꾸로 습기가 많은 밭은 경사면을 따라 이랑을 만들면 배수가 잘 된다.

실천 이랑 만드는 방법

## 감자 심을 이랑을 만들어보자

폭 3m 정도의 넓은 이랑 중앙에 고랑을 파서, 폭 1.2m 정도의 이랑으로 바꾼다.

❶ 삽으로 고랑을 낸다

이랑 폭을 정하고, 못줄을 치고, 삽으로 칼집을 내어가며 고랑을 파 나간다.

❷ 고랑 흙을 이랑 위에 퍼 올린다

고랑에서 나오는 흙은 좌우의 이랑 위로 퍼 올린다. 덩이가 진 흙은 괭이나 삽으로 잘게 부순다.

❸ 전체 모양을 다듬는다

가운데 고랑만이 아니라 나머지 고랑도 곧게 바로잡는다.

❹ 이랑을 고른다

고랑의 각을 헐어 이랑 가운데가 조금 불룩한 모양이 되게 다듬는다. 흙이 부족할 때는 주위에서 가져온다.

❺ 등겨나 유박을 뿌린다

등겨나 유박을 반반씩 섞어서 뿌린 뒤, 주변의 풀을 베어 덮어준다.

### 감자 심기

그루 간격 약 30cm에 깊이 약 5cm로 구덩이를 파고 심는다. 두 줄 이상이 될 때는 줄 간격을 40~50cm로 한다. 여러해살이풀의 뿌리는 뽑아낸다. 상세한 것은 44쪽 참고.

씨눈이 하나나 둘이 들어가게 씨감자를 자른다

자른 면이 아래로 가게 심는다

## 자연농의 농기구 고르기

**자연농에서는 대형 농기구를 쓰지 않는다. 톱낫, 괭이, 삽 정도가 있으면 누구라도 밭농사를 할 수 있다**

### 삽

자루가 나무로 된 삽이 미끄럽지 않아서 쓰기 좋다. 작은 삽은 능률이 떨어지므로 일반적인 크기의 삽을 고른다.

### 체

철망을 걸고, 대나무로 테를 두른 도구. 알곡을 고를 때 쓴다.

### 삼태기

수확물을 자루에 넣는다거나, 운반한다거나, 곡물을 고르는 일 등에 쓴다. 플라스틱 제품도 있으나 예부터 써오던 대나무 제품이 쓰기 편하다.

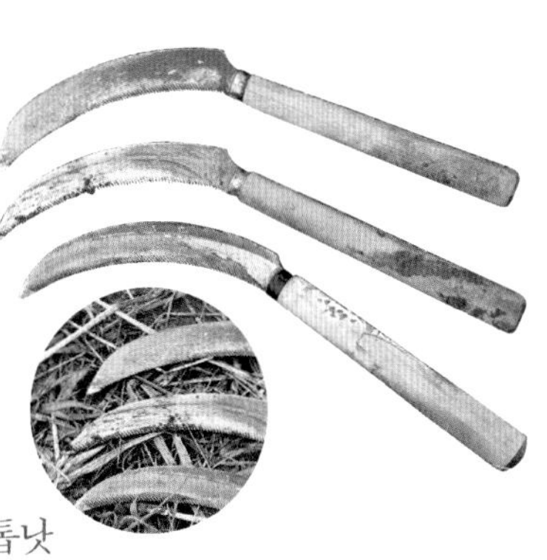

### 톱낫

**톱낫이 한 자루 있으면, 여러 가지 작업을 할 수 있다**

톱낫은 날에 톱처럼 톱니가 있는 낫이다. 풀도 베고, 구덩이도 팔 수 있고, 갈지 않아도 돼서 좋다. 쇠나 스테인리스로 만든 것은 곧 잘 안 들게 되므로, 동으로 만든 것을 고르는 게 좋다.

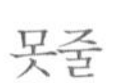

### 못줄

직선으로 심을 때나 이랑이나 고랑을 곧게 팔 때 쓴다. 누구나 쉽게 손수 만들 수 있다.

### 괭이

**날의 각도에 따라 용도가 다르다. 뒷면이 평평한 것을 고른다.**

자루 길이 약 1.5m에 날이 두꺼운 것이 좋다. 흙을 진압할 때를 위해 등에 돌기가 없는 평평한 괭이를 고르는 것이 좋다. 날 각도는 60도인 것이 여러 가지 면에서 가장 좋다.

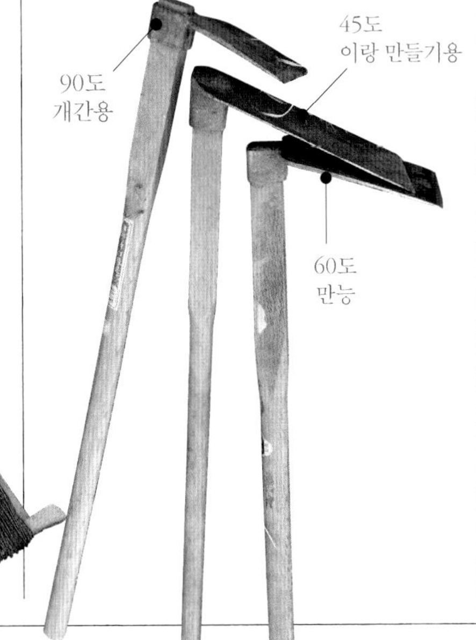

# 작물 선택의 핵심 포인트 적지·적기 재배, 연작 장해

▼자연에 따르는 자연농에서는 밭이 어떤 환경인지 아는 것이 중요. 품종 선택과 파종 시기 또한 중요하다.

가와구치 씨의 밭 모습. 본래는 논이었던 곳이다. 그래서 물 빠짐을 위해 이랑을 높게 만들고 고랑을 깊이 팠다. 논 쪽에는 토란처럼 습기를 좋아하는 작물을 심는다.

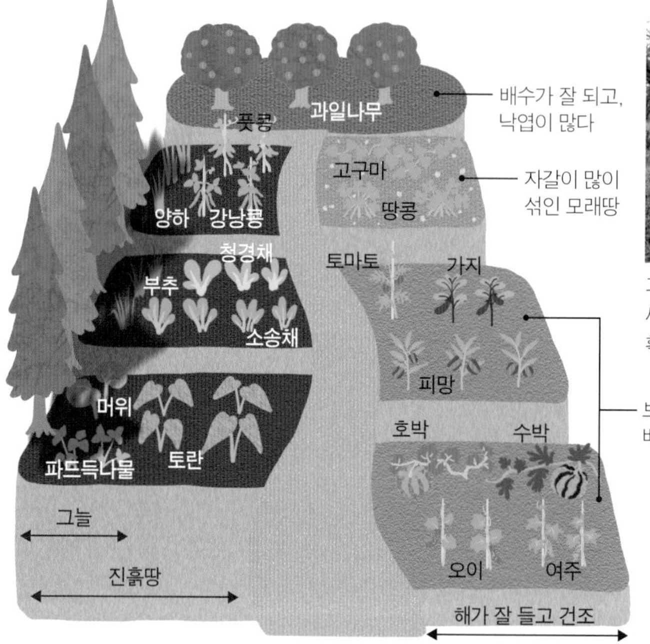

과일나무 아래에 갓이나 무와 같은 잎채소 씨앗을 흩어뿌리면 솎아 먹어가며 오래 수확할 수 있다.

작물 선택의 핵심 포인트 ❶

## 밭의 개성을 본다

### 내가 재배하고 싶은 작물보다 밭이 기를 수 있는 작물이 중요

땅을 갈고 비료를 넣는 종래의 방법은 밭이 경운에 의해 균일화돼 있기 때문에 작물을 기르기 쉽다. 한편 땅을 갈지 않고 자연 활동에 따르는 자연농에서는 밭마다 개성이 다르다. 같은 이랑에서도, 조금 떨어져 있을 뿐인데 잘 자라지 않는 일도 있다. 밭의 환경을 잘 관찰할 필요가 있다.

"자연농이기 때문에 안 되는 작물은 없습니다. 밭이 아직 그 작물을 기를 수 있는 상태가 돼 있지 않았을 뿐입니다. 그러므로 생명 활동이 풍요로워질 때까지는 환경에 따라 재배할 작물을 골라야 합니다."

그래도 기르고 싶다면 등겨, 유박, 나뭇재 등을 필요 최저 수준으로 주면 좋다. 하지만 지나치면 병 등 여러 가지 문제를 부른다. 땅이 딱딱할 때는 작물을 심을 곳만 깨서 풀어준다. 작물이 자랄 수 있는 조건을 갖추지 못하면 싹이 터도 잘 자라지 못한다. 생육 도중에 하는 솎기 작업도 중요하다. 포기 간격이 좁으면 잘 자라지 못한다.

파종 시기 또한 중요하다. 때를 어기면 싹이 나오지 않는다. 지역마다 기후가 다르기 때문에 주위 농가에게 언제 어떤 작물의 씨앗을 뿌리는지, 혹은 모를 길러 옮겨 심는지 물어보자. 적기를 놓치면 수확 시기가 틀어지거나 더위나 추위의 피해를 입는 일이 있으므로 주의하자.

가와구치 씨가 여러 해 자가 채종을 하고 있는 양배추. 참깨를 수확한 뒤, 그루터기를 그대로 두고 그 옆에 심었다. 여름풀은 겨울이 되면 죽기 때문에 절로 교체돼간다.

작물 선택의 핵심 포인트 ❷

## 풀과 밭의 상태

# 그 밭의 상태는 그 밭에 난 풀을 보면 알 수 있다!

관행 농업에서 자연농으로 바꾸었을 때나 오래 묵혔던 농지를 앞으로 쓰려고 할 경우는, 현재 밭이 어떤 상태인지를 거기에 나 있는 풀의 종류와 모습으로 확인하고 그것을 기준으로 작물을 고른다.

예를 들어 풀이 크게 잘 자라는 곳이라면 기름지고 영양이 많은 땅이다. 억새나 조릿대와 같은, 강하고 기세가 있는 여러해살이풀이 우거져 있을 때는 땅을 기며 자라는 작물이나 키가 작은 작물은 바로 풀에 덮여 버리기 쉽다. 그때는 세심하게 풀을 베어주거나 키가 큰 작물을 고르는 게 좋다.

경운을 계속해온 땅이라면 딱딱하고 풀의 종류 또한 적은, 척박한 땅이 돼 있기 쉽다. 그런 땅에서 자랄 수 있는 작물은 종류가 정해져 있다. 예를 들면 보리나 밀과 같은 맥류, 콩과 작물, 덩이뿌리 식물 등이 그것이다. 처음에는 그런 것을 심고, 조금씩 풀이 나며 풀이나 벌레의 생명 활동이 왕성해지기를 기다린다.

풀이 잘 나지 않는 밭에서는 필요에 따라 둑의 풀을 베어다 주거나, 등겨나 유박 등을 넣어준다. 이삼 년 지나면 풀의 종류가 늘어나고 억센 풀에서 연한 풀로 바뀐다. 그런 상태가 되면, 이랑에도 정당한 습기가 유지되며 어떤 작물을 심어도 잘 된다.

## 풀의 종류로 밭의 상태를 알아본다

**❶ 단단하고 억센 풀**

해가 잘 들고 건조한 곳은 띠, 억새와 같은 볏과의 식물이나 미국미역취 등이 자란다. 또한 조릿대나 쇠뜨기와 같은, 어느 한 종류의 풀이 전면을 점거하고 있는 곳도 있다.

**❷ 부드럽고 순한 풀**

살갈퀴, 별꽃, 개불알꽃, 광대나물, 냉이와 같은 일년생 풀이 많아지고, 습기도 적당하다. 이런 곳은 땅이 비옥해졌기 때문에 어떤 채소든 기를 수 있다.

**❸ 습한 곳을 좋아하는 풀**

조금 그늘이 지고 습기가 있는 곳에는 모시풀, 삼백초, 파드득나물 등이 난다. 이런 곳에는 습지를 좋아하는 양하, 머위, 토란 등이 맞다.

**초장이 길다**

키가 큰 풀이 나는 곳은 기름지다. 이런 곳에서는 양분을 많이 필요로 하는 가지, 양파, 양배추, 배추, 브로콜리, 옥수수, 호박 등이 잘 자란다. 거꾸로 콩과 작물은 양분이 너무 많아, 잎과 줄기가 지나치게 자라며 열매가 적게 열린다.

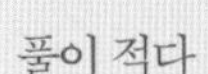

**풀이 적다**

풀이 적게 난 밭은 척박하다. 그러므로 검정콩이나 팥과 같은 콩과 식물, 고구마나 감자나 토란과 같은 덩이뿌리 식물, 보리나 호밀과 같은 맥류가 재배하기 쉽다. 개간 초기는 이랑 전체에 부엽토를 뿌리고, 둑에 난 풀을 베어 넣어주어도 좋다.

**❹ 습지에 나는 풀**

미나리, 부들, 창포, 갈대처럼 논이나 습지에 나는 풀이 있을 때는 배수로를 파고 밭으로 바꾸면 바로 세력이 약해진다. 그대로 쓸 때는 연이나 쇠귀나물 등이 좋다.

## 풀이 나지 않는 땅에서 어떻게 바뀌어가나?

경운을 하던 밭에서 자연농을 시작하면 처음에는 짧고 억센 풀이 나지만(거친 모습), 갈지 않고 이삼 년 지나면 차츰 부드럽고 순한 풀로 바뀌어간다. 그렇게 풀의 종류가 바뀌면 흙 속의 통기성이나 물 빠짐이 좋아지며 재배하기 좋은 땅으로 바뀐다.

바꾸고 나서 바로는 지렁이도 늘어나지만 점차 줄어든다. 다양성이 많아지는 게 자연스런 상태이므로, 어느 하나만이 많은 것은 과도기라고 보는 게 좋다.

**쇠뜨기**

약산성의 건조한 땅을 좋아하고 새로 조성된 토지 등에 제일 먼저 난다. 쇠뜨기의 뿌리 줄기는 옆으로 자꾸 뻗어가고, 쇠뜨기 군락 바깥쪽에는 뱀밥이 난다. 칼슘을 대량으로 머금고 있어, 시들어 죽으면 산성 토양을 중화해준다.

**볏과의 풀**

이끼나 고사리류 다음에 나는 풀로, 습기가 있는 곳에는 이것이 처음으로 난다. 선충 피해를 막는 역할도 있고 땅을 비옥하게 만들어준다. 포기가 커지지만 뿌리줄기가 옆으로 퍼져나가지 않기 때문에, 지상부를 베어주면 차츰 세력이 약해진다.

작물 선택의 핵심 포인트 ❸

## 기후와 품종

# 파종 적기를 잘 알아보고, 건강하게 자라는 재래종을 고른다

같은 시기라도 지역에 따라 기후가 각기 다르다. "봄이 되며 산 능선에서 동물의 모습이 보이기 시작하면 농사철이 시작된다"는 말이 있는 것처럼, 지역마다 씨 뿌리는 시기가 다르다.

모를 옮겨 심는 시기도 늦어지면 모 잎이 변색된다거나 약해진다. 채소에 따라, 그리고 그 지역의 기후에 따라 적기가 다르기 때문에 그 지역 농부에게 물어보자.

같은 채소라도 조생, 중생, 만생 등 생육 기간이 서로 다른 여러 품종이 있다. 오랜 기간 수확하고 싶을 때는, 이들 품종을 조합한다거나 시차를 두고 여러 차례 씨앗을 뿌린다.

전국 각지에는 예로부터 재배되고 있는 재래종 작물이 있다. 재래종은 그 지역에서 오래 재배되어 그 땅의 풍토에 적응한 품종이다. 고정종은 다른 것과 교잡하지 않은 안정된 품종이다.

처음에는 시중에서 구입한다거나, 재배하고 있는 이들에게 얻는 게 좋다. 재래종이나 고정종이 없으면 교배종이나 F1종이라도 상관없다. 그 밭에서 자가 채종을 계속해가다 보면 작물 스스로 각각의 환경에 조금씩 적응해 간다. 자가 채종한 씨앗은 시판하는 씨앗과 견주어 발아율이 좋고, 건강하게 잘 자란다.

### 품종의 성질을 이용한 재배

**조생종** 파종에서 수확까지의 기간이 짧은 것. 더 일찍 꽃이 피고 수확할 수 있는 극조생 품종도 있다.

**중생종** 파종에서 수확까지의 기간이 조생종과 만생종의 중간. 일반적인 시기에 개화, 수확할 수 있는 품종을 일러 중생종이라고 하는 일이 많다.

**만생송** 파송에서 수확까지의 기간이 긴 것. 일반적으로 조생종보다 만생종 쪽이 수확량이 많다고 한다.

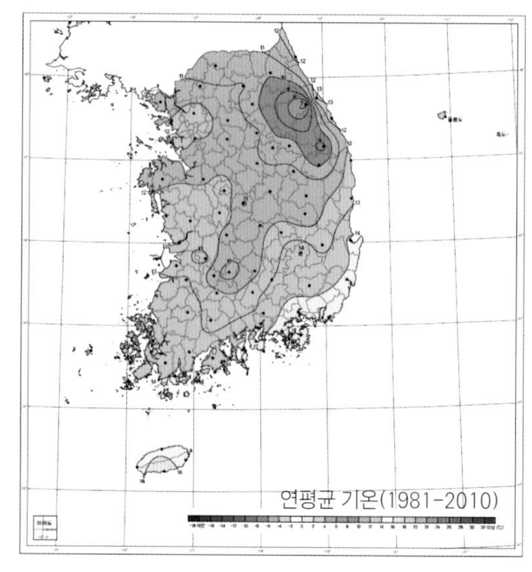


출처: 국가기후데이터센터

(한랭-고랭-온난 지역이 표시된 국내의 지도를 찾지 못해 부득이 연평균 기온 자료를 실었다. 참고용으로만 살펴보고, 상세한 조언은 반드시 각 지역의 경험 많은 전문가들로부터 구하길 바란다: 옮긴이)

### 풋콩, 콩의 재배 달력

○씨 뿌리기 ●풋콩의 수확

1월 2월 3월 4월 5월 6월 7월 8월 9월 10월 11월 12월

조생 한랭지
고랭지
온난지
중생 고랭지
온난지
만생 온난지

검정콩의 수확

### 씨앗을 구할 수 있는 곳

같은 지역의 농부에게 구한다.
토종 씨앗 보존 운동을 하는 개인이나 단체에서 구한다.(61쪽 참고)
인터넷을 통해 구한다.
씨앗을 파는 가게에서 구한다.
그 지역 농협에서 구한다.

**자연계의 신기한 얼개**

## 내가 재배하고 싶은 작물보다 밭이 기를 수 있는 작물이 중요

같은 종류의 채소를 이어서 재배하면 병에 걸린 것도 아닌데 생육이 나빠지는 일이 있다. 예를 들면 완두콩은 뿌리 색깔이 변하고, 뿌리채소는 수량이 떨어지고, 박과는 토양 중의 병원균이 늘어난다.

한 작물을 심으면, 그 작물의 뿌리 분비물을 좋아하는 특정한 미생물이 뿌리 주위에 늘어난다. 다음 해에도 같은 작물을 심으면 더 늘어난다. 이와 같은 현상을 '그루 타기'라고 한다. 미국미역취처럼 독소를 내어 다른 식물을 밀어내고 번성하는 경우도 있지만 지나치게 무성해지면 자신이 만든 독에 '자가 중독'이 돼서 쇠약해져 가기도 한다.

하지만 작물에는 순응성 또한 있어 씨앗을 뿌리는 시기나 수확 시기 등을 포함하여 허용 범위가 넓기 때문에 그렇게 예민하게 생각하지 않아도 좋을지 모른다. 콩의 뿌리혹박테리아처럼 잘 공생할 수 있는 것도 있다.

자연농에서는 논밭에 수많은 동식물이 살며 균형이 잡힌 상태이기 때문에, 연작 장해는 잘 나타나지 않는다. 하지만 만에 하나를 위해 1~5년마다 바꿔주도록 한다.

절로 떨어진 씨앗이 발아를 해서 잘 자라는 것을 보면, 자연계는 연작이 가능하지 않는가 하는 생각도 든다. 하지만 그것은 그 밭에서 난 씨앗이기 때문인지도 모른다. 한두 해는 괜찮아도 그 이상이 되면 쇠약해지는 것 같다. 그렇기는 하지만 그런 일로 초조해하기보다는 변화를 관찰하며 여유를 가지고 지켜보는 게 좋다.

## 이어짓기 장해가 일어나는 까닭

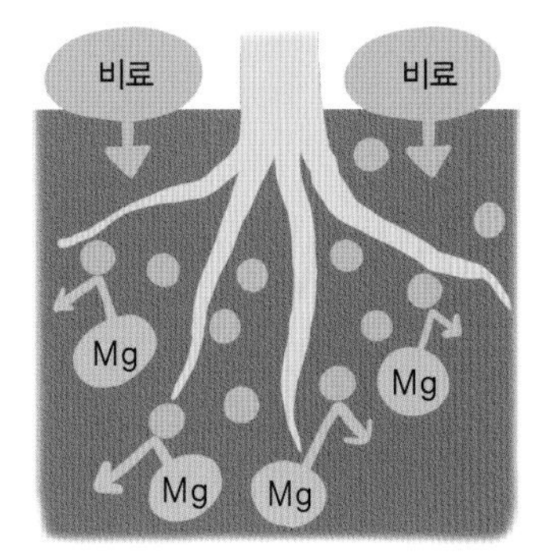


### 비료분의 균형 악화

수량이 줄어든다며 비료를 많이 뿌리면, 오히려 칼슘 등의 양분 과잉으로 마그네슘 흡수를 저해하게 돼서 작물이 더 잘 안 자라는 악순환에 빠진다.

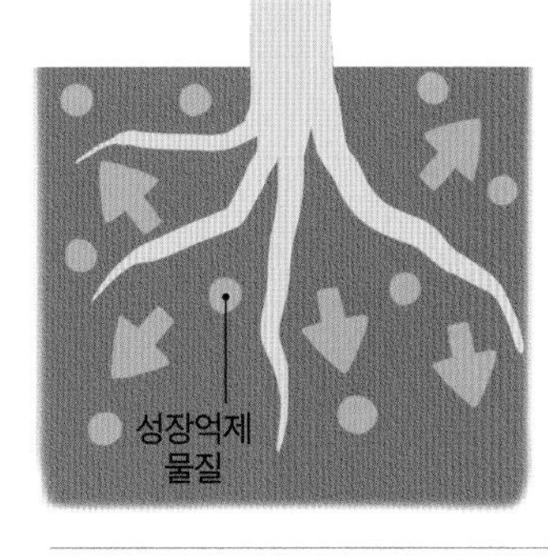


### 토양 미생물의 영향

어떤 작물은 다른 식물의 성장을 억제하는 물질을 뿌리에서 뿜어내기도(아레로파시의 일종) 한다. 일반적으로는 작물 자신이 영향을 받는 일은 적지만, 이 물질의 농도가 높아지면 자신의 성장에도 악영향을 미친다.

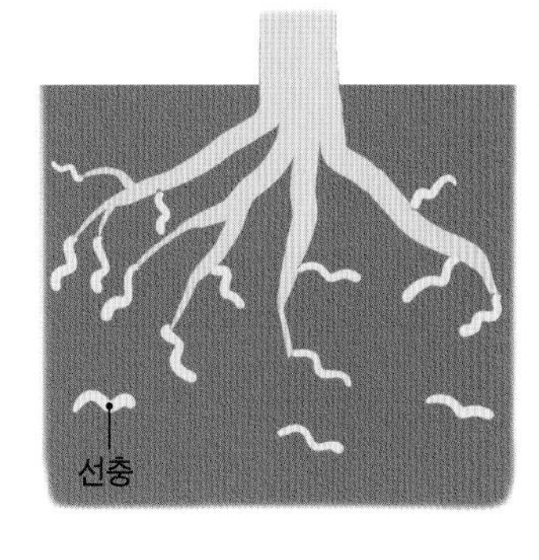


### 선충의 피해

선충은 편식을 한다. 여러 번 연작을 하면, 그 작물을 먹는 선충이 늘어나며 뿌리에 피해가 발생한다. 하지만 재배 작물을 바꾸면, 새 작물에는 대응하지 못하고 줄어든다.

## 이어짓기 장해를 피할 수 있는 윤작 기간

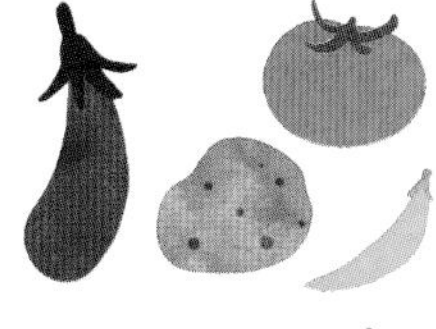
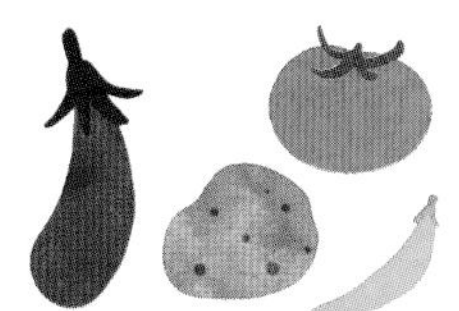

● 4~5년은 피한다

토마토, 가지, 피망, 오이, 감자, 수박, 참외, 완두콩, 토란, 우엉

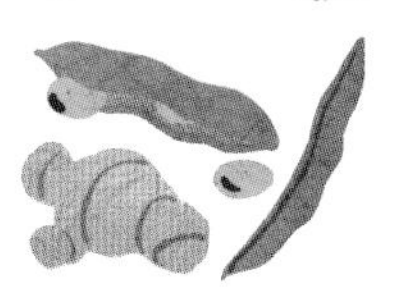

● 2~3년은 피한다.

강낭콩, 광저기, 누에콩, 콩, 양하, 백합, 마, 동아

● 1년은 피한다

호박, 배추, 상추, 셀러리

● 연작이 가능하다

박, 딸기, 옥수수, 오크라, 파, 양파, 쑥갓, 파슬리, 당파, 부추, 염교, 마늘, 양배추, 브로콜리, 시금치, 무, 갓, 당근, 고구마, 참깨, 연근, 쇠귀나물, 들깨, 파드득나물

## 윤작 방법

텃밭을 최저 네 구역 Ⓐ~Ⓓ구역로 나누고, 봄부터 기를 작물을 볏과, 박과, 콩과, 가짓과 등으로 과가 겹치지 않도록 나눈다. 가을에는 봄과 다른 과의 작물을 심는다. 다음 해에는 전년도의 구역 Ⓐ에서의 봄가을 조합을 Ⓑ에서 실시. 이와 같이 한 구획씩 바꿔간다. 연작할 수 있는 채소는 구역을 의식하지 않아도 좋지만, 그것들도 한 곳에 모아 재배하면 다른 것과의 혼란을 피할 수 있다.

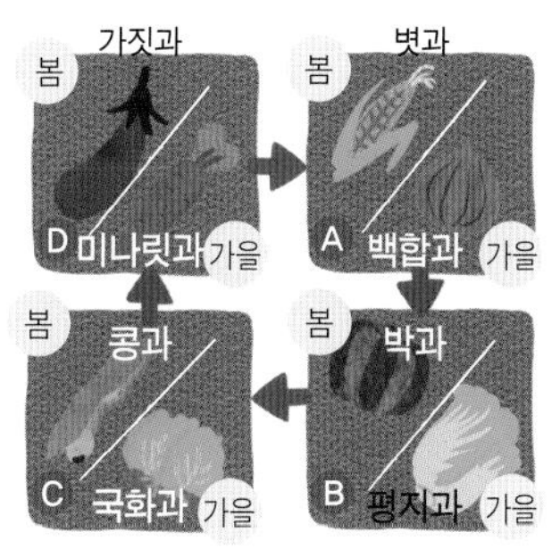


### 윤작이 어려울 때는 섞어 심는다

같은 이랑에서 두 종류 이상의 작물을 동시에 재배한다. 함께 심은 작물이 서로 양분을 나누고, 병충해를 막는 것으로 알려져 있다(컴패니언 식물). 그루마다 섞어 심는 방법과, 키가 큰 작물과 작은 작물을 섞어서 심는 방법이 있다.

### 궁합이 맞는 작물

| 작물 | 궁합이 맞는 작물 |
|---|---|
| 토마토 | 아스파라거스, 마늘, 양파, 가지, 파슬리 |
| 피망 | 덩굴 없는 강낭콩, 참깨 |
| 오이 | 마늘, 양파, 바질 |
| 수박, 멜론 | 마늘, 파, 부추 |
| 옥수수 | 콩과 식물, 오이 |
| 강낭콩 | 시금치, 당근 |
| 호박 | 대파, 부추 |
| 양배추 | 상추, 토마토, 셀러리 |
| 쑥갓 | 청경채 |

# 점 뿌리기

## 씨 뿌리기의 기본 ①

▼작물마다 파종 방법이 다르다. 같은 작물이라도 밭의 상태에 따라 파종 방법이 다른 것도 있다. 먼저 점 뿌리기.

풀이 무성하게 자란 이랑 위에 못줄을 치고, 강낭콩을 심을(점 뿌리기) 준비를 한다.

씨 뿌릴 부분의 풀을 둥근 모양으로 베어낸다. 벤 풀은 파종 뒤에 다시 그 자리에 덮을 것이기 때문에 옆에 잘 놓아둔다.

작물의 종류에 따라 그루 간격을 정한다. 강낭콩의 그루 간격은 30cm 정도에 두세 알씩.

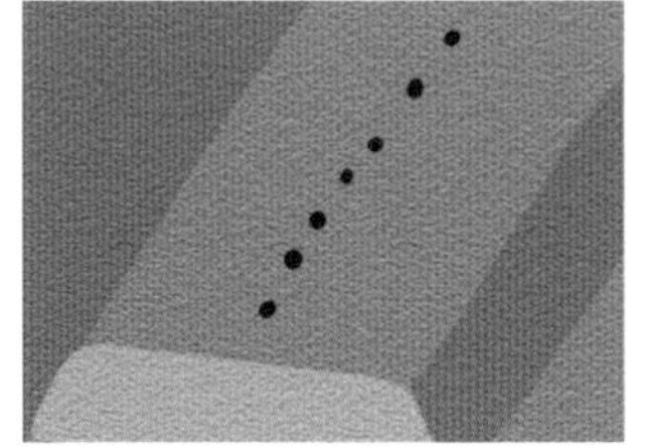

관행 농법의 씨 뿌리기
밭을 다시 갈고, 이랑 또한 다시 만든 뒤에 씨앗을 뿌린다. 작물 외에는 다른 생물이 적고, 사람이 심은 채소만 자라게 하는 것이 특징.

자연농의 씨 뿌리기
수확한 작물의 그루터기나 채종용으로 남긴 그루 주변에 다음 작물의 씨앗을 뿌릴 수 있다. 다양한 생물이 존재한다.

### 자연농의 씨 뿌리기란?

### 자가 채종한 씨앗을 적기에 파종해서 수많은 열매를 확실하게 얻는다

경운을 하는 밭에서는 씨앗을 뿌릴 때는 앞서 기른 작물의 그루터기나 멀칭 재료 등을 모두 들어내고, 비료를 뿌린 뒤, 트랙터로 갈아엎고, 새로 이랑을 만든다.

하지만 자연농의 씨 뿌리기는 수확 중인 작물 사이나 씨앗을 채취하기 위해 남겨둔 그루 아래에 바로 씨앗을 뿌리거나, 모를 옮겨 심을 수 있다. 풀이 크게 자라 있는 오래 묵은 밭에서도 바로 시작할 수 있다는 것이 자연농의 장점이다. 절로 떨어진 씨앗이 싹이 터 자라는 일도 있다. 이런 일은 경운을 하는 한 절대로 일어날 수 없다.

가와구치 씨는 씨앗 뿌리기를 '씨앗 떨어뜨리기'라고 표현한다. 온갖 동식물이 사는 자연농의 논밭에 씨앗을 떨어뜨리고, 그 씨앗이 그곳에서 부디 잘 자라 주었으면 하는 바람이 들어가 있는 말이다.

"채소 씨앗을 받아 보관하고, 그것을 제때에 뿌림으로써 수많은 열매를 얻을 수 있습니다. 씨앗 뿌리기란 받은 씨앗을 대지에, 어버이가 살던 자리로 돌려보내는 일입니다."

자연농의 밭에는 작물만이 아니라 수많은 풀과 벌레와 소동물이 살고 있다. 땅을 갈지 않기 때문에, 자연농의 밭에서는 그것들이 그곳에서 생사를 거듭하며 '주검의 층'을 만들어간다.

알고 보면 농사란 씨앗을 뿌리고, 수확하고, 먹기만 하는 게 아니다. 작물의 생명 활동을 비롯하여 논밭 안의 온갖 생명의 역사와 함께하는 것이 자연농의 큰 매력이다. 작물 재배만이 목적이 아닌 것이다. 농부는 자연의 건강한 생명 활동을 돕는다. 그리고 그 안에서, 그 덕에 살아간다.

**씨 뿌리기 전의 준비**

## 씨앗을 뿌릴 부분만의 풀을 베고, 겉흙을 걷어내어, 잡초의 발아를 막는다

풀의 기세가 꺾이는 가을부터 겨울 동안은 풀 위에 씨앗을 흩어뿌린 뒤, 지상부의 풀을 베는 것만으로 파종을 마친다. 그런 방법도 있다. 하지만 대개는 씨앗 뿌릴 곳의 풀을 베고, 흙에 직접 씨앗을 뿌린다.

이랑에 풀이 있을 경우는 일단 풀을 베어 옆에 놓는다. 그 뒤 땅속에 섞여 있는 풀씨를 걷어내기 위해 괭이로 겉흙을 걷어낸다. 여러해살이풀이 있을 때는, 지상부의 풀은 물론 톱낫 등으로 뿌리까지 잘라서 작물의 성장이 방해를 받지 않도록 한다.

이런 준비를 밭 전체에서 할 필요는 없다. 씨 뿌릴 부분만 한다. 흩어뿌리기는 이랑 전체를, 줄 뿌리기는 괭이 폭으로, 점 뿌리기는 뿌릴 곳의 풀을 원형으로 벤다.

채소와 풀의 싹이 동시에 나오면, 풀만을 골라 뽑아내기가 어렵다. 하지만 씨 뿌릴 때 위와 같이 해두면 그 뒤의 관리가 쉬워진다. 점 뿌리기의 경우는 겉흙을 걷어내는 작업을 할 필요가 없다. 새싹 주위로 풀이 나도, 뒤에 베기 쉽기 때문에 걱정할 필요가 없다.

파종은 비가 오기 전이 가장 좋다. 비 온 뒤나, 이슬에 젖어 있는 때 파종을 하면 물기를 머금은 땅이 덩어리가 지며 통기성이 나빠지고 발아율이 떨어지기 쉬우므로 주의한다.

### 뿌림 골을 만드는 방법

**❶ 괭이로 겉흙을 걷어낸다**

풀이 크게 자라 있을 때는 지상부를 한 번 벤 뒤에 시작한다. 괭이를 써서 겉흙을 엷게 걷어낸 뒤, 2~3cm 깊이로 가볍게 간다. 그 뒤에 돋아날 여름 풀씨를 제거하는 것이 목적인 작업이기 때문에 되도록 정성껏 한다.

**❷ 평평하게 고른다**

덩이가 져 있는 흙은 괭이의 옆날을 이용하여 잘게 부순다. 두더지 구멍이 있을 때는 메우고, 눈에 띄는 여러해살이풀의 뿌리는 제거한다.

**❸ 진압한다**

파종할 곳에 요철이 있으면, 흙을 덮을 때 깊은 곳과 낮은 곳이 생기며 발아가 잘 안 된다. 그러므로 괭이 등으로 두드려서 땅을 평평하게 고른다. 등이 평평하지 않은 괭이라면 손바닥으로 한다.

### Q 파종량은 무엇을 기준으로 정하면 좋을까?

**A** 좁은 공간에 지나치게 많은 양의 씨앗을 뿌리면, 솎아내는 데 시간과 수고가 많이 들어 애를 먹는 일이 있습니다. 앞으로 심을 작물이 어떻게 싹이 트고, 어떤 모양의 잎이 나고, 수확까지는 며칠이 걸리는지 등등을 책 등을 통해 알아두면 좋겠지요. 풀 관리 등을 고려하여, 잎채소의 경우는 3~5cm 간격을 기준으로 합니다.

가을에 활엽수 밑에 흩어 뿌린 무. 솎아 먹다가 나중에는 다 큰 무를 수확한다.

### 이랑 폭이나 줄 간격을 정할 때의 기준

**참깨**

참깨는 풀 위에서 씨앗을 약 1m 폭으로 흩어 뿌린 뒤, 지상부의 풀을 베는 방법으로도 파종이 가능하다. 혹은 줄 간격 50cm에 괭이 폭으로 줄 뿌리기를 해도 좋다. 본잎이 서로 닿지 않을 정도로 솎아가며, 최종적으로는 그루 간격이 20~30cm가 되도록 한다.

**무**

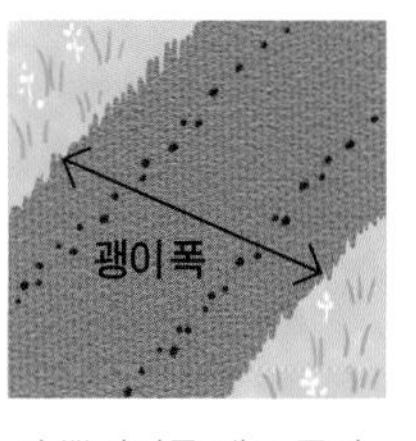


무나 갓과 같은 뿌리채소는 괭이 폭 정도로 두 줄 뿌리기를 한 뒤, 솎아 먹어가면서 간격을 조정한다. 다 자랐을 때 그루 간격이 15~20cm가 되도록 점 뿌리기를 해도 좋다.

**쑥갓**

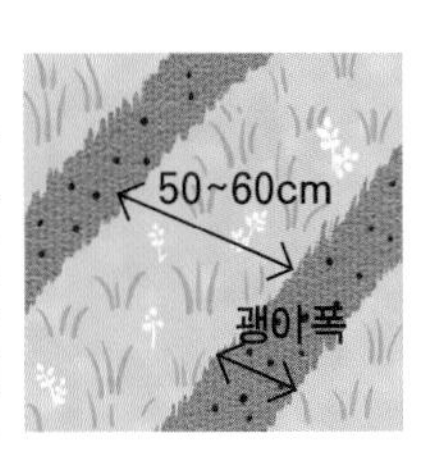


쑥갓이나 시금치와 같은 잎채소는 일정한 폭의 뿌림 골에 흩어뿌리기를 하고, 솎아 먹어가며 기르는 것이 좋다. 줄 간격 50~60cm에 괭이 폭으로 흩어뿌리기를 하거나, 두 줄 정도의 줄 뿌리기로 하면 이용하기 쉽다.

**수박**

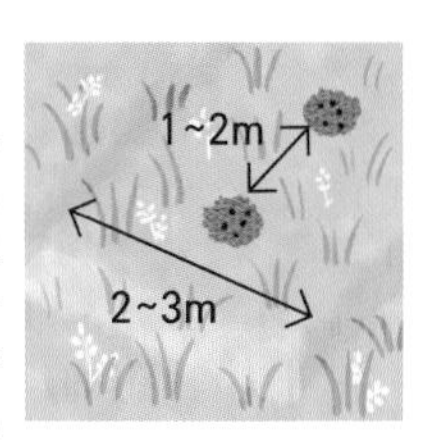


수박을 비롯하여 호박, 토종오이, 동아, 참외 등 덩굴을 뻗으며 크게 자라는 작물은 폭 2~3m의 이랑에 그루 간격 1~2m가 되게 하고, 한 곳에 서너 알씩 점 뿌리기를 한다.

씨 뿌리기의 종류

## 밭 상태와 채소의 성질에 따라 파종 방법이 달라진다

파종 방법은 채소의 성질에 맞춰 점 뿌리기, 줄 뿌리기, 흩어 뿌리기 등으로 나눌 수 있다. 이 작물에는 이 방법이라고 정해진 것은 없다. 밭 상태, 풀이나 벌레의 상황, 그리고 계절에 따라 어떤 방법이 좋을지를 정해야 한다.

씨앗 간격은, 작은 씨앗은 생육이 느리기 때문에 간격이 좁아도 좋다. 큰 씨앗은 빠르게 생장하기 때문에 간격을 벌려 심는 게 좋다. 어릴 때는 한 종류가 한 곳에서 무리를 지어 있는 것이 풀에도 지지 않고 건강하게 자란다. 다만 그대로 두면 비좁아지며 성장 장해가 일어나기 때문에 솎아주기를 소홀히 해서는 안 된다. 점 뿌리기에서도 한 곳에 한두 알로는 풀에 지기 쉽다. 서너 알을 심는다.

### 씨 뿌리기의 기본

점 뿌리기
간격을 띄워 부분적으로 씨앗을 뿌리는 방법. 양배추나 배추처럼 크게 자라는 채소, 토마토나 가지와 같은 과채류, 여주나 완두콩처럼 위로 덩굴을 뻗는 채소, 옥수수처럼 키가 큰 채소 등에 맞는 한편 콩과 식물, 뿌리채소, 고구마나 감자 등에도 좋다.

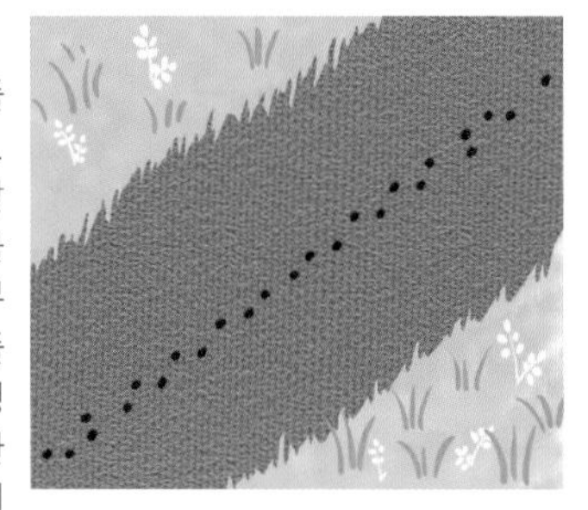

줄 뿌리기
괭이 폭 정도의 뿌림 골에 줄 모양으로 씨앗을 뿌리는 방법. 시금치, 쑥갓, 당근, 무 등에 맞다. 밀생密生하여 자라는 작물은 괭이 폭의 뿌림 골에 흩어뿌리고, 일반적인 잎채소는 두 줄 뿌리기를 한다. 씨앗이 크고 성장이 빠르고 그루가 큰 것은 한 줄 뿌리기로 하는 등, 채소의 성질에 따라 달리한다.

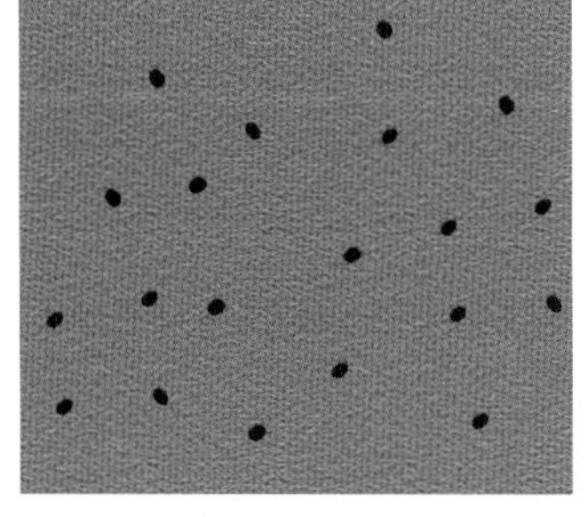

흩어뿌리기
일정한 면적에 씨앗을 흩어뿌리는 방법. 소송채나 쑥갓이나 상추와 같은 잎채소, 무와 갓 등 솎아 먹을 수 있는 것에 맞다. 한편 못자리에서 모를 키울 때도 쓸 수 있는 방법이다. 풀의 세력이 약한 가을에서 봄에 걸쳐 자라는 채소에도 맞다.

실천 점 뿌리기

### 수박의 점 뿌리기

**❶ 씨 뿌릴 곳의 풀을 벤다**
그루 간격 1.5~2m, 이랑 폭 2~3m를 기본으로 톱낫을 써서 직경 50cm 정도로 지상부의 풀을 벤다. 그 바깥의 풀은 되도록 남겨둔다.

**❷ 심을 자리를 만든다**
박과의 씨앗을 심을 때는 이랑 가운데에 이랑보다 조금 높은 '자리'라 불리는 베드BED를 준비한다. 고랑이나 이랑의 흙을 삽으로 파 올리고, 괭이로 잘게 부순다.

**❸ 진압을 하며 평평하게 고른다**
괭이의 등을 이용해 원형으로 진압한다. 남쪽으로 조금 경사지게 하면 해가 잘 들어 잘 자란다. 건조한 이랑은 '자리'를 만들지 않고, 이랑 높이 그대로 평평하게 고르기만 한다.

**❹ 씨앗을 여러 알 뿌린다**
한 자리에 3~5알씩, 정성껏 점 뿌리기를 한다. 덩굴이 뻗기 시작할 때쯤 한 곳에 한 그루씩 남기고 나머지는 솎아낸다.

박과의 씨앗은 크기 때문에 세워 심지 않고 눕혀 심는다.

### ❺ 흙을 덮어준다

**손가락으로 덮는 방법**

흙이 부드럽고 건조한 밭은, 씨앗을 손가락 끝에 놓고 1cm 정도 땅에 찔러넣어 흙에 묻는다.

**흙을 덮는 경우**

흙에 습기가 많을 때는, 풀씨가 섞여 있지 않은 건조한 흙을 가져다 손으로 부숴가며 덮어준다.

### ❻ 눌러준다(습한 곳은 하지 않는다)

흙을 덮은 뒤, 손바닥으로 가볍게 눌러준다. 습기가 많은 때는 벽돌처럼 딱딱해지므로 진압하지 않는 게 좋다.

### ❼ 풀을 덮어준다

땅이 마르는 걸 막기 위해 풀을 덮는다. 하지만 넓적다리잎벌레가 오지 않도록 주변의 풀은 남겨둔다. 장마 때는 풀을 베어 해가 잘 들고 바람이 잘 통하게 한다.

---

**파종 뒤의 돌보기**

## 작물의 성질에 따라 복토의 두께나 풀 덮는 방법이 달라진다

파종을 한 뒤에는 복토覆土를 하고, 풀을 덮어놓는다. 대개의 씨앗은 빛의 영향을 받지 않고 온도, 습도, 산소 등의 조건이 갖추어지면 발아한다. 하지만 빛에 의해 발아가 촉진되는 '빛을 좋아하는 성질의 씨앗'과 빛이 닿으면 발아가 잘 안 되는 '빛을 싫어하는 성질의 씨앗'이 있다. 당근, 쑥갓, 강낭콩, 상추, 갓과 같은 채소는 빛을 좋아하는 '호광성好光性'이기 때문에 복토를 얇게 하고, 풀을 덮어 습기를 유지해준다. 호박, 토마토, 피망, 수박, 콩 등은 빛을 싫어하는 '혐광성嫌光性'이기 때문에 씨앗 두께와 같은 정도로 복토하고, 풀을 덮어 습기를 유지해준다.

소위 잡초라 불리는 풀은 '호광성'이 많아, 겉흙을 걷어 내면 발아하기 쉽다. 풀을 덮어 해가 비추지 않도록 해두면 풀이 덜 난다.

### 흙을 덮는 방법

복토의 두께는 씨앗 크기와 같은 정도를 기준으로 한다. 겉흙이 아니라 속흙을 파내어 쓴다. 겉흙에는 풀씨가 들어 있지만 속흙에는 없기 때문에 속흙을 써서 복토를 하는 것이 포인트. 이것을 잊고 겉흙으로 복토를 하면 풀로 고생한다.

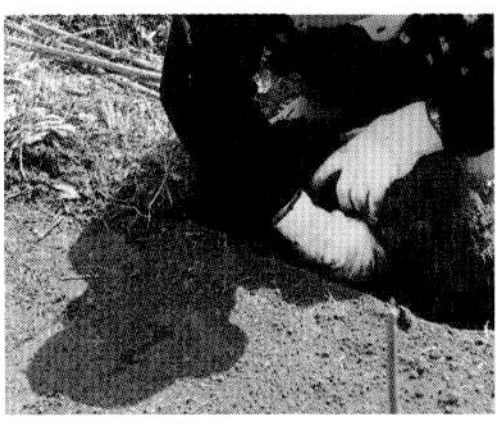

이랑 가장자리 부분을 삽이나 괭이로 열고, 그 안의 흙을 손으로 움켜낸다.

속에서 파낸 흙을 손으로 비벼 잘게 부순 뒤, 전면에 균일하게 덮어준다.

### 풀을 덮는 방법

주변에 나 있는 생풀을 짧게 잘라 덮어준다. 갈색으로 시들어 있거나 시들어가는 풀에는 앞으로 발아할 씨앗이 달려 있으므로 쓰지 않는다. 또한 생풀을 쓸 때도, 땅 가까이에는 씨앗이 붙어 있을 우려가 있기 때문에 윗부분의 풀을 베어서 쓴다. 밭을 벌거숭이로 만들지 않음으로써 건조와 가뭄으로부터 작물을 보호하고, 물을 줄 필요가 없어진다. 덮은 풀은 그곳에서 썩어 작물의 양분이 된다. 작물의 성질에 따라 덮는 풀의 두께를 달리한다.

톱낫을 써서 주위에 나 있는 생풀을 짧게 잘라 쓴다.

풀을 지그재그로 뿌리되, 균일하게 뿌린다. 마르면 작아지므로 조금 많이.

### 진압은 어떻게?

씨앗을 뿌리고, 복토를 하고 난 뒤, 괭이 등으로 진압한다. 다만 흙이 습할 때는 딱딱하게 굳을 우려가 있기 때문에, 풀을 덮은 뒤 가볍게 진압하는 정도로 한다.

### 물 주기는?

자연농은 갈지 않기 때문에 '주검의 층'이 있고, 그곳에는 수분이 많이 들어 있다. 그러므로 물을 줄 필요가 없다. 하지만 파종 시기가 늦어졌을 때나 가뭄이 이어지고 있을 때는 한차례 물을 흠뻑 주고, 그 뒤에도 맑은 하늘이 오래 이어지며 가뭄이 심할 때는 상태를 보아가며 물을 준다.

국자나 물뿌리개를 써서 물을 준다. 조금씩 부드럽게 준다.

### 발아에 필요한 조건

채소 씨앗이 발아하는 데는 온도, 습도, 산소의 3조건이 갖춰져야 한다. 적온은 15~25도 정도. 씨앗은 건조한 상태에서 잠이 들어 있기 때문에, 적당한 습기가 필요하다. 또한 복토를 지나치게 두껍게 하면, 산소가 부족해지며 발아율이 떨어진다. 그러므로 복토는 씨앗 크기 정도를 기본으로 한다. 빛을 좋아하는 씨앗이 있는가 하면 싫어하는 씨앗이 있기 때문에 풀을 덮을 때도, 이런 씨앗의 성질에 따라 대응한다.

# 줄 뿌리기, 흩어뿌리기

**씨뿌리기의 기본 ❷**

▼점 뿌리기에 이어 줄 뿌리기와 흩어뿌리기를 배우자. 흩어뿌리기에는 「거친 방법」과 「정성스런 방법」의 두 가지가 있는데, 밭의 상태에 따라 줄 뿌리기에도 응용할 수 있다.

**씨 뿌리기의 기본 복습**

## 생명이 이어지고 있는 자연농의 밭에 다음 작물의 씨앗을 떨어뜨린다

관행 농법의 파종은 수확한 것을 모두 들어낸 뒤에 한다. 하지만 자연농의 밭에서는, 여러 종류의 작물은 물론 그 안의 풀이나 벌레 등도 그냥 두고 그 안에 한다. 수확 중인 작물의 아래나 옆에 다음 작물의 씨앗을 뿌릴 수 있는 것이다. 또한 씨앗용으로 몇 그루 남겨놓은 채, 그 아래나 주위에서 다음 작물을 기를 수도 있다.

파종 방법은 점 뿌리기, 줄 뿌리기, 흩어뿌리기 등으로 나눌 수 있다. 이 작물에는 이것이라고 정해진 건 없다. 밭의 상태나 풀과 벌레, 그리고 계절에 따라 어떤 방법이 좋을지 정하면 된다.

파종할 곳의 풀을 베고, 씨앗을 흙 속에 제대로 넣는 것이 기본. 무나 갓과 같은 평지과의 채소, 상추와 같은 잎채소 씨앗은 가을부터 겨울 기간에 풀 위에 흩어뿌린 뒤, 지상부의 풀을 베는 방법만으로도 잘 나고 자란다. (남쪽 지방 이야기다. 우리나라에서는 제주도나 남해안에서는 가능할까? 강원, 경기 지역에서는 월동이 안 된다: 옮긴이)

줄 뿌리기를 할 때는, 씨앗을 손가락으로 쥐고 비비듯이 뿌리는 동시에, 균일하게 뿌려지도록 잘 보아가며 한다. 두세 차례 나누어 뿌릴 생각으로 정성껏.

우엉이나 보리처럼 껍질이 없는 씨앗이나, 알이 잘은 씨앗은 복토가 두꺼우면 발아하지 않는다. 그러므로 그런 씨앗은 풀 위로 흩어뿌리고, 정성껏 풀을 베는 방법으로 파종한다.

### 어떤 파종 방법이 어떤 작물에 맞을까?

**점 뿌리기**

파종할 곳의 풀만을 베고, 그루 간격을 두어 씨앗을 서너 알씩 뿌리는 방법. 앞그루에 이어서 파종하기가 쉽다.

크게 자라는 작물에 맞다

크게 자라는 채소, 열매채소, 위로 덩굴을 뻗는 채소, 키가 큰 채소에 맞는 한편 여러 풋콩, 감자, 고구마, 토란, 뿌리채소 등에도 좋다.

**줄 뿌리기**

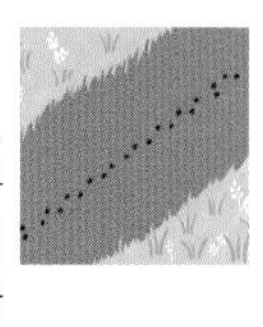

괭이 폭으로 풀을 베고, 줄 모양으로 씨앗을 뿌리는 방법. 괭이 폭 전체에 흩어뿌린다거나 두 줄로 뿌리거나 한다.

거의 모든 채소에 가능

배어도 잘 자라는 작물은 괭이 폭 전체에 흩어뿌리고, 잎 채소는 두 줄로 뿌리고, 씨앗이 크고 생육이 빠르고 그루가 큰 것은 한 줄 뿌리기를 한다.

**흩어뿌리기**

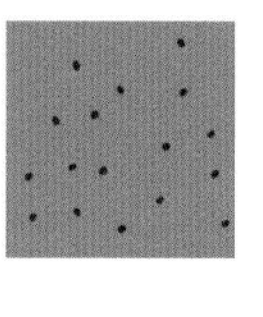

일정한 면적 전체에 씨앗을 흩어뿌리는 방법. 풀의 세력이 약한 가을에서 봄에 걸쳐 자라는 채소에 맞다.

솎아 먹어도 되는 채소에 맞다

소송채, 쑥갓, 상추와 같은 잎채소, 무, 갓 등 솎아 먹을 수 있는 작물에 맞다. 못자리에도 맞는 방법이다.

실천 줄 뿌리기

## 당근의 줄 뿌리기

### ❶ 이랑 전체의 풀을 대충 벤다

키가 큰 풀이 있는 상태에서는 작업이 어렵다. 그런 곳은 먼저 전체 면적의 풀을 대충 베고 시작한다. 벤 풀은 나중에 그 자리에 다시 펼 것이기 때문에 이랑 옆에 놓아둔다.

### ❷ 못줄을 치고, 괭이 폭으로 풀을 벤다

파종할 장소에 못줄을 치고, 괭이보다 조금 넓은 폭으로, 정성껏 풀을 베어간다. 벤 풀은 옆에 놓아둔다.

### ❸ 괭이로 겉흙을 걷어내고, 흙을 부순다

괭이를 써서 2~3cm깊이로 가볍게 갈고, 여러해살이풀이 있을 때는 뿌리를 제거한다. 흙이 딱딱할 때는 괭이나 톱낫을 써서 부순다.

### ❹ 진압한다

괭이 뒷면을 써서 진압한다. 뒷면이 튀어나와 있다거나, 요철이 있는 괭이는 적당치 않다. 손바닥을 써도 된다.

**Point**

파종할 곳에 요철이 있으면, 복토 깊이에 차이가 발생하며 발아율이 떨어진다. 그러므로 괭이 뒷면이나 손바닥을 써서 평평하게 고른다.

### ❺ 씨앗을 뿌린다

줄 뿌리기를 할 때는 씨앗을 손가락에 쥐고 비벼가며 뿌린다. 한 차례에 적량을 뿌리지 못해도 괜찮다. 두세 차례로 나눠 정성껏 작업한다.

### ❻ 복토용의 흙을 준비한다

뿌림 골 가장자리에 괭이나 삽을 넣어 틈을 낸다.

**Point**

복토용 흙은 풀씨가 섞여 있지 않은 속흙을 쓴다. 겉흙을 쓰면 작물과 동시에 발아하는 잡초 관리로 힘이 들기 때문이다. 그러므로 반드시 속흙을 쓸 것.

### ❼ 복토를 한다

손바닥으로 비벼가며 균일하게 복토한다. 흙에 습기가 많을 때는 벽돌처럼 딱딱해지기 쉽다. 마른 흙을 쓰는 게 좋다. 당근은 씨앗이 작기 때문에 얇게 복토한다.

### ❽ 진압한다

파종하고, 복토를 한 뒤, 괭이 뒷면을 써서 다시 한 번 더 진압한다. 비 등으로 전체가 젖어 있을 때 진압을 하면 땅이 굳어지니, 그럴 때는 나중에 풀을 덮은 뒤에 가볍게 진압하는 정도로 좋다.

### ❾ 풀을 덮는다

처음에 베어놓은 풀이나, 주변의 풀을 짧게 잘라 덮는다. 갈색으로 시들어 있거나 시들어 가는 풀은 앞으로 발아할 씨앗이 달려 있기 때문에 쓰지 않는다. 되도록 생풀의 윗부분을 잘라 쓰는 게 좋다.

### ❿ 등겨를 준다

등겨와 유박을 반반씩 섞어서, 줄 사이 혹은 줄 옆의 풀 위에 뿌린다. 파종한 곳에 뿌리면 벌레가 모여들거나 생육이 나빠지므로 주의한다.

### ⓫ 두드려서 떨어뜨린다

풀 위로 떨어진 등겨나 유박이 땅에 떨어지도록, 톱낫 등으로 두드려서 떨어뜨린다.

실천 흩어뿌리기

## 상추 흩어뿌리기

(거친 방법)

**❶ 전면의 풀을 가볍게 벤다**

뿌림 골의 폭을 정하고, 그 부분의 풀을 벤다. 씨앗이 흙까지 떨어지도록 키가 큰 풀 등을 벤다. 키 작은 풀은 조금 남아 있어도 상관없다.

**❷ 뿌릴 곳을 표시하는 막대기를 놓는다**

위에서 씨앗을 흩어뿌린다. 그러므로 어디에 뿌려야 할지를 일러주는 막대기를 양쪽에 놓으면 좋다.

**❸ 씨앗을 흩어뿌린다**

씨앗을 손안에 쥐고, 손가락 사이로 흘러 떨어지게 손을 움직인다. 씨앗이 균일하게 떨어지게 한다. 한 번이 아니라 여러 차례로 나눠서 뿌린다.

**❹ 풀 위에 놓인 씨앗이 땅에 떨어지도록 꼼꼼하게 풀을 벤다**

남아 있는 풀을 베어, 씨앗을 땅에 떨어뜨린다. 제초와 복토를 겸한 작업이다. 이 단계에서는 풀을 정성껏 꼼꼼히 베는 것이 포인트.

**❺ 풀을 덮는다**

주위에 나 있는 생풀을 10cm 정도로 잘라, 흙이 보이지 않을 정도로 덮는다. 지표부에 가깝게 베면 여름풀의 씨앗이 섞여들 우려가 있기 때문에, 생풀의 윗부분을 잘라 쓴다.

**❻ 진압한다**

파종한 뒤에 풀을 베면, 흙에 요철이 생긴다. 괭이 뒷면으로 두드려 진압과 함께 평평하게 고른다.

---

흩어뿌리는 방법

## 쑥갓의 흩어뿌리기

(정성스런 방법)

**❶ 풀을 베고, 겉흙을 걷어낸다**

흩어뿌리기를 할 골의 폭을 정한 뒤, 못줄을 치고, 그 부분의 풀을 벤다. 여름 풀씨가 섞인 겉흙을 걷어내고 2~3cm 깊이로 가볍게 간다.

**❷ 흙을 부순다**

괭이로 부수기 어려운 작은 흙덩이는 톱낫의 등을 이용해 잘게 부순다. 두더지 구멍이 있으면 막는다.

**❸ 여러해살이풀의 뿌리는 뽑아낸다**

여러해살이풀의 뿌리가 있으면, 되도록 세심하게 제거한다. 그 뒤에는 평평하게 고른다.

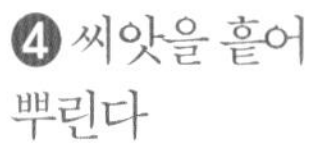

**❹ 씨앗을 흩어뿌린다**

씨앗을 손안에 쥐고, 손가락 사이로 흘러 떨어지도록 손을 흔든다. 씨앗이 균일하게 떨어지도록 주의한다. 한 번이 아니라 여러 차례로 나눠 뿌린다.

**❺ 복토하고, 진압한다**

뿌림 골 가에서, 괭이나 삽을 써서 속흙을 꺼내어 복토한다. 복토를 마친 뒤에는 괭이 뒷면을 이용해 진압한다.

**❻ 풀을 덮는다**

주위에 나 있는 생풀을 짧게 잘라 덮는다. 지표부에는 여름풀 씨앗이 섞여 있을 수도 있기 때문에, 생풀 윗부분을 잘라 쓴다.

**Q '거친 방법'과 '정성스런 방법'은 어떻게 나눠 쓸 수 있나요?**

**A** '거친 방법'은 풀의 세력이 약한 가을부터 겨울까지 하는 파종에 맞습니다. 키가 크게 자라는 작물도 풀에 강하기 때문에 이 방법을 써도 무방합니다. '정성스런 방법'은 키가 작은 작물이나 봄 파종 작물에 맞습니다. 봄부터 여름까지는 풀의 기세가 왕성하기 때문에, 겉흙을 걷어내어 풀씨를 제거하고, 두더지 구멍을 메우고, 여러해살이풀의 뿌리를 뽑아낸 뒤에 씨앗을 뿌립니다.

## 작물에 따라서는 모를 키워 옮겨심기도
# '직파'와 '못자리'

옥수수처럼 키가 큰 것, 강낭콩처럼 덩굴이 있는 것, 우엉·무·당근처럼 곧은 뿌리를 가진 것 등은 직파直播가 맞다. 직파 쪽이 밭 상태에 더 잘 적응해가며 건강하게 자란다.

한편 양파나 파처럼 좁은 간격으로 심는 채소는 직파를 하면 풀 관리가 힘들기 때문에 모를 길러 옮겨 심는다. 양배추, 브로콜리, 콜리플라워처럼 포기가 크게 자라는 것은 모를 길러 옮겨 심지만 직파로도 재배할 수 있다.

지금 밭에서 자라고 있는 작물의 성장이나 수확 시기가 다음에 심을 작물의 파종 시기와 겹칠 때는, 직파가 아니라 모를 길러 옮겨 심는 방법을 택한다.

직파

직파를 하면 밭의 환경에 맞춰 자라기 때문에 건강하게 잘 자란다. 못자리에서 옮겨 심는 데 드는 시간을 절약할 수 있고, 옮겨심기가 늦어지면 생기는 성장 장해 걱정도 없다.

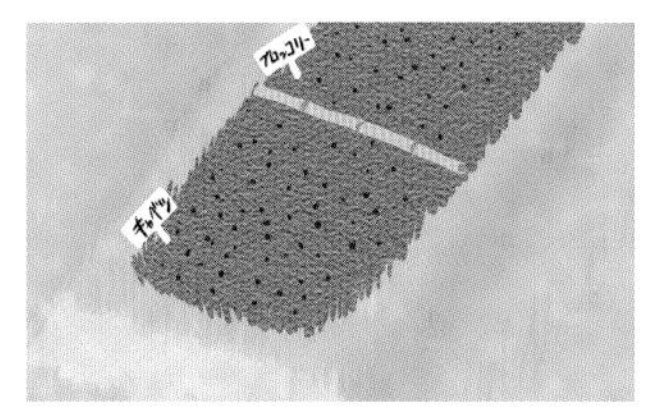

못자리에서 모를 길러 옮겨심기

어릴 때는 한 곳에 모아 키우는 쪽이 더 잘 자란다. 옮겨 심을 때 뿌리가 끊겨도 어렵지 않게 이겨내고 자라는 성질이 있다. 하지만 이식 적기를 놓치면, 그 뒤의 생육이 크게 나빠진다.

### 자가 채종한 씨앗과 시판하는 씨앗의 차이

최근 시판하는 씨앗은 '종자 소독'이라는, 부자연스러운 색깔의 농약이 코팅돼 있다. 병이나 새와 벌레의 피해를 막고, 뿌렸을 때 잘 보이도록 하기 위한 것이다. 되도록 소독을 하지 않은 씨앗을 사거나 자가 채종을 해서 쓰는 쪽이 좋다. 시판 씨앗 봉투에는 '발아율'이 표기돼 있다. 채종 연도가 오래된 것일수록 발아율이 떨어진다. 자가 채종한 씨앗은 시중의 씨앗보다 발아율이 좋고, 건강한 모습으로 자란다.

시판하는 강낭콩 씨앗. 청록색 농약으로 코팅돼 있다.

## 채소 씨앗 파종의 기준

◎가장 좋다 ○좋다 △가능하다

| 채소 | | 이름 | | | 재배 메모 |
|---|---|---|---|---|---|
| | | 점 뿌리기 | 줄 뿌리기 | 흩어뿌리기 | |
| 열매채소 | 오이 | ◎ | | | 줄 간격 1m, 그루 간격 50cm로 한 곳에 2~4알씩. 직파, 육묘 가능 |
| | 호박 | ◎ | | | 이랑 폭 3~4m, 그루 간격 1~2m로 한 곳에 두세 알씩. 직파, 육묘 가능 |
| | 여주 | ◎ | | | 줄 간격 1m, 그루 간격 40~50cm로 한 곳에 두세 알씩 뿌린다 |
| | 가지 | ◎ | | | 모를 길러서 줄 간격 1m, 그루 간격 60cm로 옮겨 심는 것이 일반적 |
| | 토마토 | ◎ | | | 줄 간격 1m, 그루 간격 50cm로 한 곳에 네다섯 알씩. 직파, 육묘 가능 |
| | 모로헤이야 | ◎ | | | 줄 간격 60cm, 그루 간격 30cm로 한 곳에 두세 알씩 뿌린다 |
| 잎채소 | 배추 | ◎ | ○ | | 줄 간격 60cm, 그루 간격 40~50cm로 한 곳에 5~10알씩. 직파, 육묘 가능 |
| | 양배추 | ◎ | ○ | | 줄 간격 60cm, 그루 간격 30~40cm로 한 곳에 5~6알씩. 직파, 육묘 가능 |
| | 수채 | | ◎ | △ | 줄 간격 50~60cm로, 괭이 폭으로 두 줄 뿌리기가 기본. 가을 파종이기 때문에 흩어뿌리기 가능 |
| | 시금치 | | ◎ | ○ | 줄 간격 50~60cm로 괭이 폭으로 줄뿌리기가 기본. 춘파보다 추파 쪽이 기르기 쉽다 |
| | 브로콜리 | ◎ | | | 모를 길러 그루 간격 50~60cm로 옮겨 심는 것이 일반적 |
| 뿌리채소 | 양파 | | ◎ | △ | 모를 길러 20~30cm로 자라면 줄 간격 25cm, 그루 간격 10~15cm로 옮겨 심는다 |
| | 무 | ○ | ◎ | △ | 줄 간격 60cm, 그루 간격 30~40cm를 기준으로 점 뿌리기를 하거나 3~5cm 간격으로 줄 뿌리기 |
| | 당근 | | ◎ | | 줄 간격 50~60cm로 괭이 폭으로 줄 뿌리기. 촘촘한 쪽이 기르기 쉬우므로 약간 많이 뿌린다 |
| | 갓 | | ◎ | △ | 줄 간격 50~60cm로 괭이 폭으로 줄 뿌리기. 씨앗이 작기 때문에 많이 뿌리지 않도록 주의 |
| | 감자 | ◎ | | | 줄 간격 60cm, 그루 간격 30cm로 씨감자의 배 정도 깊이로 심는다 |
| | 토란 | ◎ | | | 줄 간격 90cm, 그루 간격 60cm로 씨 토란의 싹이 1~2cm 나오게 심는다 |
| | 고구마 | ◎ | | | 줄 간격 60~90cm, 그루 간격 30cm로 싹이 위로 가게 하여 5cm 깊이로 심는다 |
| 콩과 | 완두콩 | ◎ | | | 줄 간격 1.5~2m, 그루 간격 30cm로 한 곳에 두세 알씩 심는다 |
| | 강낭콩 | ◎ | | | 줄 간격 1m, 그루 간격 30cm로 한 곳에 두세 알씩 심는다. |
| | 누에콩 | ◎ | | | 줄 간격 1m, 그루 간격 30cm로 한 곳에 두 알씩, 눕히듯이 1~2cm 깊이로 심는다 |
| | 풋콩 | ◎ | | | 줄 간격 60cm, 그루 간격 30cm로 한 곳에 두세 알씩 심는다 |
| | 동부 | ◎ | | | 줄 간격 1m, 그루 간격 30cm로 한 곳에 두세 알씩 심는다 |

# 풀 관리, 솎기

▼풀이 나는 대로 두면 작물이 자라지 못한다.
그러므로 작물이 자람에 따라 풀 관리가 필요하다.
채소를 솎아 먹는 재미도 쏠쏠하다.

**'풀을 적으로 여기지 않는다'는 건 무슨 뜻인가?**

## 자연에 맡기면 그곳에 맞는 풀이 나며, 땅을 비옥하게 만든다

관행 농법에서는 제초제를 쓰고, 유기농법에서는 기계나 손으로 풀을 뽑는다는 차이가 있지만 둘 다 풀을 제거한다는 점에서는 같다. 한편 자연농은 풀이 나지 않으면 시작할 수 없다.

땅을 갈던 밭에서 자연농으로 바꾸면, 처음에는 기의 다 '풀이 적다'거나 '풀이 부족하다'는 느낌을 받는다. 파종을 하고 나서라든가, 모를 길러 옮겨 심는 뒤에 땅이 마르지 않도록 풀을 덮어보려고 해도 밭에 풀이 없으면 그렇게 할 수 없다. 그때는 다른 곳에서 풀을 베어 오는 수밖에 없다.

땅을 갈지 않으면 자연은 저절로 비옥해져간다. 갈던 땅을 자연농으로 바꾸면, 처음 이삼 년은 거칠고 작은 풀이 나지만, 차츰 부드러운 풀로 바뀌어간다. 풀의 종류에 선악은 없고, 소위 '잡雜'도 없다. 모두 필요에 따라 그 자리에 나는 것이다.

자연농은 땅을 벌거숭이로 만들지 않는 것이 중요하다. 풀을 벨 때는 윗부분만 을 베고, 뿌리는 그대로 남겨두어 썩게 한다.

자연농
채소만이 아니라 풀도 있기 때문에 습도가 유지되어 물을 줄 필요가 없다. 벌레는 채소와 풀로 분산되고, 벤 풀은 양분이 된다.

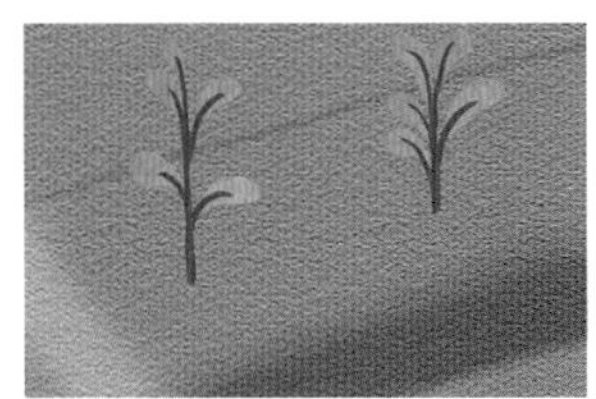

관행 농법
밭에는 채소밖에 없고, 풀은 보이는 대로 뽑는 게 기본. 가뭄과 건조함을 막기 위해 멀칭, 물주기, 방충제, 비료 등이 필요하다.

풀은 소동물을 살리고, 소동물은 작물이나 풀을 살리는 한 살림을 하고 있다. 헤아릴 수 없이 많은 생명이 밭을 무대로 나고 죽기를 거듭하며, 쌓여가며, 다음 생명의 양식이 된다. 어느 것 하나 빠지면 안 되는 소중한 존재인 것이다.

왼손 엄지손가락이 아래로 가도록 풀을 쥐고, 오른손에 쥔 톱낫을 잡아당겨 풀의 지상부를 자른다.

### 풀의 역할

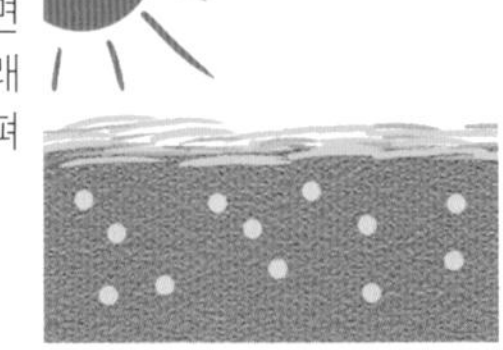

땅의 건조를 막는다
벌거숭이가 돼 있으면 땅이 마르기 쉽다. 그래서 벤 풀을 그 자리에 펴 놓아 건조를 막는다.

벌레를 막는다
주위에 풀을 두어 벌레가 채소에만 덤벼드는 것을 막는다. 채소보다 풀을 좋아하는 벌레도 많다.

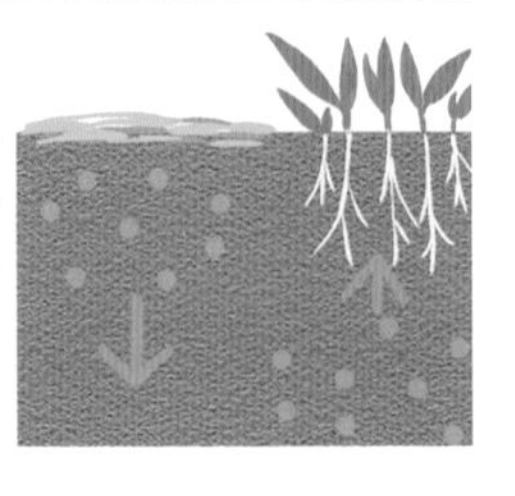

흙을 비옥하게 만든다
벤 풀을 그 자리에 펴놓으면 양분이 되고, 풀뿌리는 땅속으로부터 양분을 모아준다.

**풀 관리의 핵심 포인트**

## 되도록 베지 않고, 풀이 그 자리에서 일생을 마치게 한다

풀은 이유가 있어 거기에 나는 것이다. 필요가 없어지면 다른 풀로 바뀌어간다. 그것이 자연의 모습이다. 풀은 자유롭게 잎을 내고, 땅속으로 뿌리를 뻗고, 공기 중이나 땅속에서 영양을 모으고, 그 자리에서 썩어가며 생명을 늘리는 활동을 하고 있다. 그러므로 풀은 되도록 베지 않고, 가능한 한 그 자리에서 일생을 마치게 한다.

하지만 채소가 자라는 데 필요한 최저한의 제초는 피할 수 없다. 채소의 성장을 잘 살펴보고 풀을 남길 곳을 찾아본다.

작물이 어릴 때나 풀에 질 것 같을 때는 작물 주위 풀을 벤다. 장마나 여름에 풀이 자라 통풍이 잘 안 되고 햇볕이 잘 안 들 때도 일정한 범위의 풀을 벤다. 조릿대와 같은 여러해살이풀은 싹이 나올 때 나오는 대로 바로 베어주면, 차츰 세력이 약화되며 죽어간다. 밭에 가뭄이 들었을 때는 풀을 두고, 습할 때는 광범위하게 벤다.

풀을 벨 때는 되도록 환경의 변화를 최소화하는 범위 안에서 벤다. 이랑 전체를 한꺼번에 베어버리면, 그곳에서 살고 있는 소동물이나 벌레들의 거처가 없어져 균형이 깨져버린다. 그러므로 그루 주변을 뺀 부분은 한 줄 건너뛰어 베기를 한다. 남은 줄은 한참 뒤에 벤다.

풀은 최대한 지면 가까운 부분을 베는 것이 기본이다. 하지만 풀의 기세가 좋더라도 여름풀과 겨울풀이 교체를 하는 가을에는 베지 않고, 그대로 쓰러뜨리기만 해도 된다.

풀의 종류나 성장 상태, 그때의 날씨에 따라 어떻게 대처해야 하느냐가 달라진다. 그러므로 채소의 성질에 맞춰 최선의 방법을 찾아본다. 지력이 약하면 풀도 잘 못 자란다. 그럴 때는 작물을 심지 않고 풀이 나는 대로 두고, 그 풀의 힘을 빌려 땅 힘을 회복시킨다.

### 풀 관리의 예

한쪽만

작물 양쪽 풀을 단번에 베면 소동물이나 벌레들의 서식처가 없어진다. 그래서 남은 쪽 풀은 2주쯤 뒤에 벤다.

그루 주변만

박과는 주위에 풀이 없으면 넓적다리잎벌레가 모여든다. 그러므로 작물의 성장에 맞춰 햇살, 통풍 등을 고려하여 포기 주변의 풀만 벤다.

쓰러뜨리기만

여름풀과 겨울풀이 교대할 시기에는, 베지 않고 그대로 쓰러뜨리기만 해도 좋다. 풀이 일생을 완수하도록 둔다.

Q 주말 텃밭 농사를 짓고 있습니다. 빨리 자라는 여름풀은 한번에 다 베어도 되지 않을까요?

**A** 1주 정도면 풀이 그렇게 많이 자라지 않습니다. 그러므로 파종할 이랑만 풀을 베고, 다음 주에 이웃 이랑의 풀을 베는 식으로 시기를 달리하여 베는 것이 좋습니다. 파종 시기를 달리하면 풀 베는 시기도 달라지기 때문에 전체 작업이 쉬워집니다. 여름철에 2주, 그 밖의 기간에 한 달 가까이 갈 수 없을 때는 단번에 베어야 하는 경우도 물론 있습니다.

양배추가 풀에 가려 해를 못 받고 있다. 통풍도 나쁘다. 그루 주변과 줄 한쪽의 풀만을 베고, 남은 쪽 풀은 뒤에 벤다.

### 채소의 성장에 맞춰 도와준다

유아기

막 싹이 튼 상태는 막 태어난 갓난아이와 같다. 기후 변화나 벌레, 새 피해를 당하지 않도록 주의. 필요한 곳에는 도움을 준다.

유년기

그냥 둬도 걱정할 일이 적다. 다만 영양은 부족하지 않은지, 제대로 돌보고 있는지, 작물의 상태 등을 잘 지켜보고 있는 것이 중요.

청년기

유년기를 지나 작물이 자라기 시작하면 돌볼 일이 거의 없다. 풀이 있는 쪽이 땅이 덜 마르고, 벌레 피해도 적다.

풀이 어릴 때는 뿌리째 뽑는다

막 싹이 텄을 때나 모를 옮겨 심은 뒤에는, 작물 주변의 풀을 꼼꼼히 벤다. 작은 풀은 손으로 뿌리째 뽑는다.

자라면 뿌리를 남기고 벤다

풀뿌리를 남기고 최대한 지면 가까운 부분을 베는 것이 기본. 풀이 작고 작물이 크다면 그대로 둬도 문제없다.

### 솎기의 핵심 포인트

## 어렸을 때는 서로 경합하며 건강하게 자란다 자라는 대로 솎아 밥상에 올린다

어릴 때는 여럿이 조금 조밀한 상태에서 자라는 것이 좋다. 그러므로 씨앗을 뿌릴 때 조금 많이 뿌리고, 자람에 따라 튼튼한 것을 남기고 남은 것을 솎아낸다.

씨앗을 고르게 뿌려도 발아하지 않는 게 있으므로 솎기를 통해 전체의 간격을 조정해간다. 씨앗을 많이 뿌리면 김매는 데 드는 시간은 적어지지만 그만큼 솎는 작업이 늘어난다. 거꾸로 씨앗을 적게 뿌리면 솎는 시간은 줄어들지만, 그 빈 곳에 풀이 나기 쉽기 때문에 제초에 시간이 든다. 무엇을 우선으로 할 것인지를 고려하여 씨앗을 뿌린다.

솎기의 기준은 자라는 데 적당한 거리, 밀도로 정한다. 하루가 다르게 자라므로 밴 곳, 가늘게 웃자라는 것부터 솎는다. 처음에는 잎이 겹치는 정도로 하고, 그 뒤에는 잎이 서로 닿은 정도의 거리를 기준으로 솎는다. 몇 차례에 나눠 조금씩 솎고, 최종적으로는 그 작물에 맞는 간격이 되도록 한다. 작물에 따라서는 솎은 것을 옮겨 심을 수도 있다.

솎는 방법은 뿌리째 뽑는 방법과 줄기 아랫부분을 톱낫이나 가위로 잘라 거두는 방법 등이 있다. 무, 당근, 우엉, 갓과 같은 뿌리채소는 뿌리를 땅속으로 곧게 뻗기 때문에 잘 뽑힌다. 그 밖의 채소는 뿌리를 옆으로 뻗기 때문에, 뿌리째 뽑으면 다른 포기의 뿌리가 상하기 쉽다. 이때는 가위 등을 써서 잘라낸다.

열매채소와 콩과를 뺀 거의 모든 채소는 솎아 먹을 수 있다. 생명력이 넘치는 싱싱한 잎채소를 비롯하여 미니 사이즈의 무나 당근 등, 솎음 채소의 세계는 의외로 넓다.

잎채소와 무를 이랑 전체에 흩어뿌렸다. 잎이 겹쳐 있거나 혼잡한 곳은 솎는다.

무 솎기. 한 손으로 땅을 누르며 뽑아 옆 그루의 뿌리가 상하지 않도록 한다. 잎이 겹쳐 있는 곳에서는 함께 뽑히지 않도록 조심한다.

쑥갓 솎기. 잎이 두 장 이상 나왔을 때, 옆의 것과 잎이 겹치지 않는 간격으로 솎는다.

### 솎는 시기

**어릴 때는 촘촘하게 키운다**
어린싹일 때는 조밀하게 키우는 게 오히려 건강하게 자라기 때문에, 씨앗을 조금 많이 뿌리고 성장에 맞춰 솎는다.

**밴 곳부터 서서히**
옆 그루와 잎이 닿으면 솎는 것이 기본. 하지만 지나치게 솎아 빈 곳이 생기면 그곳에 풀이 나므로 주의.

**작물에 맞는 간격으로**
다 자랐을 때의 키와 성질에 맞춰 솎는 간격을 정한다. 여기까지 자라면 주변에 풀이 있어도 문제없다.

### 솎는 방법

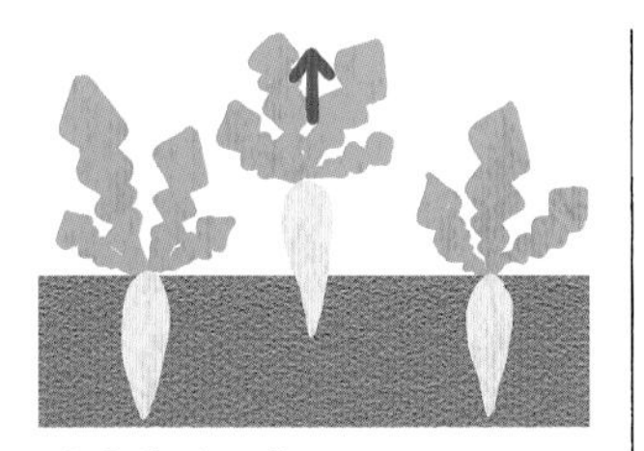

**뿌리째 뽑는다**
무, 당근, 우엉, 갓처럼 뿌리를 땅속으로 곧게 뻗는 뿌리채소는 뿌리째 뽑는다.

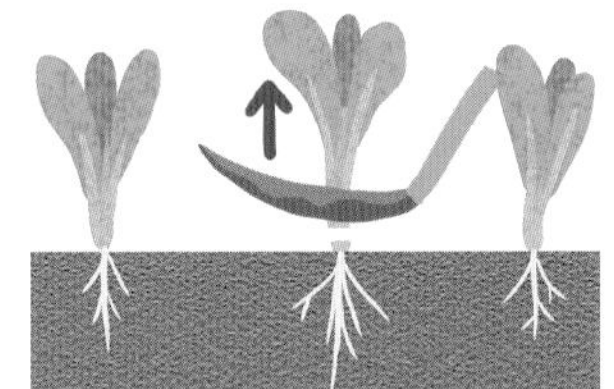

**줄기 아랫부분을 자른다**
뿌리채소를 뺀 나머지 채소는 옆으로 뿌리를 뻗는다. 그대로 뽑으면 남은 그루의 뿌리를 상하게 하기 때문에 지상부를 베어 솎는다.

**Q 솎기가 귀찮습니다. 대안은 없습니까?**

**A** 줄 뿌리기나 흩어뿌리기를 하는 채소는 어릴 때 한 곳에 여럿이 모여 자라는 게 좋습니다. 그쪽이 더 잘 자랍니다. 씨앗을 조금 많이 뿌리고 솎아 먹어가며 키우면 됩니다. 무나 당근과 같은 채소는, 간격을 두고 여러 알씩 점 뿌리기를 하면 솎는 시간을 많이 줄일 수 있습니다. 그 대신 이 경우는 그루 사이로 나는 풀을 베는 데 많은 시간을 써야 합니다. 그러므로 솎기를 귀찮게 여기지 말고 즐기시기 바랍니다.

실천 점 뿌리기 관리
## 호박의 제초와 솎기

### ❶ 한 그루만 남기고 솎는다
한 곳에 세 알. 반경 30cm 바깥의 풀은 남겨 둔다. 본잎이 2~4장이 되면 가장 건강한 그루 하나만 남기고 나머지는 벤다. 모를 길렀을 때는, 본잎이 2~4장이 됐을 때 옮겨 심는다.

### ❷ 성장에 맞춰 포기 주변의 풀을 벤다

본잎이 서너 장이 되면, 주변의 풀을 베어 햇볕이 잘 들게 만든다. 포기로부터 반경 1m가량의 범위를 기준으로 원 안을 벤다.

### ❸ 벤 풀을 그 자리에 펴놓는다
봄장마 때 주변에 풀이 많으면 통풍이 나빠지고 습도가 높아지기 때문에, 6월 무렵에는 사진과 같은 넓이로 풀을 벤다. 벤 풀은 그 자리에 펴놓는다.

Point
바깥의 풀은 베지 않고 남겨둔다
박과는 풀이 없으면 넓적다리잎벌레가 와서 잎을 먹어버린다. 그러므로 성장에 맞춰 풀을 베어야 하지만 둘레 바깥의 풀은 베지 않고 남겨두는 것이 포인트.

### ❹ 1개월쯤 지나며 덩굴이 자라기 시작하면
덩굴 줄기가 뻗어가는 바로 앞쪽의 풀만을 벤다. 호박은 다른 박과의 작물처럼 순지르기를 할 필요가 없다. 자라는 대로 둔다. 열매에 흠집이 생기지 않도록 덩굴 아래의 풀을 베어 깔아준다.

실천 줄 뿌리기의 관리
## 당근의 제초와 솎기

### ❶ 주변의 풀을 벤다
가을에 당근 씨앗을 뿌리면, 12월경에 크게 자라난다. 당근이 풀에 질 것 같아 보이면 주변의 풀을 베어놓는다. (중부 지방은 가을 파종이 불가능하다: 옮긴이)

### ❷ 바깥쪽 풀을 베고, 조금씩 솎는다
조밀하게 난 당근은 솎기 쉽지 않다. 먼저 바깥쪽의 풀을 벤 뒤, 바깥쪽 당근부터 조금씩 솎아간다.

### ❸ 최종적으로는 포기 간격을 5~10cm로 한다
당근은 괭이 폭으로 흩어뿌리기를 했기 때문에 촘촘하게 난다. 조밀한 곳은 여러 차례에 걸쳐 조금씩 솎고, 최종적으로는 그루 간격이 5~10cm가 되게 한다.

### 이랑의 손질
가을에 뿌린 당근을 수확하지 않고 두면 이듬해 6월경에 꽃이 핀다. 채종용으로 남긴 당근 주변의 풀을 벤다.

당근 포기 주변의 풀만을 베고, 그 바깥의 풀은 남겨둔다.

# 모 기르는 방법, 온상 만드는 방법

▼직파가 기본이지만, 작물의 종류나 그 땅의 기후에 따라서는 모를 길러 옮겨 심는 방법을 택하기도 한다.

## 자연농의 모 기르기는?

### 날씨에 맞춰 모를 기름으로써 결실의 정확도를 높인다

채소 재배는 그 토지의 기상조건에 맞출 필요가 있다. 채소 중에는 봄부터 가을에 걸쳐서 자라는 것과 가을부터 겨울에 걸쳐서 자라는 것이 있다. 더운 시기에 자라는 여름 채소 씨앗을 뿌릴 경우는, 기온이 낮을 때 직파를 하면 발아율이 낮다. 그래서 별도의 장소에서 모를 길러 밭에 옮겨 심는다.

물론 자연의 활동에 따르는 것이 '자연농'의 기본이다. 하지만 식량을 확보하는 것이 재배의 목적이기 때문에 결실이 확실히 보장되도록, 자연계의 이치에서 벗어나지 않는 범위 안에서 방법을 모색한다. 기온이 낮아 발아하지 않을 때는 보온을 하여 모의 생육을 돕는다. 보온을 위해 보온재를 덮은 경우는, 보온재가 빗물을 막기 때문에 필요에 따라서는 물을 준다.

거의 모든 채소는 밭에 직접 씨앗이 뿌려지고, 그곳에서 자라고, 수확 시기를 맞은 뒤, 씨앗을 맺고 일생을 끝낸다. 하지만 채소에 따라서는 못자리에서 일정 기간을 보낸 뒤, 밭에 옮겨 심는 쪽이 좋은 것도 있다.

기본적으로는 밭의 한쪽에서 모를 기르는 쪽이 그 밭에 맞는 생명력 있는 모를 얻을 수 있다. 추운 곳에서는 하우스나 온상을 이용할 수도 있지만, 그 경우는 되도록 자연계에 있는 것을 이용한다. 육묘용의 비닐 포트나 가온용의 비닐 등은 되도록 쓰지 않는다.

못자리를 만들기 위해 풀씨가 들어가 있는 겉흙을 걷어낸다.

못자리를 준비할 때는, 체로 친 밭 흙과 부엽토를 섞은 육묘용의 상토를 준비한다. 부엽토는 가까운 산이 있으면 거기서 가져온다. 혹은 과일나무가 있고 그 아래 부엽토가 있다면 그걸 이용해도 된다. 못자리 흙에 양분이 부족하면 발아한 뒤, 조금 지나고 나서 등겨나 유박을 뿌린다.

밭 한쪽에 만든 못자리에서 모를 기르면, 그 밭에 맞는 튼튼한 모를 기를 수 있다.

못자리로 쓸 곳은, 풀씨가 섞인 지상부를 걷어내어 채소가 풀에 지지 않도록 도와준다.

**모 기르는 방법**

## 밭 한쪽에 못자리를 만드는 것이 기본, 지온이 낮은 경우는 온상을 만든다

나무로 짜 만든 온상. 뒤에는 낙엽을 쌓아 만든 온상.

모는 노지에서 기르는 방법과 하우스나 온실에서 기르는 방법 등의 두 가지가 있다. 자연농에서는 밭 한쪽에 못자리를 준비하고 거기서 모를 기르는 것이 기본. 한랭지나 고랭지에서 여름 채소를 재배하고 싶거나 일조량 등의 문제로 노지 재배가 어려운 곳에서는 온상을 이용한다. 볏짚, 생풀, 등겨, 인분뇨, 물 등을 쌓아 놓으면 발효하며 온도가 올라간다. 그 위에 육묘용 상토를 넣은 뒤, 30도 전후로 온도가 안정되면 씨를 뿌린다.

온상의 목적은 두 가지다. 하나는 온상 안의 기온을 바깥 기온보다 조금 높이기 위한 것이고, 다른 하나는 밤에 기온이 지나치게 떨어지는 것을 막는 것이다. 밭이 작을 때는 모 수가 적어도 되기 때문에 종이나 나무 상자 등을 써서 햇살이 잘 드는 처마 밑이나 베란다처럼 따뜻한 곳에서 육묘를 하는 것도 좋다.

본격적으로 모를 기를 때는 나무를 써서 틀을 짜는 것이 일반적이다. 그 밖에 볏짚을 쌓아 올린다거나, 땅에 구덩이를 파고 부엽토를 넣는다거나 하는 방법도 있고 그쪽이 더 간단하다.

Q 육묘용의 포트를 쓰면 안 될까요?

A 자연농에서는, 밭 한쪽에 만든 못자리에서 모를 기를 때나 온상에서 모를 기를 때나 직파가 기본입니다. 물론 육묘용의 포트를 쓰면 쉽게 옮겨 심을 수 있습니다. 그러므로 모를 많이 길러야 하는 전업농가에서는 어쩔 수 없는 면이 있습니다. 하지만 가정용 텃밭 규모에서는 굳이 자연계에 없는 것을 밭에 가지고 들어오지 않고도 충분히 모를 기를 수 있습니다. 옮겨 심을 때는 모종삽을 쓰면 됩니다. 직파보다 포트 육묘 쪽이 더 잘 자라는 것도 아닙니다.

실천 노지에서 모 기르기

## 가지, 토마토, 고추의 육묘

❶ 겉흙을 걷어낸다

풀을 베고, 겉흙을 걷어낸 뒤, 2~3cm 깊이로 흙을 잘게 부순다. 여러해살이풀의 뿌리는 보이는 대로 뽑아내고, 두더지가 만든 구멍이 있으면 메운다.

❷ 요철을 없앤다

땅을 평평하게 고르는 작업이 괭이로 잘 안 될 때는 톱낫으로 대신해도 좋다. 요철을 없애가며 전 면적을 평평하게 고른다.

❸ 눌러준다

괭이의 뒷면을 써서 진압한다. 뒷면이 평평하지 않은 괭이는 평평한 것으로 바꾼다. 손으로 진압을 할 때는 균일하게 되도록 주의한다.

❹ 뿌림 골을 낸다

톱낫 등을 이용해 뿌림 골을 낸다. 골 간격은 10cm 정도로 한다. 골의 깊이는 깊지 않게 하고, V자 모양이 되도록 한다.

❺ 씨앗을 뿌린다

뿌림 골에 씨앗을 떨어뜨린다. 가지, 토마토, 고추의 씨앗을 10cm 간격으로 한 알씩 놓아간다. 골을 메우듯이 손가락으로 흙을 덮는다.

### ❻ 생풀을 짧게 잘라 덮어준다

파종한 부분을 손으로 가볍게 진압한 뒤, 풀을 덮어준다. 여름풀의 씨앗이 섞여들지 않도록 생풀 윗부분만을 골라 잘라 쓴다.

### ❼ 물 주기

국자나 밥그릇으로 물을 준다. 물뿌리개를 써도 좋다. 건조한 날이 이어지며 땅이 마르면 필요에 따라 물을 준다.

### ❽ 새나 소동물의 피해 막기

싹이 텄을 때, 새 피해를 입지 않도록 못자리 전체에 나뭇가지를 꽂아놓는다. 이 작업은 동시에 소동물의 침입을 막는 역할도 한다.

Point

조릿대나 가늘고 긴 나뭇가지 등 자연계에서 구할 수 있는 것으로 한다.

**성장 돕기에 관해**

경운하던 땅을 자연농으로 막 바꾸고 났을 때나 온상에 넣은 흙에 양분이 적을 경우는, 발아한 뒤 떡잎이 나올 무렵에 등겨나 유박 혹은 그 둘이 섞인 것을 뿌려준다. 줄 간격이 10cm 이상이라면 줄 사이에 뿌린다.

가지

토마토

고추

### ❾ 본잎이 4~6장이 되면 옮겨 심는다

본잎이 4~6장 정도 나면 옮겨 심는다. 적기를 놓치면 잎이 누렇게 변하며 건강함을 잃기 때문에 적기를 지킨다.

## 육묘의 핵심 포인트

### 포인트❶ 못자리에 씨를 뿌리는 방법

못자리에 씨를 뿌리는 방법은 줄 뿌리기와 흩어뿌리기로 나뉜다. 피망, 토마토, 가지 등 거의 모든 채소는 줄 뿌리기.

톱낫으로 골을 내고, 씨앗은 대략 10cm 간격으로 한 알씩 뿌린다. 양파나 파 등은 씨앗 간격이 1~2cm가 되도록 뿌리고, 자라는 대로 벤 곳은 솎는다. 파종 간격에 따라서는 그대로 두고 솎지 않아도 되는 곳도 있다. 모가 20~30cm 크기로 자라고 줄기가 연필 굵기가 되면 옮겨 심을 시기.

### 포인트❷ 육묘하는 게 좋은 작물

파나 양파처럼 모가 가늘고, 옮겨 심을 때의 그루 간격이 좁은 것은 가급적 모를 길러 옮겨 심는다. 밭에 직접 파종하면 초기 생육 단계에서 풀에 지기 쉽고, 연약해지기 쉽기 때문이다. 일반적으로 모일 때 가는 작물은 어릴 때는 한 곳에서 키우는 것이 좋다. 한 곳에서 키우면 다른 풀이 나기 어려워, 풀 관리에 수고가 적다는 장점도 있다. 또한 옮겨 심을 때, 한 차례 뿌리를 잘리는 쪽이 그 뒤에 튼튼하게 자라는 성질도 있다.

### 포인트❸ 앞그루와 겹치는 경우

같은 이랑에서 겨울 채소와 여름 채소를 이어서 기르려는 경우, 겨울 채소의 수확 시기와 여름 채소의 초기 생육 시기가 겹칠 수 있다. 그럴 때는 못자리에서 여름 채소의 모를 키우며 겨울 채소의 수확을 기다렸다가 옮겨 심도록 한다. 예를 들어보자. 11월에 파종하는 완두콩은 이듬해 6월경부터 수확이 시작된다. 그 뒤에 가지를 심을 경우, 3월경에 못자리를 만들고 모를 길러 6월경에 완두콩 아래에 옮겨 심으면 완두콩의 수확이 끝날 무렵에 가지는 자라기 시작한다.

### 포인트❹ 계절에 따라 다르다

가을이 되면 풀의 성장 속도가 떨어지기 때문에, 가을 뿌리기의 잎채소는 모를 길러 내지 않고 밭에 직파해도 잘 자란다. 앞그루와의 관계가 없을 때는 직파로도 좋지만, 여름 채소의 수확이 남아 있을 때는 모를 길러 옮겨 심는다. 예를 들어 양배추나 브로콜리는 파종 시기가 6월부터 7월이 적기로 여름 채소의 수확 시기와 겹치기 때문에 모를 길러 옮겨 심는 것이 일반적. 한편 봄 파종 시기는 풀의 생육이 왕성한 때이기 때문에, 모를 길러 옮겨 심는 게 풀의 기세를 이기고 제대로 된 수확물을 얻는 데 도움이 된다.

# 온상 만드는 방법

**여름 채소 씨앗은 지온이 20℃ 이상이 되지 않으면 싹이 트지 않는다.**
**볏짚이나 낙엽, 등겨 등을 켜켜이 쌓아올리면 발효가 바로 시작된다. 사흘 정도 지나면 50~60℃까지 온도가 올라간다.**
**1주일 정도 지나며 온도가 30℃ 전후로 안정되면, 씨앗을 뿌릴 수 있다.**

## A 볏짚을 쌓아올린다

❶ 벼 베기 때 묶은 볏단을 그대로 이용한다. 볏단이 풀려 엉클어져 있을 때는 아랫부분을 맞춘 뒤 다시 묶어 쓴다. 볏단을 이쪽저쪽 바꿔가며 놓아 첫째 단을 만든다.

❷ 풀, 등겨, 음식물쓰레기 등을 섞어서 전면에 빠진 곳 없이 넣고, 인분뇨 등 수분을 충분히 뿌려준다. 등겨는 미생물의 발효를 돕는 역할이 있기 때문에 반드시 넣는다.

❸ 볏단의 방향을 90도 바꿔놓으며 두 번째 단을 쌓아올리고, 이번에도 등겨나 물 등을 넣는다. 등겨는 못자리 전체에 조금 두껍게 넣는다.

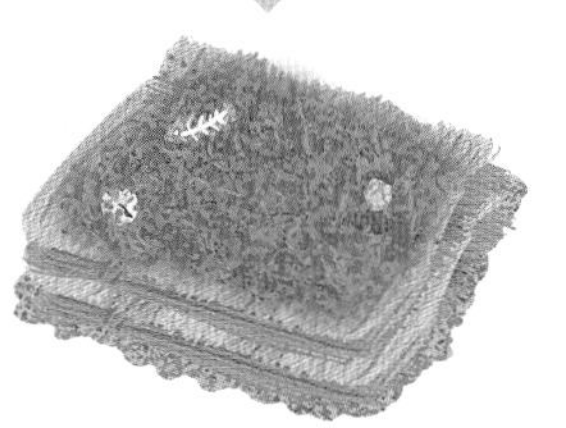

❹ 볏짚과 등겨를 샌드위치 모양으로 4단 정도 쌓아올려 30~40cm 정도 높이가 되도록 한다. 전체의 수분은 60% 쯤으로, 쥐면 물이 번질 정도를 기준으로 한다.

❺ 맨 위에 사방으로 볏짚을 2단씩 놓고, 북쪽만 3단으로 하여 조금 높게 만든다. 남쪽이 낮아야 해가 잘 들기 때문이다.

❻ 볏짚 안에 20cm 정도 못자리 흙을 넣는다. 논밭에 주검의 층이 생긴 경우는 그것을 쓰고, 양분이 적은 경우는 부엽토를 섞어준다. 밭의 겉흙은 풀씨가 들어 있기 때문에 피한다.

❼ 기름종이로 상부를 덮고, 끈으로 묶어 보온한다. 비닐은 햇살이 뜨거울 때, 고온 장애를 불러 온도 관리에 시간이 들기 때문에 피한다. 흙이 건조해지면 물뿌리개로 물을 준다.

좋은 점 목재를 쓰지 않고도 간단히 지을 수 있다. 사방 1~1.5m 크기를 기준으로 만든다. 사방 1m에서 약 80개의 모를 기를 수 있다.

## B 땅에 구덩이를 파고 만든다

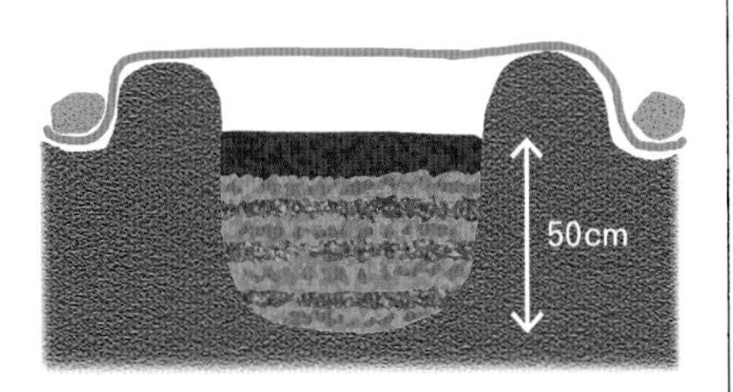


깊이 50cm 정도로 구덩이를 파고, 그 흙으로 빗물이 흘러들지 않도록 가로 둑을 만든다. 구덩이 아래에 볏짚이나 낙엽을 깔고 그 위에 풀, 등겨, 음식물쓰레기, 인분뇨, 물 등을 층을 지어 넣는다. 마지막 20cm는 못자리용 흙을 넣고, 둑 전체를 기름종이로 덮는다.

좋은 점 볏짚이 없을 때나 목제 온상을 만들 시간이 없을 때 좋다. 볏짚 대신 낙엽을 쓸 수도 있다. 추울 때도 땅속 온도는 따뜻하게 안정돼 있다.

## C 나무로 틀을 짠다

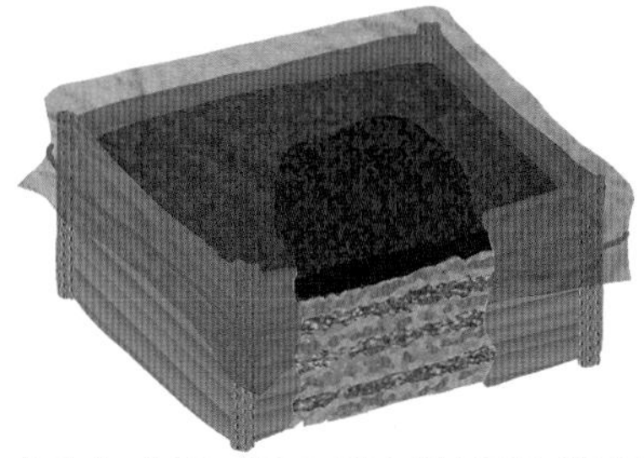

네 귀에 기둥을 세우고, 좁고 긴 판자를 쌓아올리거나 바람구멍이 있는 합판을 세워 벽을 만든다. 틀 바닥에는 볏짚이나 낙엽을 깔고 그 위에 청초나 등겨, 음식물쓰레기, 인분뇨, 물 등을 층층이 쌓는다. 마지막 20cm는 육묘용의 흙을 넣고, 기름종이로 덮는다.

좋은 점 볏짚이 없고 낙엽을 많이 구할 수 있을 때는 구덩이를 파거나 나무틀을 이용하면 좋다. 큰 온상을 만들 때는 시판하는 합판을 쓰면 만들기 쉽다.

## D 2단계의 흩어뿌리기 온상

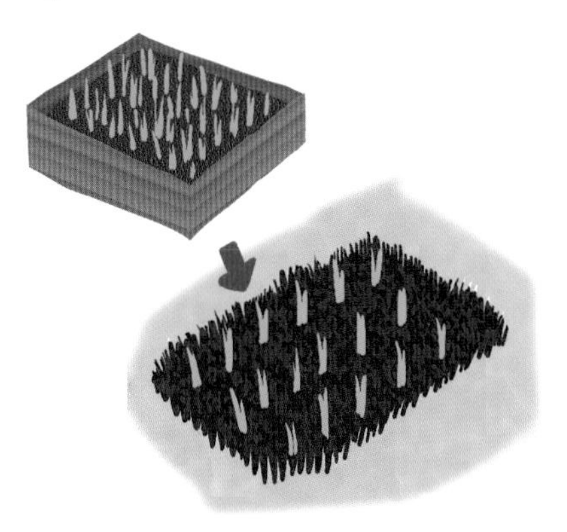

파나 양파 등은 어릴 때는 한 곳에서 모아 키우는 쪽이 더 잘 자라기 때문에 상자 따위에 흙을 담고, 씨앗을 배게 뿌려 발아를 시킨 뒤, 어느 정도 자랐을 때 못자리로 옮겨 심어 육묘하는 방법도 있다.

좋은 점 초기의 풀 관리에 시간이 적게 든다.

# 아주심기의 기본, 모·씨감자·포기 나누기

▼아주심기를 할 때는 모의 입장에서 서서 정성을 다한다. 씨감자 심기, 포기 나누기 등에 관해서도 배우자.

## 자연농의 아주심기란?

### 못자리에서 모여 자라던 유년기의 채소를 밭에 독립시킨다

밭에 직파해도 되는 채소도 기후가 맞지 않을 때는 모를 길러 아주심기를 하는 방법을 택한다. 물론 자연계의 활동에는 '옮겨심기'가 없다. 하지만 안정된 수확을 얻기 위해서는 육묘가 필요하다.

밭에서는 벌써 수많은 풀이나 벌레가 생명 활동을 하고 있다. 아주심기는 밭의 생명 활동 속에 채소를 이민 보내는 것과 같다. 풀을 벨 때나 구덩이를 팔 때 밭의 환경을 크게 바꾸지 않도록 주의한다.

되도록 바람이 없는 흐린 날을 고르도록 한다. 전날 비가 내려 밭에 습기가 많을 날이 이상적. 맑은 날에 작업을 하는 경우는 햇살이 약해지는 저녁때가 좋다.

모를 밭에 옮겨 심을 때는 깊이에 주의한다. 뿌리 윗부분이 지면보다 약간 낮게 가게 모를 놓고, 파낸 흙을 덮어 지면과 같은 높이가 되도록 마무리를 한다.

모를 얇게 심으면 산소는 공급되는 한편 쓰러지기 쉽고, 뿌리가 노출되며 마르기 쉽다. 거꾸로 깊이 심으면 뿌리 뻗기가 나빠지며 건강하게 자라지 못하므로 주의한다.

이식용 삽으로 흙 채 모를 뜬다. 이때 생기는 구덩이는 주변 흙으로 메운다.

모 심을 곳의 풀을 벤 뒤, 구덩이를 파고 심는다.

### 시중에서 모를 구입할 때 주의할 점

**○ 좋은 모**

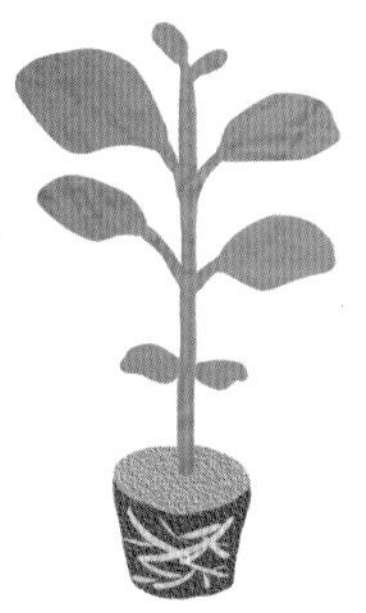

줄기가 굵고, 잎과 잎 사이의 마디가 짧다. 잎이 두껍고, 색깔이 특별히 짙거나 옅지 않다. 병이나 벌레 먹은 곳이 없고, 떡잎이 건강해 보인다. 포트 안의 흙이 온전하고, 뿌리를 잘 뻗고 있고, 색깔이 희다.

**✕ 나쁜 모**

줄기가 가늘고, 잎과 잎 사이의 마디가 길게 웃자라 있다. 잎이 얇고, 색깔이 옅거나 진하다. 병이나 벌레 먹은 자국이 있고, 떡잎이 없다거나 상해 있다. 포트 흙이 깨져 있고, 뿌리 끝이 황갈색으로 변해 있다.

## 모 옮겨심기

거의 모든 채소는 밭에 직접 씨를 뿌린다. 하지만 겨울 채소의 수확 시기와 여름 채소의 초기 생육 시기가 겹치는 경우는 못자리에서 모를 길러 옮겨 심는다. 봄 파종 시기는 풀의 성장이 왕성한 때다. 그러므로 모를 길러 옮겨 심는 쪽이 풀을 이기고 좋은 결과를 얻을 수 있다.

파나 양파처럼 모가 가늘고 심을 때 좁게 심는 채소도 모를 길러 옮겨 심는다.

### 물주는 법

밭이 말라 있을 때는 구덩이를 파고 물을 많이 준 뒤, 그 물이 스며든 뒤에 모를 심는다. 흙에 습기가 있는 경우는 물을 줄 필요가 없다.

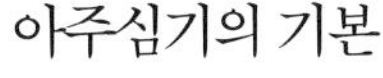

### 아주심기의 기본

**❶ 못자리에서 모를 떠낸다**

모의 본잎이 4~6장이 되면 밭에 옮겨 심는다. 직경 8cm를 기준으로, 모종삽을 써서 뿌리가 다치지 않도록 두리기둥 모양으로 떠낸다. 못자리가 건조할 때는 이삼십 분 전에 물을 뿌려둔다.

**❷ 심을 곳에 구멍이 낸다**

톱낫을 써서 심을 구멍을 판다. 구멍 크기는 모의 뿌리 부분보다 조금 크게 하고, 여러해살이풀이나 잔돌이 있을 때는 제거한다. 많이 심을 때는 못줄을 치면 좋다.

**❸ 모를 넣고, 흙을 덮는다**

모의 뿌리 부분이 약간 아래로 가도록 구멍 깊이를 조절한다. 구멍이 깊으면 모를 조금 든 상태에서, 주변의 흙을 메워 높이를 맞춘다. 복토한 곳을 손으로 지나치게 진압하면 뿌리가 상할 수 있기 때문에 주의한다.

---

### 실천 시판하는 모의 취급 방법 치마 상추

**❶ 못줄을 치고, 간격에 맞춰 모를 늘어놓는다**

이랑 전체의 풀을 베고, 못줄을 치고, 그루 간격 30cm를 기준으로 모를 늘어놓는다. 모를 옮겨 심고 나서 30일쯤 지나면 바깥쪽 잎부터 수확할 수 있다.

**❷ 포트 모의 흙을 털어낸다**

시판되고 있는 모의 포트 흙은 화학비료나 농약이 섞여 있기 때문에 흙을 털어내고 심는다. 뿌리가 잘리지 않도록 조심스럽게 털어내고, 털어낸 흙은 밭 바깥으로 내다 버린다.

**❸ 톱낫으로 구덩이를 낸다**

톱낫을 써서 모의 뿌리 부분보다 약간 큰 구덩이를 판다. 동시에 여러해살이풀이나 돌이 있으면 들어낸다.

**❹ 모를 넣고 흙을 채운다**

한쪽 손으로는 모를 잡고, 나머지 한 손으로 주변의 흙을 메워가며 심는다.

**❺ 흙을 가볍게 눌러주고, 풀을 덮는다**

겉흙을 강하게 누르면 뿌리가 상하기 쉽다. 가볍게 눌러주고, 풀로 덮는다.

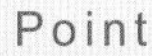

**깊이에 주의한다**

줄기와 뿌리 사이에 있는 성장점을 흙에 묻어버리면 잘 자라지 못한다. 그 부분이 묻히지 않도록 주의하며 모를 심는다.

## 씨감자 심기

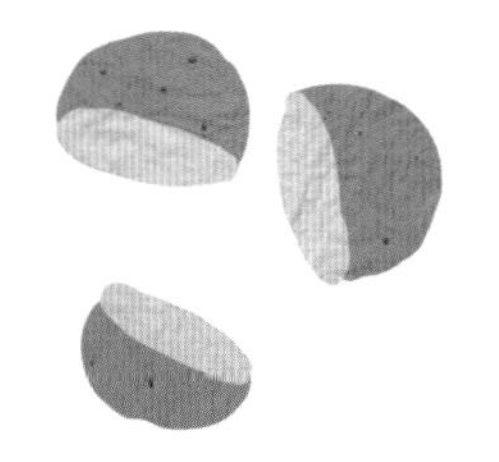

감자, 고구마, 마늘, 생강 등은 먹을 수 있게 자란 것이 그대로 다음 세대의 씨앗이 된다. 씨감자는 잘 자란 포기에서 거두어 흠집이 없는 것을 저장해둔다. 상자 등에 넣고, 신문지 등으로 덮어 보관한다. 고구마는 추위에 약하기 때문에 저장이 어렵지만, 감자는 추위에 강해 씨감자를 두기 쉽다.

### 실천 씨감자 심기
### 감자

**❶ 씨감자를 자른다**

눈 위치를 확인하면서 자른다. 눈이 한두 개는 들어가야 한다. 씨감자의 절단면에는 마르면서 코르크 모양의 막이 생긴다. 그것이 감자가 썩는 걸 막아준다. 그러므로 적어도 심기 하루 전에는 잘라둔다.

**❷ 못줄을 치고, 구멍을 낸다**

그루 간격 30cm 정도를 기준으로 감자 심을 곳의 풀을 벤다. 두 줄 이상 심을 때는 줄 간격을 40~50cm로 한다. 톱낫을 써서 씨감자 배 정도의 깊이로 구덩이를 판다. 여러해살이풀이 있으면 제거한다.

**❸ 씨감자를 넣는다**

씨감자의 절단면이 위로 놓이면 수분이 닿아 썩기 쉽다. 그러므로 절단면이 아래로 가도록 놓고, 씨감자 배 정도의 깊이로 흙을 덮어준다.

**❹ 흙을 덮고, 표시를 한다**

심고 난 뒤 벤 풀을 덮어놓으면 늦서리 피해를 막을 수 있다. 또한 어디다 심었는지 알 수 있도록 나뭇가지 등을 꽂아 표시를 해두면, 발아한 뒤 관리가 쉽다.

**❺ 등겨나 유박을 뿌린다**

등겨나 유박을 반반씩 섞어서 감자를 심은 곳에서 10cm 정도 떨어진 곳에 뿌리고, 톱낫 등으로 두드려 땅에 떨어뜨린다.

### 실천 앞그루와 이어서
### 토란

**❶ 앞그루 옆에 구덩이를 판다**

채종용으로 남겨둔 유채 옆에 구덩이를 판다. 자연농은 밭을 갈지 않기 때문에 이처럼 이어짓기를 할 수 있다는 이점이 있다.

**❷ 씨토란을 넣는다**

톱낫을 써서 구덩이를 파고, 복토할 흙을 옆에 놓아둔다. 여러해살이풀의 뿌리가 있으면 제거한다. 4~5cm 깊이로 파고, 씨토란을 넣는다.

**Point**

심는 방향에 주의한다

눈이 나오는 부분이 위로 가게 놓는다.

**❸ 흙을 덮고, 풀도 덮어놓는다**

씨토란을 심고 난 뒤에는, 흙이 마르지 않도록 풀을 덮어놓는다. 20일 정도에 싹이 트는데 키가 큰 풀이나 덩굴로 뻗는 풀이 우거지지 않는 한, 제초하지 않고 풀을 남겨두는 것이 습기를 유지하는 데 좋다.

# 포기 나누기

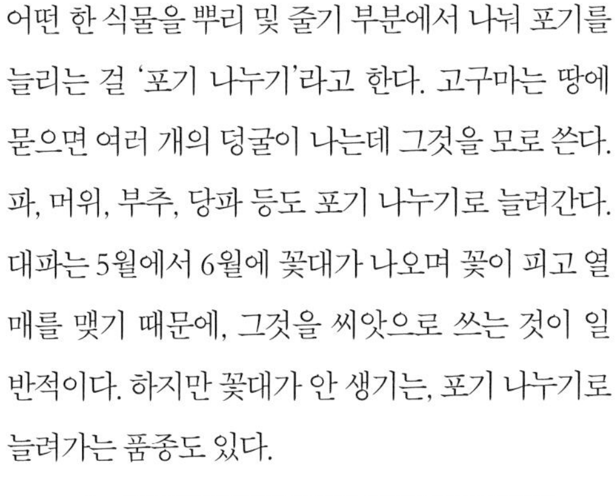

어떤 한 식물을 뿌리 및 줄기 부분에서 나눠 포기를 늘리는 걸 '포기 나누기'라고 한다. 고구마는 땅에 묻으면 여러 개의 덩굴이 나는데 그것을 모로 쓴다. 파, 머위, 부추, 당파 등도 포기 나누기로 늘려간다. 대파는 5월에서 6월에 꽃대가 나오며 꽃이 피고 열매를 맺기 때문에, 그것을 씨앗으로 쓰는 것이 일반적이다. 하지만 꽃대가 안 생기는, 포기 나누기로 늘려가는 품종도 있다.

## 실천 포기 나누기 1
## 대파

**❶ 대파 아랫부분을 자른다**
가지치기를 하며 30~40cm로 자란 파의 줄기 부분을 10cm 길이로 잘라 모로 쓴다.

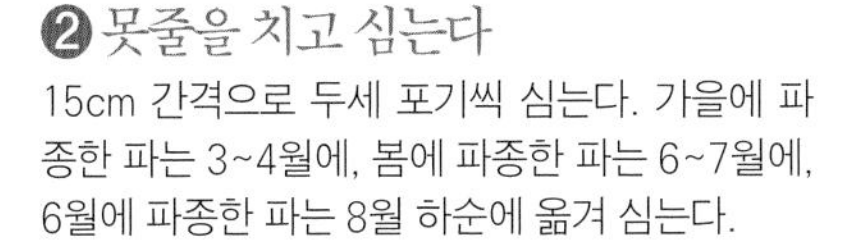

**❷ 못줄을 치고 심는다**
15cm 간격으로 두세 포기씩 심는다. 가을에 파종한 파는 3~4월에, 봄에 파종한 파는 6~7월에, 6월에 파종한 파는 8월 하순에 옮겨 심는다.

## 실천 포기 나누기 2
## 고구마

**❶ 이랑 전체의 풀을 벤다**
고구마 덩굴은 이랑을 모두 덮을 만큼 널리 뻗어간다. 그러므로 앞서 이랑 전체의 풀을 베어, 그 자리에 펴놓는다.

**❷ 고구마 모를 준비한다**
고구마 모를 기를 때는 씨고구마를 밭에 심고, 50일 전후에 30cm쯤 자란 덩굴을 잘라 쓴다. 씨고구마 하나에서 15~30싹 정도를 얻을 수 있다.

**❸ 모 심을 구덩이를 좁게 길게 판다**
덮어놓은 풀을 열고, 모를 심을 수 있도록 골을 낸다. 깊이는 5~10cm로 한다.

**Point**

**심는 방향에 주의한다**
모 길이의 3분의 2 정도를 흙에 묻는다. 줄기 부분이 아래로 가도록 비스듬히 심는다.

**❹ 모를 심는다**
그루 간격 30cm 정도로 모를 심는다. 이랑 폭이 넓으면 두 줄 심기를 한다. 줄 간격은 60cm 정도. 풀을 베어 모 주변에 덮어놓는다.

## 실천 포기 나누기 3
## 머위

**❶ 머위 뿌리를 캐내어 모로 쓴다**
봄이나 가을에 머위 뿌리를 캐어, 적당한 크기로 자른다. 어미 뿌리로부터 한 마디는 잘라버리고, 두 마디째부터 쓴다.

**❷ 좁고 긴 골을 내고, 그곳에 모를 심는다**
모가 흙에 덮일 정도의 깊이로 골을 파고 심는다. 뿌리 마디에서 싹이 나기 때문에 이랑 넓이와 모의 양에 따라 심는 방향을 정한다. 충분히 물을 주고 난 뒤 심으면 좋다.

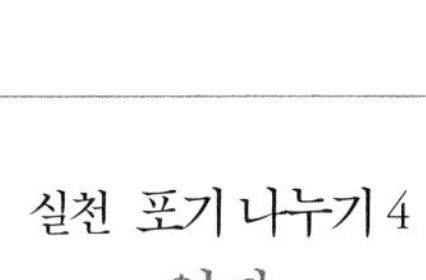

## 실천 포기 나누기 4
## 잎파

**크게 늘어난 그루로 포기 나누기를 한다**
잎파는 여러해살이풀이기 때문에 한 번 심어놓으면 3~4년은 수확을 할 수 있다. 그루가 커지면 그중 일부를 떼어내 옮겨 심는다. 그루 간격은 10cm에 하나씩 심는 것이 기본이지만 가늘고 연약한 것은 두세 개씩 모아 심는다. 그 뒤 흙을 가볍게 눌러주고, 포기 주위에 풀을 덮어준다.

# 지지대 세우기, 물 주기, 순지르기, 북주기

▼자연농은 「방임」이 아니라 「재배」다. 필요한 일과 그렇지 않은 일을 잘 살펴보자.

### 지지대 세우기

## 땅 위를 기어가며 열매를 맺는 채소 말고는 성장에 따라 지지대가 필요

땅 위로 뻗어가며 자라는 채소를 뺀 나머지 채소는 성질에 맞춰 지지대를 세워준다. 지지대에는 합장식, 직립식, 그리고 한 그루에 사방에서 둘러치듯 지지대를 세우는 방식 등이 있다. 지지대의 높이는 1m에서 3m 정도로 작물에 맞춰 준비한다.

완두콩, 오이, 여주처럼 덩굴손으로 감고 올라가며 자라는 것은 볏짚, 줄, 망 등을 쳐준다. 여주는 위를 향해 기세 좋게 줄기를 뻗기 때문에 길이가 긴 지지대를 준비해야 한다. 토마토, 가지, 피망 등은 끈을 써서 지지대에 묶어놓는다.

물론 작물의 가지를 내가 바라는 대로 유인할 수도 있다. 하지만 되도록 작물이 자라는 대로 맡기고 거기에 따르도록 한다.

시기도 중요하다. 적기를 잘 살펴서 일찌감치 세운다. 특히 성장 도중에 태풍 시즌을 맞는다거나, 바람이 많고 강한 지역에서는 넘어지지 않도록 덧기둥 따위를 세워 대비를 한다.

대나무는 잘 썩지 않도록 수분이 적은 겨울 동안에 잘라둔다. 늦어도 봄이 되기 전까지는 벤다. 보관할 곳이 없다면 야외에 눕히지 말고 세워둔다.

지지대를 그 자리에서 이어 쓰고 싶을 때는 다음 채소를 잘 고른다. 한 번 쓴 지지대는 흙에 꽂은 부분이 썩기 쉽다. 그러므로 쓰고 난 뒤에는 흙을 깨끗이 털어내고 비 안 맞는 곳에서 잘 말린다. 그 뒤에 보관한다

### 여러 가지 지지대 세우는 법 ❶

가와구치 씨의 밭이다. 여주 지지대. 이랑 전체에 굵은 지지대를 세웠다. 지지대 양쪽에서 여주가 기세 좋게 자라고 있고, 통로는 수확하기에 좋다.

**합장식**

여주, 오이, 미니토마토 등 옆가지를 많이 뻗으며 위로 자라는 작물은 지지대를 A형으로 세우는 합장식이 좋다.

감자는 북을 주지 않는다. 하지만 토란은 씨토란 위에 어미 토란과 새끼 토란이 생기기 때문에 북을 준다.

아카메 자연농 학교의 실습지에 세운 완두콩 지지대. 조릿대나 볏짚처럼 논밭이나 주변에서 나는 것을 활용하는 게 좋다.

# 지지대 세우기의 기본

### ❶ A형으로 기둥을 세운다

기둥이 되는 막대기나 대나무를 A자 모양으로 땅에 꽂는다. 이때 바람이나 채소 무게에 쓰러지지 않도록 직각보다 약간 비스듬히 세우는 게 좋다.

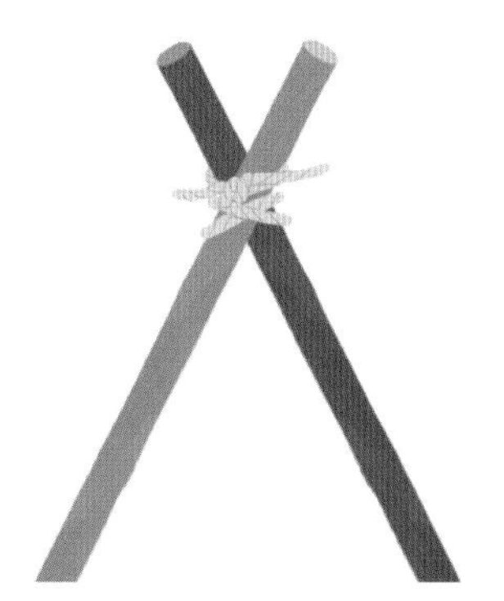

### ❷ 두 기둥이 만나는 곳을 묶는다

두 기둥이 교차하는 곳을 줄로 묶는다. 기둥을 묶을 때, 한 번 돌려 묶은 뒤 위로 올려 묶어가면 미끄러져 내리는 걸 막을 수 있다.

### ❸ 반대편 쪽에도 A형 지지대를 세운다

다른 쪽에도 같은 모양의 기둥을 세운다. 양쪽 기둥 네 개가 八자 모양이 되도록 한다. 이때 그림에서처럼, 앞쪽 기둥은 안쪽에 세운다.

### ❹ 위에 가로대를 놓는다

교차한 기둥 위에 가로대를 놓고, 기둥과 함께 묶는다.

### ❺ 덧기둥을 세운다

A형으로 세운 두 기둥만으로는 안정적이지 않기 때문에 덧기둥을 세우고, 줄로 고정한다.

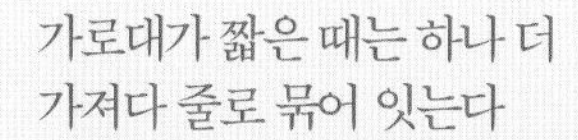

가로대가 짧은 때는 하나 더
가져다 줄로 묶어 잇는다

사진은 벼를 말리기 위한 '볏덕'. 가로대가 짧을 때는 이 사진처럼 겹쳐놓고, 묶어 잇는다.

---

## 여러 가지 지지대 세우는 법 ❷

완두콩 지지대. 기둥을 곧게 세운 뒤, 몇 곳에 버팀목을 댄다. 옆으로 줄을 매어 작물이 자라며 잡고 오를 수 있도록 한다.

### 직립식

완두콩이나 강낭콩처럼 위로 자라는 채소는 직립식 지지대가 좋다. 애초부터 높게 세워도 좋고, 자라는 대로 단을 늘려가도 좋다.

토마토 지지대는 대략 50cm 간격의 직립식 기둥을 세우고, 옆으로 줄을 매어 가지를 받치게 한다.

가와구치 씨의 가지 지지대는 그루마다 세우지 않고, 안쪽에 기둥을 세우고 새끼줄을 쳤다. 자람에 맞춰 가지를 줄에 묶어준다. 못 쓰는 천 조각(폭 1cm, 길이 30~50cm)을 준비해두면 좋다.

### 줄 묶는 법

줄을 묶는 법을 몇 가지 알아두면 농사에서 여러모로 도움이 된다.

## 실천 합장식
# 여주의 지지대 세우기

❶ 합장식으로 지지대를 세운다

조릿대 서너 개를 한 다발로 묶어, 여주 옆에 꽂으며 A자 모양으로 세워나간다. 여주는 위를 향해 기세 좋게 덩굴을 뻗기 때문에 긴 지지대가 필요하다.

❷ 옆으로도 조릿대를 놓고 묶는다

땅에서 약 1~2m에서 두 기둥을 교차시키고, 그 위에 조릿대를 올려놓아간다. 길이를 맞춰가며 단단히 묶는다.

❸ 양쪽에 덧기둥을 세운다

양쪽에 세운 대나무 기둥을 고정시키기 위해 덧기둥을 댄다.

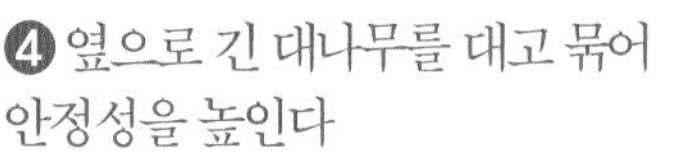

❹ 옆으로 긴 대나무를 대고 묶어 안정성을 높인다

바람이 불어도 쓰러지지 않도록, 옆으로 긴 대나무를 대고 묶어놓으면 안심. 덩굴이 자라면 작업이 어려워지기 때문에 미리 세워 둔다.

## 실천 직립식
# 완두콩 지지대 세우기

❶ 같은 간격으로 기둥을 박아나간다

지지대가 되는 나무 기둥을 일정한 간격으로 박아나간다. 그 사이에 조릿대를 세운다.

❷ 양쪽 기둥에 덧기둥을 댄다

쓰러지지 않도록 덧기둥을 대서 안정시킨다. 길이에 따라서는 안에도 덧기둥을 박기도 한다.

❸ 1단계의 높이로 줄을 맨다

맨 가에 있는 기둥에 새끼줄을 묶은 다음, 안에 있는 조릿대나 기둥을 한 차례씩 감아가, 옆으로 줄을 쳐 나간다. 허리보다 조금 높은 정도의 위치를 한 단계로 하고, 성장에 맞춰 3단까지 올라간다.

❹ 볏짚을 묶어 늘어뜨린다

완두콩이 자라는 위치에 볏짚을 묶어 늘어뜨리면, 그것을 완두콩이 잡고 올라가며 자란다. 볏짚 아랫부분이 아래로 가게 묶는다.

물주기, 순지르기, 북주기

## 자연에 맡기고 작물의 성장을 지켜본다 과보호는 성장 장해를 불러온다

### 물주기

땅을 갈지 않고, 벤 풀을 덮어 땅을 벌거숭이로 두지 않는 자연농의 논밭은 보수력이 있다. 그래서 못자리를 만들 때나, 모를 옮겨 심을 때나, 밭이 말라 있는 경우를 빼고는 물을 줄 필요가 없다. 물을 주면 더 잘 자랄 것이라고 생각하기 쉽다. 하지만 물을 주면 작물이 연약해지고, 생육이 나빠진다거나 생태계의 균형이 깨지며, 벌레가 생기는 일도 있다. 물을 주면 그곳에 지렁이가 모이고, 그 지렁이를 노리고 두더지가 나타나 작물 뿌리를 잘라버리는 일도 있다.

맑은 날이 이어질 때는 더 많은 풀 덮기로 대응한다. 가물어서 생육이 늦다 싶을 때도, 작물 스스로 수분을 찾아 땅속 깊이까지 뿌리를 뻗어간다. 그러므로 결과적으로는 건강한 채소로 자란다.

### 순지르기

작물에 따라서는 순치기, 가지치기와 같은 작업이 있지만, 그 목적은 꽃 수를 늘려 수확량을 늘리는 것. 하지만 자연농에서는 되도록 채소가 자라는 대로 맡긴다.

한편 토마토 등이 지나치게 무성해지며 햇빛이 잘 안 들거나 통풍이 안 좋을 때는, 생육이 늦어져서 완숙이 잘 안 된다거나 병에 걸린다거나 하는 일이 있다. 그때는 곁순(줄기에서 나는 순으로 곁순이라고도 한다)을 따서 가짓수를 줄일 수 있다.

감자는 싹이 많이 나면 감자알만 많아지고 알이 굵어지지 않는다. 두세 개만 남기고 나머지는 따버린다.

### 북주기

감자, 토란, 대파 등은 일반적으로 북주기를 필요로 한다. 포기 주변으로 흙을 모아줌으로써 수확량을 늘린다거나 쓰러짐을 막아준다. 풀의 생육을 제어하는 데도 도움이 된다. 땅에 층이 생김으로써 습도나 온도가 안정되며, 가뭄에 강해지는 효과도 있다.

감자는 씨감자 바로 옆과 아래에서 새끼 감자가 나고 자라기 때문에, 자연농에서는 북주기를 하지 않는다. 토란은 씨토란 위에 어미 토란이 생기고, 그 어미 토란 주위에 새끼 토란이 나기 때문에, 고랑 흙 등을 끌어모아 주거나 처음부터 깊이 심기를 한다.

대파는 땅속의 흰 부분을 늘리기 위해 북을 준다. 구덩이를 깊이 파고, 파를 심고, 파의 성장에 따라 흙을 메워가는 방법도 있다. 이 경우는 빗물이 고이기 쉽기 때문에 주의한다.

### 물주기

못자리를 만들 때
물뿌리개 등으로 조심스럽게 물을 뿌린다. 밭에 습기가 있을 때는 필요 없지만, 건조한 날이 이어지면 씨 뿌린 뒤에도 필요에 따라 물을 준다.

모를 심을 때
맑은 날이 이어지며 가뭄이 들 때는, 구덩이를 파고 물을 충분히 주고 물이 스며든 뒤에 모를 심는다.

모가 어리고 비가 적을 때
기본적으로는 물주기를 할 필요가 없다. 그러나 여러 달 비가 안 올 때는, 작물이 시들지 않도록 상태를 살펴가며 물을 준다.

### 순지르기를 하는 경우

감자
싹이 많이(대여섯 개) 나면 알이 잘아지기 때문에, 굵은 싹일 때는 한두 개, 가는 싹일 때는 두세 개를 남기고 잘라낸다.

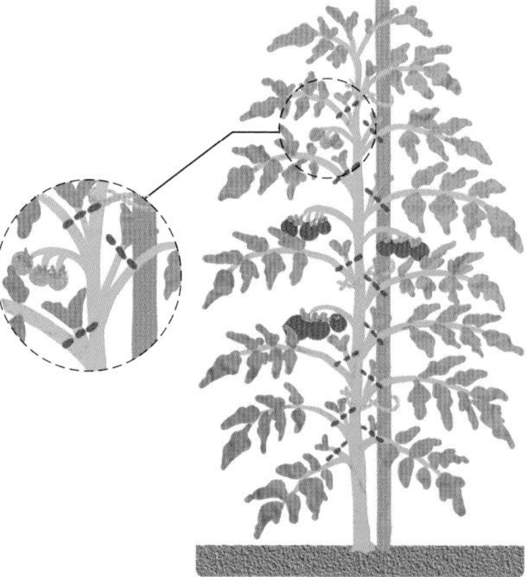

토마토
줄기에서 나오는 곁순을 그대로 두면, 가지가 늘어나며 통풍이 나빠지거나 열매가 작아지기 때문에 순지르기를 한다.

### 구덩이를 파고 북주기를 하는 경우

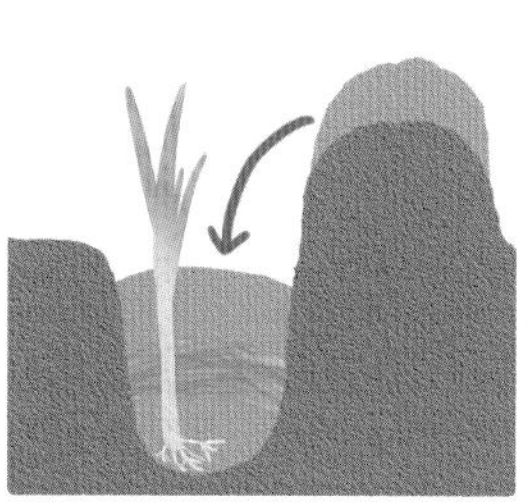

대파
깊이 20cm 정도의 구덩이를 파고, 파낸 흙은 북쪽에 쌓아놓은 뒤, 자라는 상태에 맞춰 북을 준다.

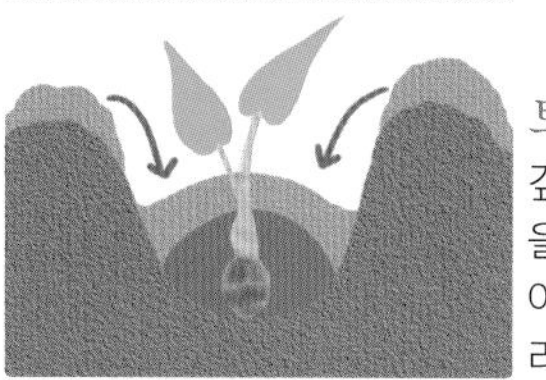

토란
깊이 10~20cm 정도로 씨토란을 심고, 성장에 맞춰 북을 주어 새끼 토란이 땅 바깥으로 드러나지 않게 한다.

# 주검의 층, 성장을 돕는 방법

▼「비료와 농약을 쓰지 않는다」라는 말에 사로잡혀서 작물이 잘 안 자라는 일이 없도록. 작물의 성장을 돕는 자연농의 방법을 배우자.

## 자연농의 성장 돕기란?

### 생활 바깥에서 가지고 들어오지 않고, 생활 속에서 나온 것을 순환시킨다

농사를 지으면 논둑과 밭둑의 풀이나 생활 주변의 풀, 등겨와 밀기울, 기름을 짜고 남은 유박, 채소 찌꺼기 등이 나오는데 그것을 논밭으로 돌린다. 다만 척박한 땅에서도 잘 자라는 콩이나 팥 등에는 주지 않는다. 영양 과다가 되기 때문이다. 가와구치 씨가 말하는 '성장 돕기'는 외부에서 가지고 들어오는 '비료'가 아니라 생활 속에서 나오는 것을 다시 밭으로 되돌려주는 것. 하지만 사들인 채소가 많다거나 사료를 구입해서 쓴다거나 할 경우, 거기에서 나오는 것을 순환시키면 양분이 과다해진다. 밭의 상태나 작물에 따라 좋은 방법을 골라 양이 많아지지 않도록 주의한다.

풀이나 벌레 등의 '주검'은 땅 위에 쌓여가는 것이 자연계의 본래 모습이다. 그러므로 성장 돕기를 할 때는 항상 위에 놓는다. 땅속에 묻으면 발효하며 가스가 나와 뿌리를 해친다. 음식물쓰레기 등은 개나 고양이나 까마귀를 부르기도 하기 때문에 풀로 덮어둔다. 또한 채소는 땅속만이 아니라 공기 중에서도 양분을 흡수하기 때문에 흙의 상태만 보아서도 안 된다.

음식물쓰레기를 밭에 돌릴 때는 땅속에 묻지 않고 위에 놓는 것이 기본. 보기가 안 좋거나 조수 피해가 우려될 때는 풀을 덮는다.

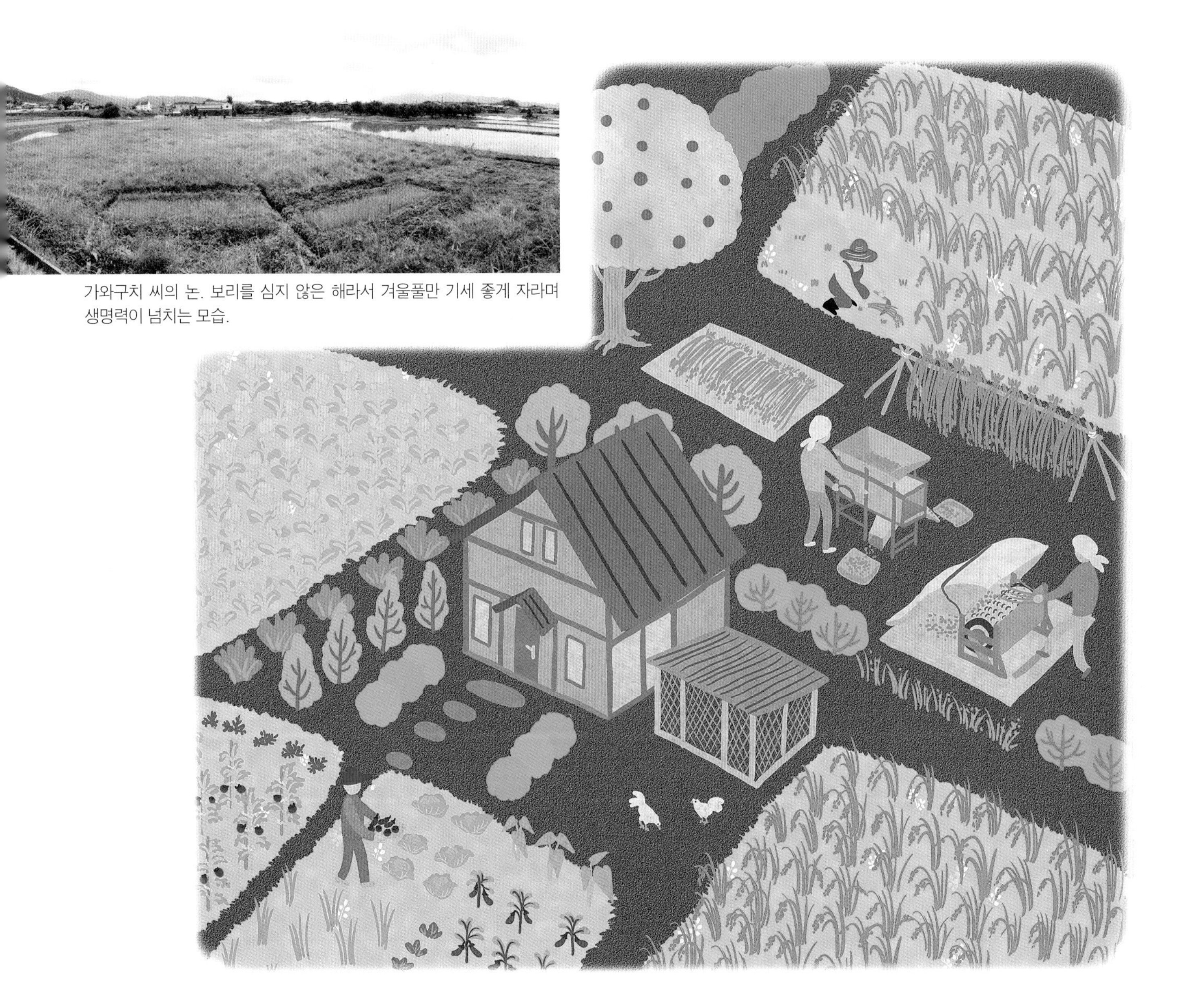

가와구치 씨의 논. 보리를 심지 않은 해라서 겨울풀만 기세 좋게 자라며 생명력이 넘치는 모습.

### 채소가 필요로 하는 양분

## 3대 영양소에 사로잡히지 말 것

채소의 성장에 필요한 비료 성분에는 질소, 인산, 칼리의 세 종류가 있다. 일반적으로 질소는 잎이나 줄기의 생육을 촉진하고, 인산은 열매를 크게 자라게 하고, 칼리는 뿌리나 줄기를 튼튼하게 만드는 효과가 있다고 한다.

자연농의 밭에는 풀과 벌레와 미생물 등 수많은 생물의 생명 활동이 왕성하다. 그래서 3대 영양소만이 아니라 온갖 성분이 들어 있다. 밭에 균형이 갖추어지면 비료나 농약이 필요 없다. 그곳을 무대로 작물이 건강하게 자란다.

등겨나 유박을 반반씩 섞은 것을 기본으로 한다. 등겨와 밀기울을 반씩 섞은 것도 사용한다.

**등겨**

등겨에는 당분이나 단백질이 풍부하게 들어 있다. 그러므로 땅속 미생물의 먹이로도 유용. 등겨에는 질소 2%, 인산 4%, 칼리 1.5%.

**유박**

유박은 유채, 콩, 옥수수처럼 기름의 원료가 되는 작물에서 기름을 짜고 난 뒤에 남은 찌꺼기. 유박에는 질소 5%, 인산 2%, 칼리 1%.

**밀기울**

밀기울이란 쌀의 쌀겨 부분에 해당하는, 밀의 외피 부분을 이르는 말. 밀 알갱이에서 밀기울과 배아를 제거한 것이 밀가루.

### 토양 조사로 실증

## 관행농업의 밭보다 풍부. 자연농의 밭은 해마다 질소와 탄소가 늘어난다

2011년에 요코하마국립대학교와 긴키대학교가 자연농 논밭의 토양을 조사, 분석했다. 가와구치 씨의 논밭과 '아카메 자연농 학교'에서, 그리고 관행 농업으로부터 자연농으로 전환한 지 0, 5, 10, 17년이 되는 밭에서 토양을 채취한 결과, 무경운 연수가 길어지면 길어질수록 흙 속의 질소나 탄소의 양이 늘어나는 것을 확인할 수 있었다.

요코하마국립대학교 대학원 환경정보학부 아라이 미와荒井見和 교수는 자연농 논밭의 토양을 다음과 같이 분석한다.

"토양의 질소량은 무경운 연수와 비례해서 증가하고 있습니다. 1년간에 1평방미터 당 질소 증가량은 약 0.59그램입니다."

특히 가와구치 씨의 자연농 논과 관행 농업의 논을 비교한 데이터에서 차이가 났다. 자연농 논의 겉흙에는, 관행 농업 논의 약 1.4배에 달하는 탄소와 질소가 들어 있었다. 비료를 일절 주지 않았음에도 불구하고 질소의 양이 증가해왔던 것이다.

토양의 질소량

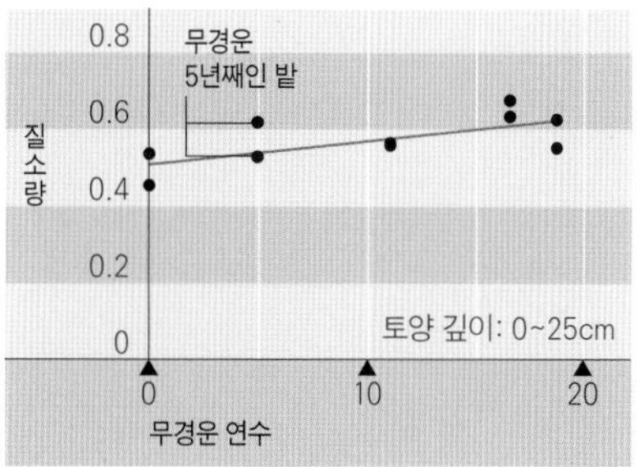


아카메 자연농 학교에서 무경운 0, 5, 10, 15, 17년이 된 밭의 질소 변화를 나타내는 그래프.

가와구치 씨의 자연농 논의 탄소와 질소 축적량

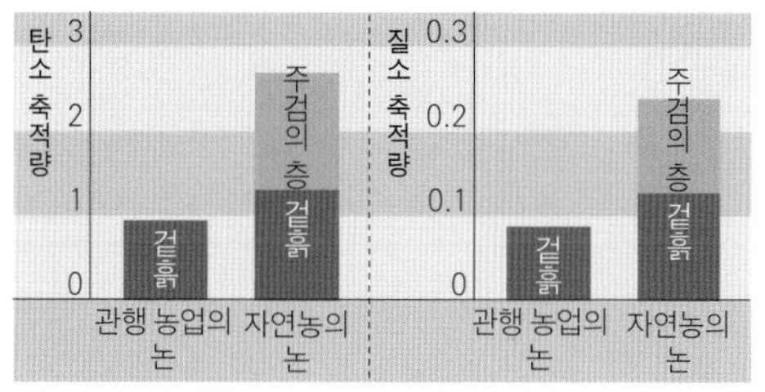


자연농 논의 겉흙(깊이 0~5cm)에 많고, 주검의 층에는 그 이상이 있다.

**주검의 층에 관해**

풀과 벌레와 소동물 등이 나고 죽는 순환을 거듭함에 따라 논밭에 '주검의 층'이 생기며, 논밭은 더욱 풍요로운 생명의 무대로 바뀌어간다. 주검의 층은 흙보다 보수력이 높고, 통기성도 좋기 때문에 작물이 더 잘 자란다. "자연에 맡겨두면 그 자리에 필요한 미생물이 생기며, 벌레나 소동물의 생명 활동이 왕성해집니다. 생명들이 활동하고 있는 무대 그 자체를 소중히 여기시길 바랍니다. 땅을 갈지 않는 것, 자연에 맡기는 것이 최선입니다"라고 가와구치 씨는 말한다.

# 성장 돕기의 기본

## ❶ 이랑 만들기를 할 때 도와준다

경운을 하던 밭이나 버려졌던 땅에서 자연농을 시작할 때, 처음에는 고랑을 내고 이랑을 만들 필요가 있다. 그리고 그 땅이 지력이 약한 곳이라면 필요에 따라 도와주기를 한다.

이랑 폭을 정하고, 거기에 맞춰 못줄을 치고, 삽으로 고랑을 파나간다. 고랑을 팔 때 나오는 흙은 양쪽 이랑 위로 편다. 가운데가 조금 높은 이랑을 만든다.

등겨와 유박을 반반씩 섞어 이랑 전면에 뿌린다. 밭 상태에 따라 부엽토 따위를 위에 덮어주어도 좋다. 한편 박토에서도 비교적 잘 자라는 볏과나 콩과 작물을 심는 길도 있다.

고랑의 흙을 파 올려 만든 이랑은 벌거숭이 상태다. 주변의 풀을 베어 이랑 전면을 빈틈없이 덮는다. 풀을 덮고 난 뒤 유박이나 등겨를 주었다면, 풀 위에 떨어진 등겨나 유박을 두드려 땅에 떨어뜨린다.

### 되도록 '돕기'를 하지 않아도 되는 길을 찾아보자

자연농에서는 기본적으로 돕기를 할 필요가 없다. 땅을 갈던 밭에서 자연농으로 바꾸었을 때는 필요에 따라 돕는다. 하지만 되도록 돕지 않고 길러보면, 양분 없이 어느 정도 자라는지 혹은 자라지 않는지 알 수 있다. 다만 수확량을 무시할 수 없기 때문에 잘 자라지 않을 때는 다음 해부터 돕는 양을 조금 늘려보며 변화를 본다.

## ❷ 못자리에서 돕는다

관행 농업의 밭을 자연농으로 바꾼 첫해에 못자리로 쓸 땅에 양분이 적을 경우는, 싹이 트고 떡잎이 나왔을 때 등겨, 유박, 밀기울 등을 섞어 뿌려준다.

10cm 간격으로 줄 뿌리기를 한 곳에서는, 싹이 튼 모를 피해 줄 사이에만 뿌린다.

등겨나 유박이 모에 떨어졌을 때는, 볏짚이나 가늘고 긴 풀 등을 써서 떨어뜨린다.

## ❸ 포기 곁에 한 움큼씩 준다

점 뿌리기를 했거나 모를 길러 옮겨 심었을 때는, 이랑 전체에 뿌리지 않고 포기 곁에만 준다. 돕기는 꼭 해야 하는 일이 아니다. 잎 색깔이 안 좋을 때 한 움큼 주는 정도로도 좋다.

포기에서 10~20cm쯤 떨어진 곳, 뿌리 앞쪽 부분을 가늠하여 그곳의 풀을 헤쳐 연다.

지표부에 직접 한 줌씩 준다. 한 그루 한 곳으로 좋다.

채소를 크게 키우자는 생각에서 돕는 양을 지나치게 늘리면 밭의 균형이 깨지며, 벌레가 많이 생긴다거나 병이 들기 쉽다. 그러므로 적당량을 모를 때는 적게 뿌리는 쪽이 안전.

## 4 북주기를 할 때 돕는다

자연농에서는 감자에는 북을 안 준다. 하지만 토란의 경우는 새끼 토란이 땅거죽 가까이 나거나 땅 위로 얼굴을 내미는 것도 있기 때문에 고랑의 흙으로 북을 준다. 이처럼 이랑 흙이 아니라 고랑의 흙으로 북을 줄 때 유박이나 등겨를 준다.

새끼 토란이 땅 위로 드러나면 굵게 자라지 못한다. 그러므로 북을 준다. 덩어리 흙이 있으면 깨준다.

멧돼지가 와서 파놓은 구덩이는 바로 메워놓는다. 이때 토란이 힘들어하면, 등겨와 유박을 반씩 섞어 뿌려준다.

등겨나 유박이 드러나 있으면 벌레가 모여들기 쉽다. 주변 풀을 베어 이랑 전체를 덮어준다.

## 5 포기에서 조금 떨어진 곳에 줄을 따라 뿌려준다

파종한 곳이나 모를 길러 옮겨 심은 곳을 피해, 조금 떨어진 곳에 뿌린다. 줄 뿌리기를 한 경우나 이랑 전체의 지력이 약할 때 맞는 방법. 채소 위에 뿌리지 않도록 주의한다.

줄을 따라 당근에서 조금 떨어진 곳에 뿌린다. 이랑 폭에 여유가 있다거나, 옆에 아무것도 심지 않았다면, 넓게 흩어뿌려도 좋다.

되도록 당근 가까이 뿌린다. 하지만 당근엔 떨어지지 않게.

풀 위에 떨어진 등겨나 유박은 톱낫의 등으로 두드려 땅에 떨어뜨린다.

## 6 밭 전체에 흩어뿌린다

키가 큰 채소의 못자리, 혹은 씨앗을 이랑 전체에 흩어뿌린 경우에 쓰는 방법이다. 건강해 보이지 않을 때만 등겨나 유박을 전체 면적에 흩어뿌린 뒤, 작물 위에 떨어진 것은 털어내 준다.

양파 못자리 전체에 흩어뿌린다. 지나치면 지나치게 자라며 다음 해 봄에 꽃대가 일찍 나오니 주의. 한편 부족하면 잘 자라지 않기 때문에 성장 상태를 잘 살펴보며 양을 조절한다.

잎채소 씨앗을 흩어뿌린 이랑 전체에 등겨나 유박을 흩어뿌려준다. 잎 색깔이 짙을 때는 영양과다. 그러므로 잎사귀의 색깔을 보아가며 필요에 따라 준다.

길고 가는 나뭇가지나 볏짚, 풀줄기 등을 이용해 모에 떨어진 등겨나 유박 따위를 떨어뜨린다.

잎 위에 떨어진 것은 가늘고 긴 나뭇가지를 써서 떨어뜨리거나, 볏짚이나 긴 풀을 빗자루 모양으로 만들어 떨어뜨린다.

# 병、벌레 피해、새와 짐승의 피해

▼자연계에는 「해害」가 되는 것은 없고、모든 것이 상호의존 관계로 존재하고 있다。
병이나 벌레 피해、새나 짐승의 피해가 생겼을 때는 그 이유를 알아보자。

**병, 벌레와 새와 짐승의 피해 등을 어떻게 바라봐야 하나?**

## 밭의 환경이 안 좋으면 채소가 불건강하게 자라며 벌레가 생긴다

자연농의 3원칙 중 하나는 '풀과 벌레를 적으로 여기지 않는다'는 것이다. 그런데 '적으로 여기지 않는' 것은 과연 무엇일까?

"저는 살기 위해 채소를 기르기 때문에, 채소에 벌레가 생기면 손으로 잡아 죽입니다. 하지만 눈에 보이는 것만 그렇게 하고, 밭에 있는 벌레 모두를 그렇게 할 필요는 없습니다."

가와구치 씨는 풀을 적으로 여기지 않지만 방임하지도 않는다. 필요에 따라 논밭 작물을 돕는다. 물론 최소한으로.

자연은 항상 '잘 되고자 하는 활동'을 통해 조화를 이루고자 한다. 인간의 입장에서 보면 벌레가 작물을 먹으면 곤란하다. 하지만 자연계 쪽에서 보면, 그때 그곳에 필요한 것이 나타난 것이다. 자연에 맡겨두고 쓸데없는 간섭을 하지 않으면 문제를 일으키지 않는, 최선의 결과로 이어진다.

병충해는 밭의 자연환경이 균형을 잃는 데서 온다. 땅이나 작물이 건강하지 않기 때문이라고도 할 수 있다. 채소가 건강하게 자라고 있다면, 벌레에 조금 먹혀도 문제가 없다.

이것은 인간도 같다. 소화에 나쁜 기름진 음식을 먹는다거나, 술이 지나치다거나, 생활습관이 불규칙하면 몸 상태가 나빠지며 언젠가는 병에 걸리게 된다. 채소에 비료를 많이 주는 것은 과식이 비만을 부르고, 비만이 병을 부르는 것과 같다.

채소의 식해食害는 크게 ① 벌레의 의한 것, ② 새에 의한 것, ③ 짐승에 의한 것으로 나눌 수 있다. 자연계에서는 모든 것이 조화 가운데 이루어져 있다. 하지만 난개발 등으로 생태계의 균형이 깨지며, 전국적으로 새와 짐승의 피해가 늘어나고 있다.

아카메 자연농 학교에서는 함석을 세워 멧돼지를 막고 있다. 하지만 그래도 뚫고 들어오는 놈이 있다.

참깨 줄기에 붙어 있는 커다란 박각시나방 애벌레. 피해가 적을 때는 그대로 둬도 좋지만 필요에 따라서는 죽인다.

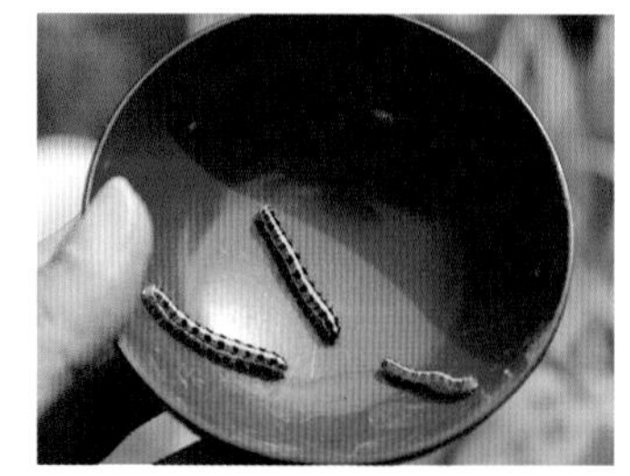
9월경, 참깨잎 등에 붙어 있던 애벌레. 가와구치 씨는 보이면 손으로 집어 반으로 자른다.

가와구치 씨의 밭 모습. 새를 막기 위해 줄을 쳐놓았다.

## 벌레 피해

### 풀을 베는 것처럼 벌레도 죽인다. 자연계는 서로 살리고, 서로 죽이는 관계

이른 봄에 애벌레가 나타나 양배추 잎을 갉아먹는 일이 있다. 심하면 잎사귀가 망처럼 변한다. 하지만 그 가운데서도 양배추는 안에서 새잎을 내어가며 결구를 해 간다. 그러므로 바깥 잎 정도는 문제가 안 된다.

가을에 씨앗을 뿌리는 채소는 벌레 피해가 적다. 기온이 떨어지면 사라지는 벌레가 많기 때문이다. 그러므로 씨앗을 일찍 뿌리면 벌레 피해를 입기 쉽다. 거꾸로 늦어지면 생육이 나쁘다. 당근, 시금치, 상추 등은 쓴맛 때문인지 벌레 피해가 적다.

눈에 뜨이는 벌레는 잡아 죽이거나, 경우에 따라서는 망 따위로 막는 길도 있다. 하지만 그 원인이 환경과 맞지 않는 작물을 심었다거나, 풀을 지나치게 베었다거나, 등겨 따위를 지나치게 준 데 있는 경우도 많다. 풀베기가 지나치면 벌레나 소동물의 피해가 생길 수 있다.

또한 한 곳에서 같은 과의 채소를 이어 재배하면 연작 장해가 일어난다. 땅속의 비료 성분 균형이 깨지거나, 특정한 토양 미생물이 모여들어 피해를 주는 연작 장해가 일어나는 것이다. "벌레에 먹히지 않는, 먹히더라도 바로 회복할 수 있도록 채소를 건강하게 기를 것, 그리고 논밭의 수많은 생명이 어느 한 쪽으로 치우지지 않고 골고루 조화롭게 살 수 있는 환경을 만들고 유지하고자 하는 마음 자세를 늘 갖고 있는 것이 중요합니다."

메뚜기를 잡아먹는 벌. 자연계는 해충, 익충의 구별이 없고 생태계의 조화로 이루어져 있다.

벌레 피해가 클 경우는 논밭의 조화로운 생명 활동이 파괴됐을 때이기 쉽다. 그러므로 그럴 때는 망설이지 말고 자애로운 마음으로 벌레를 죽인다. 산다는 건, 아니 인간이라 하는 생물은 다른 생명을 죽여서 먹지 않고서는 살아갈 수 없는 존재다.

작물이 풀에 지지 않도록 풀베기를 하는 것도 풀을 죽이는 일이다. 때로는 벌레를 잡아 작물의 생육을 돕는다. 이것은 재배를 하는 한 피할 수 없는 일. 그렇게 기른 작물 또한 마지막에는 사람을 살리고 자신은 죽는다.

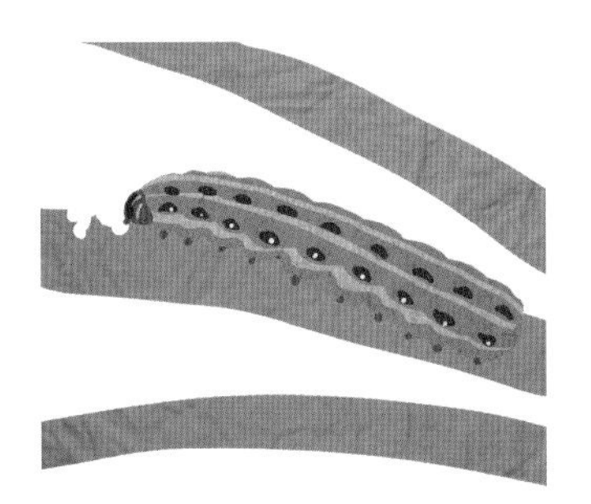

담배거세미나방 애벌레

가을이 되면 담배거세미나방 애벌레가 생긴다. 거염벌레 무리로 크기가 조금 작고, 모양이 별로 없다. 배추, 양배추 등을 좋아한다. 낮에는 흙 속에서 지내고, 밤에 나와 먹는다. 뿌리 부근에 들어가 있다. 보이는 대로 잡는다.

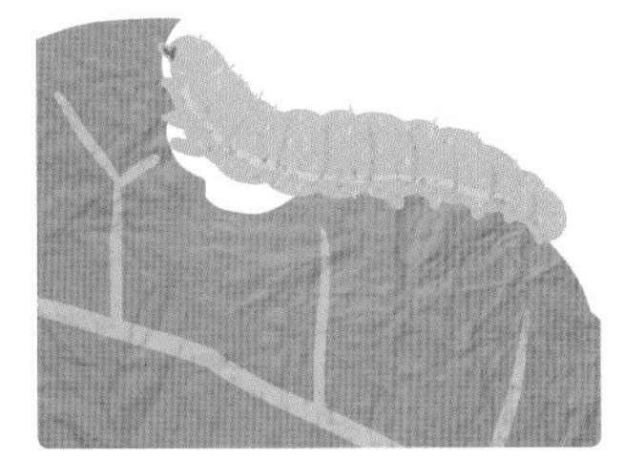

배추흰나비 애벌레

배추흰나비 애벌레는 평지과 잎채소를 좋아한다. 배추흰나비를 생각하면 죽이고 싶은 마음이 안 생긴다. 하지만 그대로 두면 잎을 갉아먹어 마치 망처럼 만들어놓는다. 그러므로 보이면 젓가락 따위로 집어 죽인다.

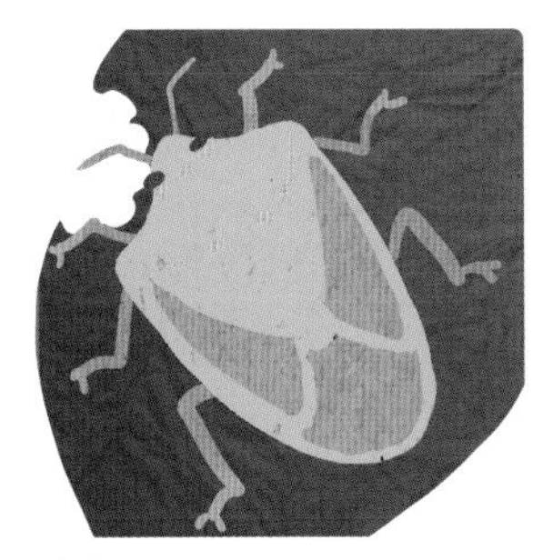

노린재

무, 갓, 순무, 소송채와 같은 겨울 채소에 붙어 잎을 먹는다. 봄 무에는 작고 흰 노린재가 생긴다. 작물 주변에 풀이 있으면 괜찮다. 그러므로 노린재가 많은 때는 풀을 지나치게 베지 않도록 주의한다.

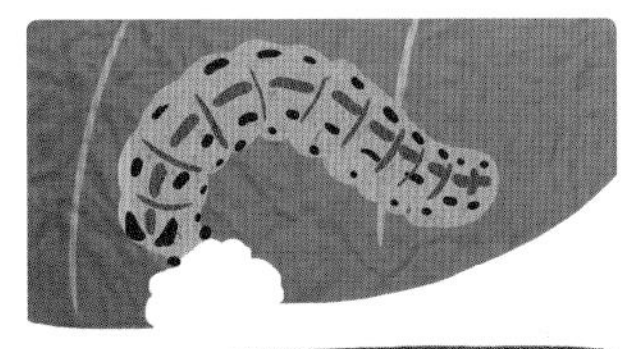

거염벌레

벌레 먹은 자국이 있는데 벌레가 안 보인다면 거염벌레일 가능성이 크다. 막 자라기 시작한 당근 잎이 잘려 있고, 점차 시들어간다. 낮에는 흙 속에 숨어 있으니 흙을 뒤져서 잡는다. 밤에는 손전등을 써서 찾아본다.

10월경의 가와구치 씨의 밭. 소송채를 비롯한 잎채소들이 건강한 모습으로 아름답게 자라고 있다.

Q 벌레가 대규모로 생겼을 때는 어떻게 하면 좋습니까?

**A** 어떤 한 종류의 벌레가 많이 생긴다는 것은, 영양 과다이거나 햇살이 잘 안 든다거나 통풍이 잘 안 된다는 등 여러 가지 이유를 생각해볼 수 있습니다. 벌레가 대규모로 발생했다 하더라도 그 벌레를 전멸시킬 방법을 찾지 말고, 되도록 그대로 받아들입니다. 그래도 작물이 전멸하는 일은 적습니다. 그러므로 벌레가 많이 생긴 그 작물은 포기하고, 그 원인을 찾아 그다음 해에 대처하도록 하십시오.

# 새 피해

## 새가 채소를 먹지 못하도록 지혜를 내어 대처한다

새 피해는 지역이나 채소의 종류에 따라 다르다. 산간지의 밭에서는 푸른 채소가 줄어드는 겨울에서 봄에 걸쳐 제주직박구리 등 새가 무리를 지어 잎채소를 먹으러 오는 일이 있다. 여름철에는 토마토 등의 과채류를 쪼아 먹는다.

피해를 막기 위한 방법은, 작물 가까이 줄을 치는 것이 가장 간단하고 효과적이다. 멀리서 봐도 눈에 띄는 줄도 좋고, 그와는 반대로 가까이 가야 보이는 줄을 치는 것도 좋다.

콩과의 씨앗을 뿌린 뒤 비둘기나 까마귀에 먹히는 것을 막기 위해서는, 줄을 치는 한편 주위에 풀을 남긴 상태에서 씨앗을 뿌리고, 씨앗을 뿌린 위에도 풀을 덮어 눈에 띄지 않게 함으로써 대처할 수 있다.

새가 작물을 먹어버리면 속이 상한다. 하지만 새는 벌레를 잡아먹어 밭의 조화를 찾아주는 역할도 한다. 오는 것 자체를 막지 말고, 어디까지나 부분적으로 대처한다.

채소가 자라고 있는 이랑에 새가 오지 못하도록 사방에 기둥을 세우고, 줄을 쳐놓는다.

싹이 텄을 때 새가 먹어버리지 않도록, 이랑 전체에 나뭇가지를 세워놓으면 새는 물론 소동물의 피해까지 줄일 수 있다.

이랑 위에 줄을 치는 방법도 있다. 간격은 새가 날개를 폈을 때 날아 내리기 힘들 정도.

비둘기

도시 지역에는 비둘기가, 산간지에는 멧비둘기가 산다. 콩과 작물의 피해가 특히 많다. 파종한 씨앗과 발아 직후의 부드러운 새싹을 좋아한다. 그러므로 씨앗을 뿌린 뒤, 10cm 정도 위로 줄을 치면 좋다. 옥수수 씨앗이나 잎채소를 먹어버리는 일도 있다.

까마귀

강낭콩이나 옥수수 등을 특히 좋아한다. 옥수수는 싹이 트자마자 싹은 뽑아버리고 옥수수 알갱이만 먹어버린다. 수확 시기에는 열매를 쪼아 먹기 때문에, 날개를 벌리면 닿을 정도의 간격으로 줄을 쳐서 막는다.

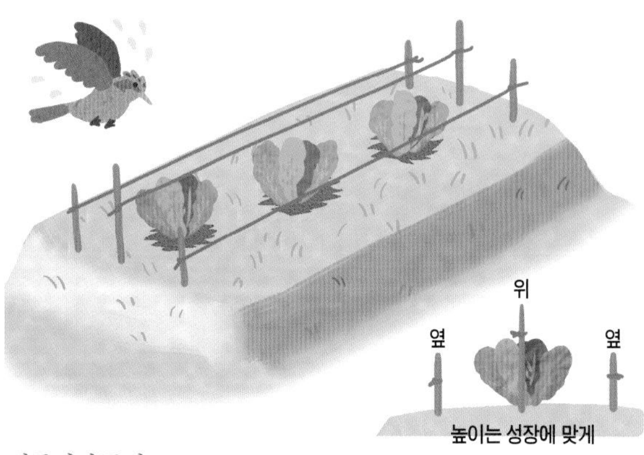


제주직박구리

브로콜리, 강낭콩, 배추 등 지상의 푸른 것을 대부분 다 좋아하고 주로 연한 부분을 먹어버린다. 한파가 혹독한 해에는 남부에서도 피해가 늘어난다. 채소 위에 한 줄, 양옆으로 한 줄씩 줄을 치고, 되도록 일찍 수확을 하여 피해를 막는다.

참새

벼나 보리 파종기와 수확기에 피해가 많다. 한편 곡류 이외의 채소에서도 뿌린 씨앗이나 싹이 텄을 때 피해가 발생한다. 벼를 볏덕에 건 경우는 벼이삭으로부터 20~30 떨어진 곳에 줄을 친다. 못자리에는 나뭇가지나 대나무 등을 위로 꽂아놓는다. 참새는 벌레를 먹는 이로운 동물이기도 하다.

## 짐승 피해

### 산에 먹을 것이 줄어들고, 사냥꾼이 적어지며 동물이 마을로 내려오기 시작했다

아카메 자연농 학교에서는, 덫 사용 면허를 얻은 한 학생이 멧돼지 포획용 우리를 만들어 설치해놓았다.

힘들여 기른 작물을 엉망으로 만들어놓으면, 마음이 상하며 멧돼지나 원숭이를 미워하게 된다. 하지만 이미 일어난 일, 툭툭 털고 대책을 찾아본다. 우리가 바라는 것은 작물을 길러 우리의 생명의 양식으로 삼으려는 것이다. 그러므로 동물이 작물을 먹으러 오지 못하도록, 때로는 쫓아버린다거나 포획할 각오도 필요하다.

덫을 놓아 잡으려면 수렵 면허가 필요하다. 잡은 것은 그 생명에 감사하고 먹는다. 생명의 귀함은, 물고기나 작물만이 아니라 우리 생활에 해를 주는 동물의 생명 또한 같다.

소리가 잘 나는 방울을 단다거나, 밤에 라디오를 틀어놓는다거나, 부정기적으로 폭죽을 터뜨린다거나, LED의 점멸 라이트를 설치한다거나, 방향제나 사람의 머리카락 등 냄새가 나는 것을 놓아둔다거나 하는 여러 가지 방법이 있다. 어느 것이나 효과는 일시적이고, 곧 익숙해져버린다. 개를 풀어놓는 것도 효과적. 한편 짐승 피해가 적은 작물을 고르는 것도 한 길.

### 동물은 사람을 보고 자기보다 약하다고 보이면 덤벼든다

옛날 농부는 모든 걸 손으로 했기 때문에 논밭에 있는 시간이 길었다. 지금은 다 기계화가 되며 논밭에 있는 시간이 훨씬 줄어들었다. 사냥꾼이 줄어들며 마을과 산의 경계 지역에서 산짐승을 쫓아 돌려보내지 못하게 된 것도 피해가 늘어난 한 가지 이유다. 그런 요인들이 겹쳐서 동물들이 논밭에 많이 나타나게 됐다. 야생동물은 어떤 사람이 자기를 무서워하는지 안다. 그러므로 지금 자신감을 갖고 논밭에서 일을 하고 있는지, 자신을 돌아보아야 한다. 동물에 대처하는 자세가 중요하다.

토끼
옥수수, 콩과, 푸른 채소 등을 좋아한다. 작물 주위에 30cm 정도의 높이로 줄을 쳐서 막는 것이 효과적. 콩밭 등 넓은 밭은 밭 전체를 높이 30cm 정도의 판자로 둘러치는 것도 좋다..

사슴
콩과 작물이나 잎채소, 양파 등을 먹으러 온다. 2m 정도의 높이는 뛰어넘기 때문에, 그 위에 다시 망을 친다. 주로 밤에 활동한다. 그러므로 센서 라이트나, 점멸 라이트를 설치하는 것도 효과적.

두더지, 들쥐
두더지나 들쥐는 수년에 한 번은 크게 늘어나는 일이 많다. 주로 어린 모나 잎을 먹어버린다. 풀숲을 좋아하기 때문에 주위의 풀을 베고, 햇빛이 잘 들게 하면 활동하지 않는다. 채소가 어릴 때, 두더지가 다녀 땅이 솟아 올라와 있으면 발로 밟아 눌러놓는다. 채소가 자라면 문제가 사라진다. 못자리를 할 때는 못자리 주위로 고랑을 파면 확실히 도움이 된다. 그 경우는 못자리 주위에 통로를 두고, 그 바깥에 고랑을 판다.

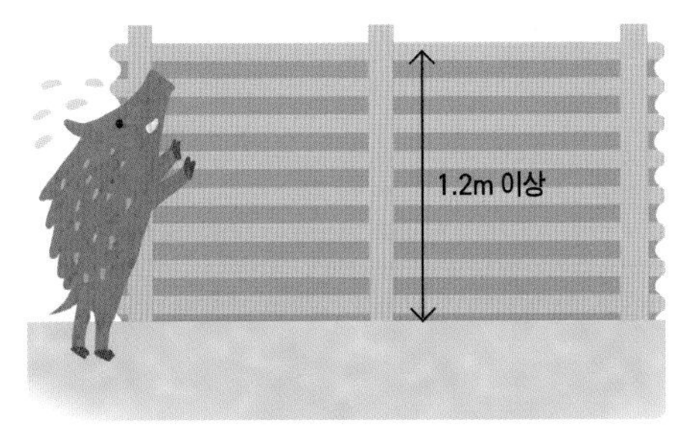


멧돼지
감자, 고구마, 벼 등에 피해가 많다. 함석 등으로 둘러치는 길밖에 없지만 1.2m 높이의 울타리 정도는 어렵지 않게 넘는다. 그러므로 그 이상의 높이로 설치. 항상 살펴보며 망가진 곳은 없는지 확인한다. 전기 철책을 치는 경우는, 풀이 닿으면 지면으로 방류가 되기 때문에 성실한 풀베기가 기본.

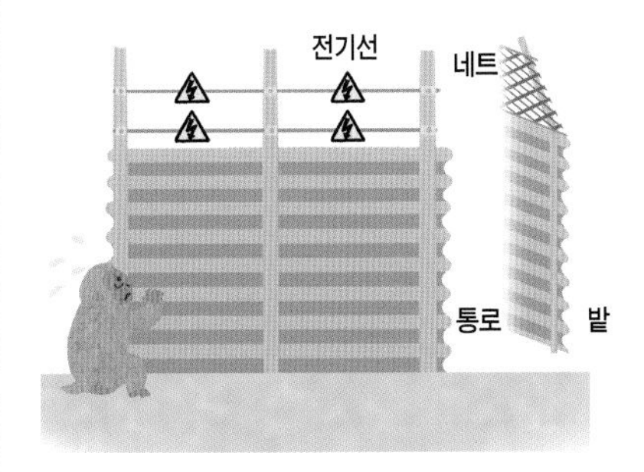


원숭이
어느 동물보다 피해를 막기 어렵다. 울타리 위에 전기선을 설치하면 효과적. 또한 울타리 위에 치는 망을 밭 바깥쪽으로 기울게 설치하면, 원숭이가 망을 붙잡고 담을 넘기가 어려워진다.

**철망 울타리**
철망은 투광성이나 통기성이 좋기 때문에 채소의 생육에도 영향이 적어 편리하게 쓸 수 있다. 철망 두께는 5mm 이상, 구멍 크기는 10cm 이하를 고른다

# 자가 채종, 씨앗의 보존

▼고정종은 생육에서 균일성이 떨어지는 한편, 그 다양성 때문에 기후 변화에 대응할 수 있다. 논밭의 환경에 맞게 「진화」해가는 씨앗을 해마다 내 손으로 거두어보자.

## 자가 채종으로 다양성을 지켜간다

되도록 사지 않는다. 직접 받아서 쓴다. 그것이 자연농의 기본. 밭의 환경에 적응하며 '진화'하는 재래종 씨앗을 해마다 받아서 쓴다

전국 각지에는 예로부터 재배되고 있는 전통 채소가 있다. 그 채소를 일러 재래종 혹은 고정종이라 한다. 오랜 기간에 걸쳐서 모양이 좋은 것을 골라 자가 채종을 해온 것이다. 어떤 작물이나 자기 자손을 번영시키기 위해 다음 세대에 씨앗을 남기며, 각자의 환경에 따라 조금씩 진화해간다. 북쪽에서는 추위에 견디고, 남쪽의 더운 지역에서는 더위에 견디는 생명력을 갖고 있다. 그 땅에 맞기 때문에 자가 채종한 씨앗은 발아율이 높고, 튼튼하게 잘 자란다.

유기농 농가 중에는 자가 채종을 하는 집이 많은데 어려움 또한 많다. 경운을 하기 때문이다. 자가 채종을 하려면 채종용은 다른 곳으로 옮겨 심어야 한다. 수고스러운 일이다. 하지만 자연농에서는 채종용을 그 자리에 그냥 두고, 그 아래나 옆에서 다음 작물을 재배할 수 있다. 경운을 하지 않기 때문이다. 자연농은 자가 채종에 맞는 재배 방법이다. 때로는 절로 익어 떨어진 것이 다음 해에 절로 나 자라고 열매를 맺기도 한다.

채종용으로 남겨놓은 고추. 건강하게 자라고 있는 것 중에서 한 그루당 한 개씩 남겨두었다가 붉게 익은 다음에 딴다.

채종할 포기나 열매를 생육 단계에서 고르는 일을 '어미 그루 선발'이라 한다. 어떤 포기에서 씨앗을 받느냐에 따라 다음에 자랄 채소가 달라지기 때문에 모양이 좋고 건강한 것을 고른다.

한편 같은 종류의 채소끼리는 교잡을 하기 때문에, 채종을 하려고 할 때는 거리를 두어 재배한다. 꽃 색깔이 다르면 과科가 다르기 때문에 교잡하지 않는 게 많다. 콩과끼리나 상추류 또한 교잡을 잘 안 한다. 자가용의 채소라면 이런 데 신경을 쓰지 않고 씨앗을 받아 써도 괜찮다. 여러 가지 모양과 맛을 가진 것이 있는 것도 나쁘지 않기 때문이다. 자기 밭의 채소가 해마다 여러 가지로 변화하는 모습을 보는 것도 즐겁다.

대파는 씨앗이 갈색으로 마르면 검은 참깨 씨앗처럼 씨앗이 바깥으로 모습을 드러내는데, 이때 이삭을 베어 수확한다. 비비거나 거꾸로 들고 턴 뒤, 그늘에서 말린다.

참깨는 탈곡을 한 뒤, 삼태기를 써서 부스러기나 먼지 등을 날려버린다. 먹기 위한 참깨가 그대로 씨앗이 된다.

우엉이 꽃 피기를 마치고, 줄기와 꽃이 갈색으로 마르면 베어, 씨앗을 받는다.

## 열매 채소

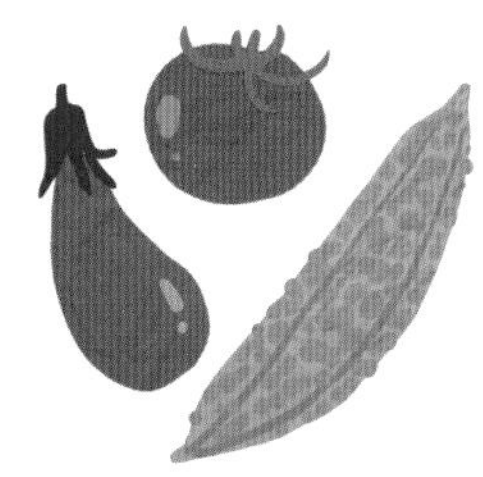

콩과 같은 잡곡은 완숙된 씨앗을 그대로 먹지만, 여주나 가지와 같은 열매채소의 일부는 완숙하기 전 상태에서 수확해 먹는다. 채소의 일생에서 보면 미성숙 상태다. 그러므로 씨앗으로 쓸 것은, 튼튼하고 건강하게 자라는 것 중에서 골라 남겨두었다가 잘 익은 다음에 씨앗을 받는다. 토마토, 호박, 수박과 같은 것은 완숙된 상태에서 수확하기 때문에, 먹을 때 씨앗을 받으면 된다.

토마토처럼 연한 열매를 가진 것은 손으로, 가지나 호박 등은 칼로 쪼개어 씨를 받는다. 받은 씨앗은 물에 씻어 점액질을 제거한다. 잘 여문 씨앗은 물에 가라앉는다. 물에 뜨는 씨앗은 버린다. 한편 호박이나 동아의 씨앗은 반대로 뜬 것을 건져서 쓴다.

물에 넣어 선별한 씨앗을 말리지 않고 그대로 두면 싹이 트거나 표면에 곰팡이가 슬기 때문에, 맑은 날 오전 중에 작업을 하는 게 좋다. 씨앗은 물로 씻은 뒤, 신문지 등에 겹치지 않도록 펴서 직사광선에 말리고 밤에는 집안으로 들인다. 그늘에 놓으면 곰팡이가 슬거나 여러 날이 걸리기 때문에, 직사광선에서 적어도 이삼일은 말린다.

**Point**

- □ 먹을 때와 씨앗 받을 때가 다른 것이 있다.
- □ 덜 익은 걸 먹는 채소는 채종용 열매를 따로 남긴다.
- □ 씨앗을 감싸고 있는 점액을 물로 씻어 제거한 뒤, 잘 말려 보관한다.

### 여주

❶ 녹색 상태(이때 먹는다)가 지나면 오렌지 색깔로 익어가는데, 열매가 벌어지기 전에 수확한다.

❷ 여주 씨앗은 붉은 무명실 모양을 한 물질 안에 들어 있는데, 이 부분이 달고 맛있다. 씨앗을 꺼내어 물에 씻은 뒤 말린다.

### 가지

❶ 모양이 좋고, 건강하게 자라고 있는 것을 한 그루당 하나씩 골라 채종용으로 남겨둔다.

❷ 껍질이 검붉게 변하며 열매가 단단해질 때까지 완숙시킨 뒤, 칼로 쪼개어 씨앗을 받는다.

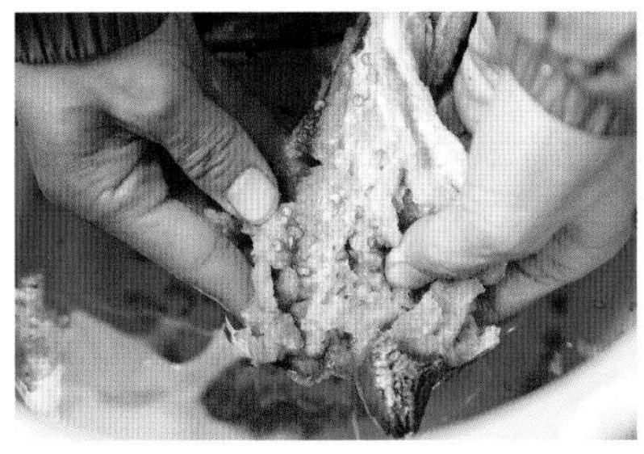

❸ 씨앗을 꺼낸 뒤, 물에 넣어 뜬 것은 버리고 남은 것을 쓴다.

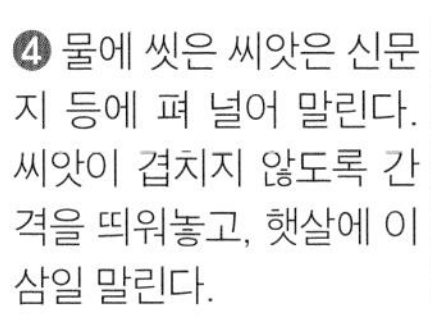

❹ 물에 씻은 씨앗은 신문지 등에 펴 널어 말린다. 씨앗이 겹치지 않도록 간격을 띄워놓고, 햇살에 이삼일 말린다.

### 호박

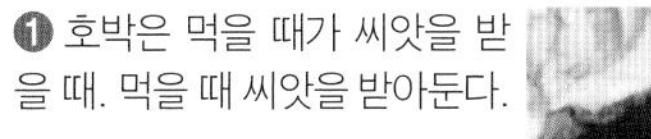

❶ 호박은 먹을 때가 씨앗을 받을 때. 먹을 때 씨앗을 받아둔다.

❷ 호박 안의 씨앗을 꺼내 물로 씻는다. 호박 씨앗은 물에 뜨는 것을 쓴다. 가라앉는 것은 버린다.

❸ 물로 씻은 씨앗은 신문지 등에 펴 널어 말린다. 씨앗이 겹치지 않도록 간격을 띄워 놓고, 햇살 아래 이삼일 말린다.

**Q 고정종과 교배종(F1)의 차이는?**

**A** 시판하는 씨앗은 대부분 F1이라 불리는 교배종(1대 교배종, 1대 잡종)입니다. 교배종은 씨앗을 받아 심어도 같은 것이 나오지 않습니다. 그 대신 발아 시기가 일정하다거나 작물의 크기가 균일하게 자란다거나 하는 장점이 있습니다. 한편 고정종은 재래종이라고 하는데, 오랜 기간 재배를 하는 가운데 각기 그곳의 토질이나 기후 풍토에 맞는 성질을 가진 전통 작물로 정착돼 있습니다.

# 잎채소, 콩과, 뿌리채소

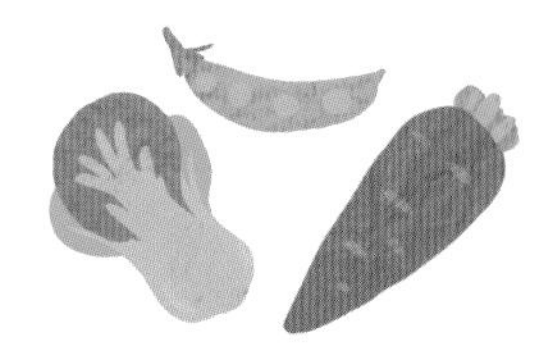

수확한 열매가 그대로 씨앗이 되는 것이 있는가 하면, 수확 시기를 지나서 꽃대가 나고 그 꽃대에서 씨앗을 맺는 것도 있다. 무나 당근 등의 꽃을 본 적이 없는 사람이 많은 것은 그 때문이다.

참깨나 꼬투리째 먹는 강낭콩처럼, 우리가 먹는 열매가 그대로 씨앗이 되는 것은 꼬투리에서 씨앗을 받으면 된다. 참깨는 알이 잘기 때문에 먹을 수 있는 상태로 만드는 데까지 품이 많이 든다. 꼬투리를 가진 작물은, 꼬투리가 알차게 자라고 갈색으로 익어 가면 베어서 바람이 잘 통하는 곳에 세워, 이삼 주 정도 말린다. 그 뒤에 멍석 위에서 두드려 가며 씨앗을 턴다. 무처럼 꼬투리가 딱딱한 경우는 나무 메로 두드리면 좋다.

볏과(옥수수 제외)와 콩과는 자가수분이기 때문에 유사 품종과 교잡하지 않는다. 그러므로 재배할 때 거리를 둘 필요가 없다. 한편 평지과나 박과, 옥수수 등 타가수분을 하는 것은 유사종과 교잡을 하기 때문에 되도록 거리를 둬서 재배하는 게 좋다.

**Point**

- □ 수확 시기를 지나고 꽃대가 나오며 꽃을 피운 뒤 꼬투리가 생기는 것은, 갈색으로 시들 때까지 둬도 괜찮다.
- □ 당근처럼 꼬투리가 없는 것은, 시들면 씨앗이 떨어지기 때문에 그 전에 채종한다.

꼬투리에서 받는다

## 무

❶ 무는 꽃대가 올라오고, 꼬투리가 열린 다음, 그루 전체가 담갈색으로 시들어가면 벤다.

❷ 돗자리 위에 펴놓고, 나무 메 등으로 두드리거나 손으로 비벼가며 꼬투리 속에서 씨앗을 털어낸다.

❸ 체로 쳐서 꼬투리나 줄기 등을 제거한다.

❹ 키질로 먼지 등을 날려버리고, 씨앗만을 골라 보관한다.

꼬투리에서 받는다

## 강낭콩

꼬투리가 엷은 갈색으로 변하며 마르면 베어내어, 직사 일광 아래서 말린다. 꼬투리에서 알갱이를 털어낸 뒤, 상한 곳이 없는 것만 골라 다시 한 번 더 건조시킨다.

꼬투리에서 받는다

## 참깨

참깨는 베고 묶어 세워서 햇살에 말린다. 꼬투리나 줄기가 갈색으로 잘 마른 뒤에 탈곡한다. 적은 양이라면 포대 안에 넣거나 돗자리로 싼 뒤, 나무 막대기로 두드려 턴다. 탈곡이 끝나면 다시 한 번 더 햇살 아래서 말린다.

꽃에서 받는다

## 당근

당근은 꽃대에서 흰 꽃이 핀다. 꽃이 갈색으로 시들며 마르면 벤다. 양동이나 깔개를 놓고 위에서 손으로 비벼가며 씨앗을 받는다.

꽃에서 받는다

## 쑥갓

❶ 쑥갓은 고운 노란색 꽃을 피운다.

❷ 꽃이 시들고 거무스레하게 변하며 마르면, 꽃 부분만을 손가락으로 집어 딴다.

❸ 비벼가며 털어 그릇에 모으고, 입으로 바람을 불어 꽃받침 등을 날려버리고, 씨앗만을 모아 말린다.

## 감자, 고구마
(감자류의 보존)

거의 모든 채소는 씨앗을 받아 다음 해에 쓰는 종자 번식이다. 하지만 감자, 고구마, 토란, 양하, 염교 등은 그 일부를 씨로 쓰는 영양 번식이다. 마늘, 머위, 땅두릅, 잎파 등은 '포기 나누기'를 해서 늘린다. 씨로 쓸 것은, 건강하고 모양이 좋은 것 중에서 고른다. 포기 나누기 또한 기세가 좋고 건강한 포기를 골라 한다.

생강은 흙을 잘 씻어낸 뒤, 햇살 아래서 말린다. 알맞은 크기로 나누고 하나씩 신문지에 싼 뒤, 발포 스티로폼 상자에 넣고 뚜껑을 조금 열어놓은 채로 10도 이하로 내려가지 않는 곳에서 보관한다.

토란

새끼 토란을 씨로 쓴다. 캐지 않고, 밭에 그냥 두고 볏짚이나 풀을 두껍게 덮어서 다음 해 봄까지 두거나 한 그루를 통째로 캐서 구덩이를 파고 묻어두는 방법이 있다. 묻는 경우는 깊이 70cm 정도의 구덩이를 파고, 옆면에 볏짚을 세우고, 그 안에 토란 그루를 거꾸로 세우고, 흙을 채운 뒤, 등겨나 볏짚을 덮고, 함석 등을 올려 빗물이 새어들지 않도록 한다.(중부 지방에서는 구덩이를 조금 더 깊이 파는 게 안전하다: 옮긴이)

감자

수확한 감자 중에서 상처가 없는 것을 골라, 바람에 흙이 바짝 마르도록 건조시킨다. 습기가 남아 있으면 썩기 쉽다. 봄 감자는 그늘에 보존하고, 싹이 튼 것은 가을에 심는다. 가을 감자는 상자 등에 넣고, 전체를 신문지로 싸서 보관한다. 감자는 토란이나 고구마에 비해 추위에 강하여 씨감자로 보관하기 쉽다.

고구마

씨로 쓸 고구마는 모양이 좋고, 상처가 없는 것을 고른다. 줄기가 잘리지 않도록 포기 채 파낸 뒤, 신문지에 싸서 종이 상자나 발포 스티로폼 상자에 넣되 밀폐는 하지 않은 상태에서 집안의 기온이 떨어지지 않는 곳에 보관한다. 토란처럼 흙에 묻어서 저장하는 방법도 있다. 하지만 바깥 기온이 5도 이하로 떨어지면 썩기 쉽기 때문에 주의한다.

### 지역에 뿌리를 둔, 재래종 씨앗을 지키는 씨드 뱅크

재래종 씨앗이 사라진다는 위기감에서 국내 종자 은행인 '씨드 뱅크'가 늘어나고 있다.
(아래에 한국의 종자 은행을 소개한다: 옮긴이)

- 씨드림(토종 종자 모임) http://cafe.daum.net/seedream
- 토종 씨앗 지킴이(전국여성농민회) http://www.sistersgarden.org/
- 토종 씨앗 도서관: 전국 각지에 있다.
- 개인 단위의 토종 씨앗 사랑: 이 또한 전국 각지에 있다.

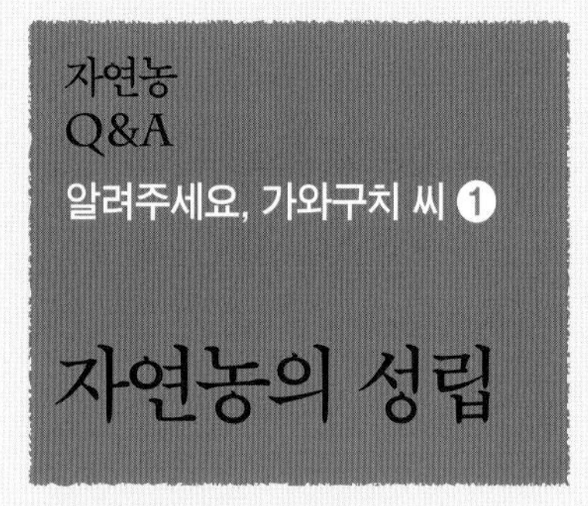


### Question1

**자연농은 가와구치 요시카즈 씨, 당신이 고안한 것입니까?**

A 전업농가의 맏이로 태어나 중학교 졸업과 동시에 농약과 화학비료를 쓰는 관행 농업을 시작하였습니다. 그 가운데 건강을 해치며 그 원인을 찾는 가운데, 아리요시 사와코의《복합오염》이라는 책과 만나며 현대 농법이 가진 큰 문제점을 깨닫게 되었습니다.

그 뒤 농약과 화학비료를 모두 끊어보았는데, 3년간 벼는 전멸. 시행착오는 10년이나 이어졌습니다. 그로부터 어느 정도 도와주면 좋은지를 조금씩 알 수 있게 되어, 그 방법을 사람들의 요청에 따라 가르치는 사이에 새로운 깨달음과 발견이 있었습니다. 그것은 그때의 기후나 논밭의 상태에 따라서도 변화해가면서 35년이 지난 지금도 이어지고 있습니다. 실천 기간은 제가 가장 오래되었을지 모르지만, '자연농의 노하우'라 불리고 있는 대다수는 자연농에 뛰어든 여러분의 경험과 지혜의 축적이라고 생각하고 있습니다. 그리고 자연농이란 실천하시는 분의 삶의 방식 그 자체라고 생각하고 있습니다.

### Question2

**가와구치 씨의 밭에서는 하시하카箸墓 고분이 가까이 보입니다. 밭 속에는 고대의 유적이 있는데, 히미코卑弥呼(서기 175년에서 247년까지 살았던 일본의 여왕:옮긴이) 궁전일지 모른다고 들었습니다. 그곳이 당신에게, 그리고 자연농과 어떤 관계가 있는지 듣고 싶습니다.**

A 발굴 조사를 하려면 농사를 쉬어야 합니다. 하지만 본래 저도 역사를 좋아하기 때문에 기쁘게 협력하고 있습니다.

현재 국가의 정치는 혼란 속에 있습니다. 농업도 다르지 않아 이제까지의 잘못된 방식이 가진 문제가 표면화하며 이대로는 안 된다는 걸 많은 사람이 알게 되는 시대가 됐습니다.

조금 이야기가 커져버렸습니다만, 이 땅에서 생을 받은 자로서 현재 사회 속에서 지속가능한, 이상적인 농업을 후세 사람들에게 확실하게 전하지 않으면 안 되는 게 아닌가 하는 사명과 같은 것은 느끼고 있습니다.

### Question3

**괭이 사용, 벌레 죽이기, 등겨나 유박 주기 등은 자연농의 3대 원칙에 어긋나는 게 아닙니까?**

A 괭이를 쓰지 않아도, 벌레를 죽이지 않아도, 등겨를 주지 않아도 식물은 자랍니다. 그러나 자연에서의 채취가 아니라 어디까지나 우리의 양식을 얻기 위한 재배입니다. 방임만으로는 사는 데 필요한 충분한 결실을 얻을 수 없습니다. 산다는 것은 다른 존재의 희생 위에서밖에 이루어지지 않습니다. 달리 말해 우리는 다른 것 덕분에 삽니다. 그런 이해 위에서 되도록 자연의 조화를 어지럽히지 않는 선에서 괭이를 쓰고, 제초를 하고, 벌레를 죽입니다. 그것은 우리가 살아가는 데 없어서는 안 될 안정된 수확을 위해 작물을 조금 거드는 수준입니다. 또한 등겨 등을 주는 것도 밭에서 나온 것을 밭으로 돌리고 순환시키는 일이라고 보시면 됩니다.

### Question4

**왜 씨앗을 '뿌리지' 않고 '떨어뜨린다'고 하는 것입니까?**

A 관행농법으로 할 때는 저도 '뿌린다'고 했습니다. 그러나 자연농을 실천하며 논밭이나 그곳에 사는 수많은 생명을 자세히 지켜보는 사이에, 저나 우리는 그 속에서 그것들 덕분에 살고 있는 것에 지나지 않는다는 걸 깨닫게 됐습니다. 그 뒤로 파종 자체를 생명을 다루는 소중한 행위로 받아들이게 됐습니다. 그것은 관행 농법에서 씨앗 뿌리던 때와는 전혀 다른 차원이었습니다. 그와 같은 마음의 변화에서 자연히 '떨어뜨린다'라는 말을 쓰기 시작했던 것입니다.

### Question5

**자연농을 배우는 것이 인격의 성장으로도 이어진다고 할 수 있습니까?**

A 크게 이어져 있다고 보고 있습니다. 자연농을 실천한다고 하는 것은 자연계, 나아가 이 한없는 우주 속에서 우리 모두는 우주 덕분에 살고 있다는 걸 깨닫고 아는 일과 이어집니다. 그리고 자연이나 우주의 절묘한 활동을 아는 일이기도 합니다. 오늘날 사람들이나 사회 전체가 안고 있는 문제에는 온갖 차원의 것이 있습니다만, 그 대다수는 자연에서 멀어진 채 자신이 어디에, 혹은 무엇 덕분에 살고 있는지 모르는 데서 오는 게 아니겠습니까?

감자는 4개월, 벼는 7개월에 걸쳐 싹이 트고, 성장하고, 자손을 남기고 그리고 일생을 마칩니다. 풀 한 포기, 벌레 한 마리를 포함하여 무엇 하나 쓸데없는 게 없습니다. 나날의 농작업 속에서 자연의 절묘함과 접하다 보면 자신이나 사회가 안고 있는 문제의 근원을 다시 묻게 되고, 행복한 삶의 길이 무엇인지를 깨닫게 됩니다. 수많은 깨달음이 옵니다.

2장

# 자연농으로 제대로 된 수확을!

땅을 갈지 않고, 비료와 농약을 쓰지 않고도
충분한 수확을 얻을 수 있다.
필요한 것은 파종부터 수확, 채종까지
자세한 관찰과 필요에 따른 돌보기다.
여기부터는 후쿠오카 현 이토시마 반도에서
자급자족 생활을 하고 있는 자연농 22년차의
가가미야마 에츠코가 대표적인 채소 23종을 골라
그것들의 재배 방법을 자세히 소개한다.

글·일러스트 가가미야마 에츠코

# 가지

## 가지의 재배 달력

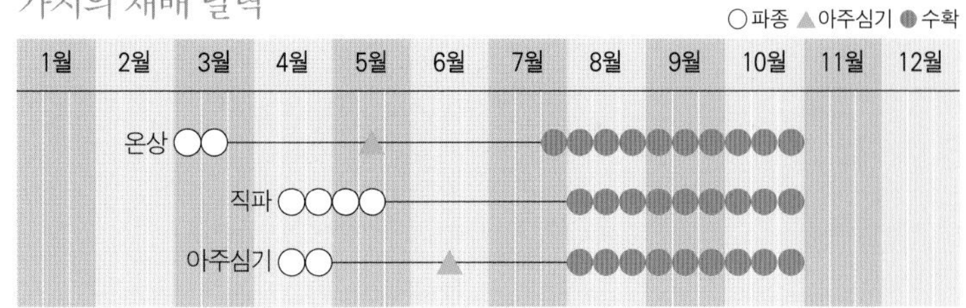


## 품종

가지의 원산지는 동인도. 가지 씨앗은 오래된 것도 잘 난다. 7~8년은 간다고 한다. 열매의 길이나 크기가 각기 다른 여러 가지 종류의 가지가 있다. 길고 가는 것, 길고 굵은 것, 짧고 둥근 것, 그 중간 것 등. 색깔도 여러 가지다.

여름 밥상에서 빠질 수 없는 가지. 가을까지 오래 수확할 수 있습니다. 가지는 가짓과의 작물끼리(감자, 토마토, 고추 등)의 연작을 싫어합니다.

자연농의 밭에서는 수많은 풀과 작물이 공생하기 때문에 연작 장해가 적다고 합니다. 하지만 연작은 피하는 게 무난합니다.

가지는 땅 힘을 필요로 하는 작물입니다. 겨울철에 유박, 등겨, 음식물찌꺼기 등을 밭에 뿌려서 땅 힘을 키우고 난 뒤에 심으면 좋습니다. 이때 물주기는 많이. 장소는 물 빠짐이 좋고, 해가 잘 드는 곳을 고르도록 합니다.

### 씨앗 떨어뜨리기

파종은 직파, 포트 육묘, 못자리 만들기 등 밭의 상황에 따라 여러 가지 방법으로 할 수 있습니다. 여기서는 못자리에서 모를 길러 내는 방법을 소개합니다.

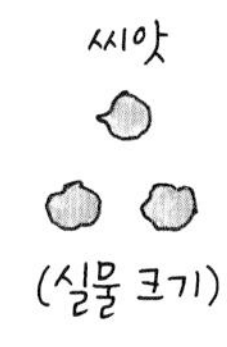


❶ 못자리 넓이는 필요에 따라, 자급용이라면 폭이 90cm쯤 되는 이랑에서 60~70cm씩 구획을 나눠서 여름채소(토마토, 피망 등)와 한꺼번에 기르는 게 좋습니다.

❷ 풀을 베고, 괭이로 겉흙을 3~5cm 두께로 걷어내어 풀씨가 섞인 곳을 제거하고, 여러해살이풀의 뿌리 등을 뽑아냅니다.

❸ 괭이의 등으로 가볍게 두드려서 지표면을 평평하게 고르고, 파종합니다. 씨앗 간격은 3~4cm가 되도록 밴 곳은 손을 써서 씨앗의 간격을 조정합니다.

❹ 씨앗이 안 보일 정도의 두께로 흙을 덮습니다. 복토할 흙은 풀

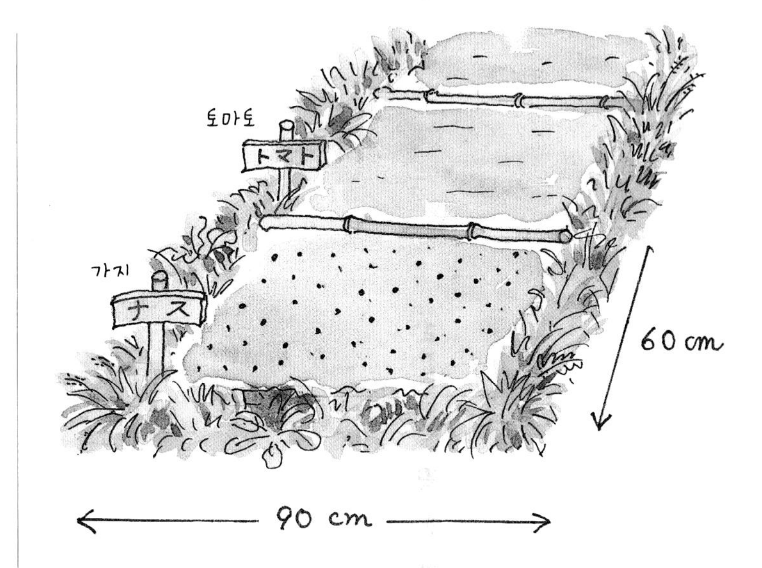


씨가 섞이지 않은 곳의 흙을 씁니다.

아래 그림처럼 괭이를 비스듬히 넣어, 위 흙은 풀과 함께 들어올리고, 그 아래의 흙을 씁니다. 체를 쓰거나 손으로 비벼가며 복토합니다.

❺ 다시 괭이의 등으로 가볍게 진압하고, 건조하지 않도록 주변의 풀을 베어 덮습니다. 물주기는 가뭄이 심하지 않는 한, 하지 않습니다.

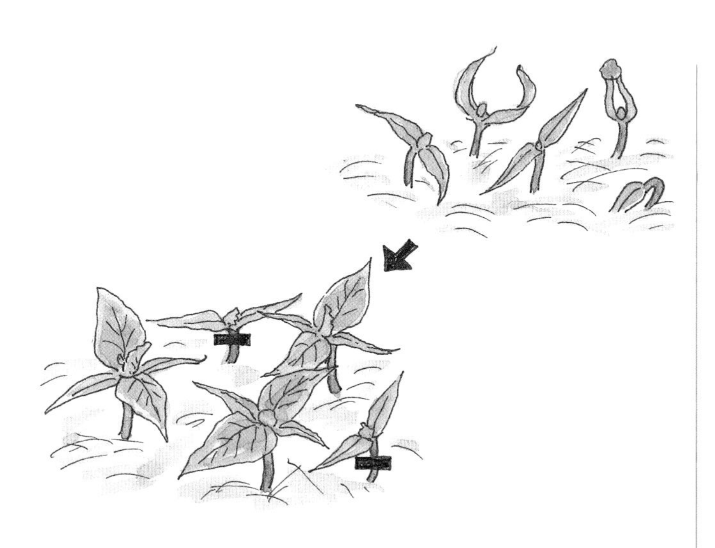

## 발아와 솎기

발아는 2~30도에서 약 2주 정도 걸립니다. 이 기간에는 지켜보며, 위에 덮은 풀이 발아를 방해하면 떡잎이 머리를 들어올릴 때 떨어뜨려줍니다.
벤 곳은 잎이 겹치지 않도록, 그것을 기준으로 솎습니다. 삼지창 등으로 뿌리가 상하지 않게 뽑아 포트 등 다른 데 심어 가꿀 수도 있습니다.

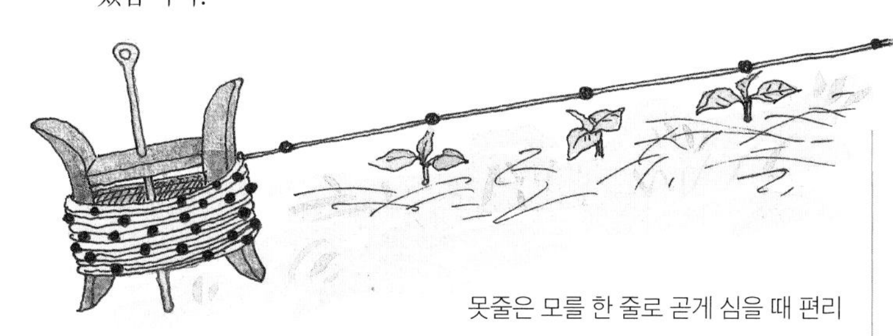

못줄은 모를 한 줄로 곧게 심을 때 편리

## 아주심기

본잎이 예닐곱 장이 되면, 준비해둔 이랑에 아주심기를 합니다. 햇살이 강한 낮을 피해 저녁이나 흐린 날에 하면, 옮겨 심는 데서 오는 손상을 줄일 수 있습니다.
아주심기를 하는 이랑은 해가 잘 들고 땅 힘이 좋은 곳으로 합니다. 겨울 동안 음식물찌꺼기나 유박, 등겨 등을 뿌려놓으면 좋습니다.

그루 간격은 60~70cm 정도를 두고, 풀을 베고, 심을 구덩이를 팝니다. 물뿌리개 등으로 물을 푹 주고, 그 물이 흙 속에 스며든 뒤 모를 심습니다.
못자리가 건조할 때는, 옮겨심기 30분쯤 전에 물을 주고 심으면 손상이 줄어듭니다.
가지는 아주심기를 할 때 깊게 심지 않는 게 좋습니다. 뿌리 부분이 흙 속에 딱 맞게 들어갈 정도로 구덩이를 파고 심는 게 좋습니다.
아주심기를 한 뒤에는 땅이 마르지 않도록 벤 풀을 덮어놓습니다.

## 지지대 세우기

이식하고 한 주가 지나면 활착活着하고, 기온이 올라감에 따라 기세 좋게 자라갑니다. 계속해서 곁눈이 나오지만, 첫 번째 꽃 위로부터 서너 개를 남기고 그 뒤는 따버립니다.

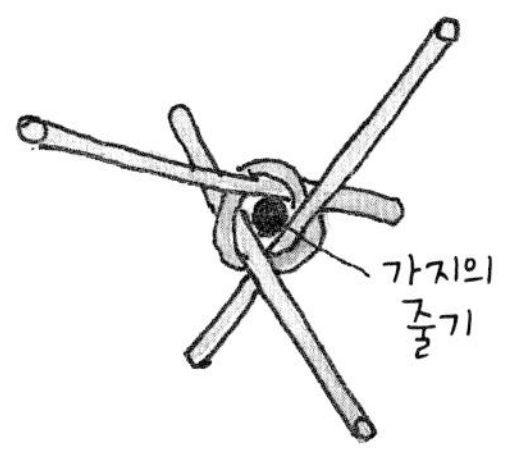


'지지대 세 개 세우기'를 위에서 볼 때

대나무 지지대(70~90cm 정도) 세 개를, 아래쪽에서 가지를 받치듯이 대어 지면에 꽂고, 끈으로 가지와 묶어놓습니다.
지지대가 교차하는 부분은 끈으로 한 바퀴 감아 묶어 고정시킵니다.

## 수확

가지는 양성화로 꽃 하나 속에 암술과 수술이 함께 있어, 거의 모든 꽃이 열매를 맺습니다.
첫 번째 꽃을 조금 작을 때 따주면 그 뒤의 결실이 좋아지는 거 같습니다. 수확을 조금 빨리하면 연한 열매를 거둘 수 있습니다.
때때로 밭둑의 풀, 부엌의 음식물찌꺼기, 등겨 따위를 줄 사이에 펴놓는다거나 흩어뿌려두면 좋습니다. 지나치지 않도록 주의합니다.

## 씨앗 받기

먹기 적당할 때를 지나 자줏빛에 갈색이 돌면 가지가 단단해지는데 이때 씨앗을 받습니다. 가지를 2~4줄 길이로 쪼갭니다. 씨앗을 꺼낸 뒤, 물에 넣어 가라앉는 것만 골라내고 잘 말려서 보관합니다.

# 오이

## 오이의 재배 달력

○파종 ●수확

| 1월 | 2월 | 3월 | 4월 | 5월 | 6월 | 7월 | 8월 | 9월 | 10월 | 11월 | 12월 |
|---|---|---|---|---|---|---|---|---|---|---|---|

봄 오이 ○○○○○──●●●●●

여름 오이 ○○○○○○○○○○○

여름 오이 ●●●●●●●●●●

## 품종

덩굴손으로 지지대를 잡고 위로 자라는 오이가 있고, 땅을 기며 자라는 토종오이가 있다. 토종오이는 재배하는 사람이 별로 없다. 대부분 위로 자라는 오이를 심는다. 공간 이용 면에서 위로 자라는 오이가 훨씬 유리하기 때문인지 모른다. 토종오이는 땅에서 열리기 때문에 굽은 오이가 생기기 쉽다.
위로 자라는 오이에는 길고 짧은 여러 가지 품종이 있다.

오이는 박과입니다. 같은 오잇과의 수박은 건조한 땅을 좋아합니다만, 오이는 수분을 많이 품은, 하지만 물 빠짐이 좋은 토양을 좋아합니다.
박과끼리의 연작은 피하는 쪽이 무난합니다.
암꽃이 피고부터 10일쯤 지나면 수확을 할 수 있고, 여러 개의 오이가 이어 열립니다만 수확 기간이 비교적 짧습니다. 그러므로 품종을 골라 3~4차례 시기를 달리하여 파종하면 여름 내내 오이를 먹을 수 있습니다.
생오이는 더운 여름철에 몸의 열기를 식혀줍니다. 오이는 볶아도 맛있고, 절임용으로도 좋습니다.

### 씨앗 떨어뜨리기

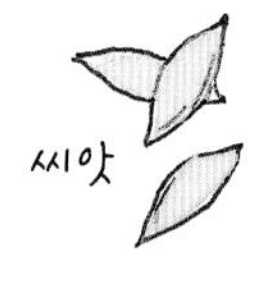


파종 시기는 품종에 따라 다릅니다만, 3월 중순부터 7월 중순까지로(고랭지에서는 4월 중순부터 6월 상순까지), 뿌리는 날을 바꿔가며 세 차례 정도로 나눠 심으면 오이를 밥상에 오래 올릴 수 있습니다.
위로 올라가는 오이는 지지대를 세우기 때문에 한 줄 뿌리기로 할 것인지 두 줄 뿌리기로 할 것인지 생각해보고 거기에 맞춰 이랑 폭을 정합니다.
당연히 토종오이는 지지대를 세울 필요가 없습니다만, 덩굴을 뻗으며 자라기 때문에 이랑 폭이 넓어야 합니다.
그루 간격은, 위로 올라가는 오이의 경우는 직경 15cm 정도(원형으로)로 풀을 베고, 겉흙을 걷어내고, 가볍게 손바닥으로 눌러주며 평평하게 고른 뒤, 그곳에 씨앗을 3~4알씩 넣습니다.
씨앗이 안 보일 정도로 흙을 덮고, 다시 손바닥으로 가볍게 진압을 한 뒤, 주변의 풀을 베어 엷게 흩뿌려놓습니다.
이렇게 함으로써 땅이 마르는 걸 막고, 물을 줄 필요가 없어집니다.

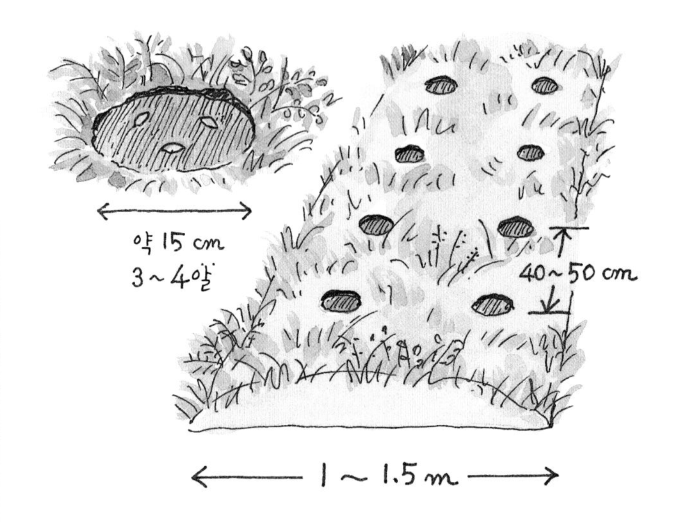


### 발아와 솎기

파종한 뒤 대엿새가 지나면 싹이 틉니다. 위에 뿌려놓은 풀이 엉켜 있는 경우는, 그 부분을 풀어 떨어뜨려서 새싹이 성장에 방해를 받지 않도록 합니다.
어린 모의 본잎이 자라 서로 겹치면, 튼튼하고 건강해 보이는 것을 한두 그루 남기고 나머지는 가위로 잘라냅니다.
최종적으로는 한 그루로 하지만, 초기에 솎은 것도 좋은 모라면 그것을 옮겨 심을 수도 있습니다.

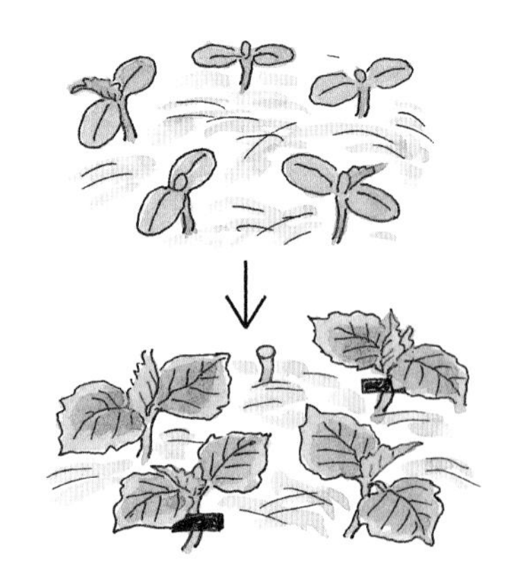

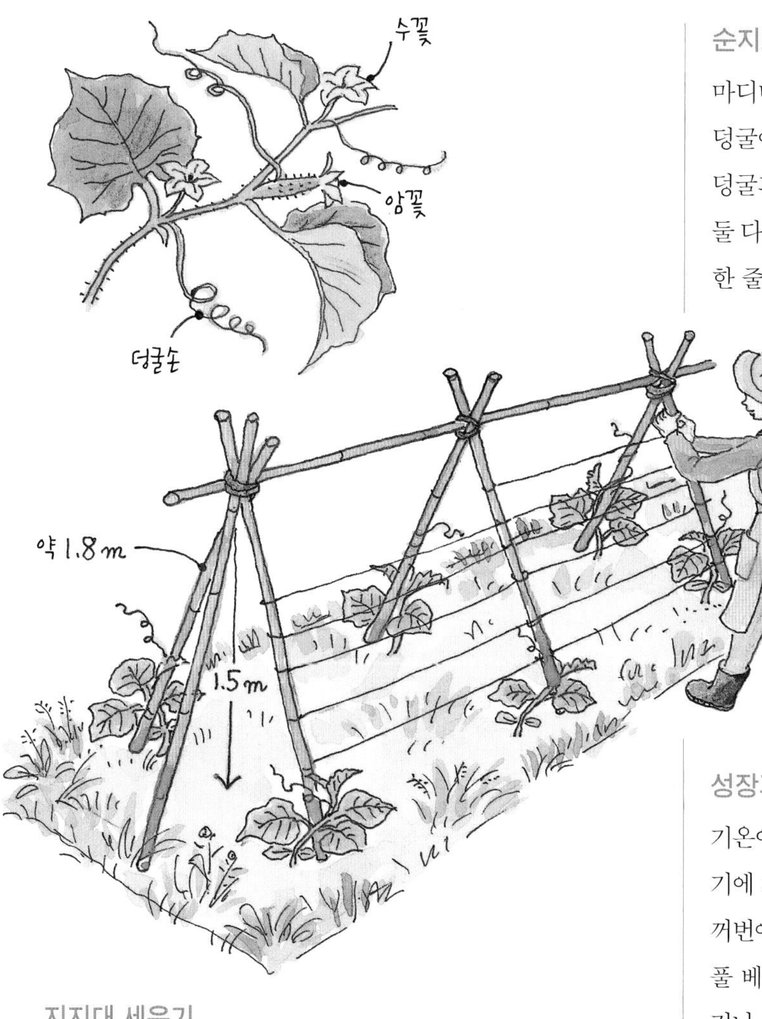


## 순지르기

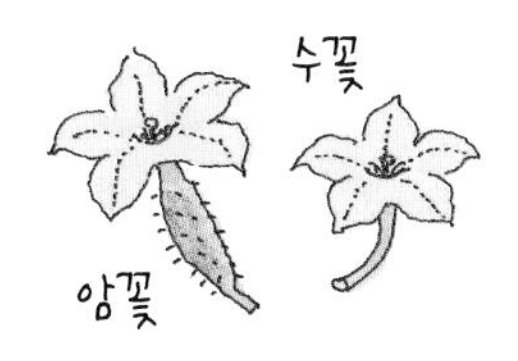


마디마다 열매를 여는 오이는 어미 덩굴에, 건너뛰며 여는 오이는 아들 덩굴과 손자 덩굴에 암꽃을 답니다. 둘 다 5~6마디까지 순지르기를 하며, 한 줄기 키우기를 하는 게 보통 재배법입니다. 하지만 자연농에서는 순지르기를 하지 않고 작물에 맡깁니다. 이렇게 함으로써 지력에 알맞은 수확을 할 수 있습니다. 다수확을 목적으로 행하는 순지르기는 어미 그루를 약하게 만듭니다.

토종오이도 순지르기를 하지 않습니다.

자연에 맡기는 쪽이 어미그루도 약해지지 않고, 오랜 기간 수확의 즐거움을 누릴 수 있습니다.

## 지지대 세우기

대나무 등을 구해 삼각형 모양으로 엮고, 높이 1.5m 지점에서 가로대를 건너지르고 쓰러지지 않도록 끈으로 묶어갑니다.

오이는 마디마다 나오는 덩굴손을 써서 쥘 곳을 찾아 쥐고 위로 자랍니다. 그러므로 가지가 많은 대나무를 모마다 세워주거나, 양쪽에 기둥을 세우고 가로로 끈을 여러 줄 쳐서 덩굴손이 잡고 오를 수 있게 만들어줍니다.

본잎이 4~5장이 되었을 때, 이미 솎아서 한 그루가 된 어린 모를 끈을 써서 지지대로 유인해줍니다. 오이 줄기는 잘 꺾어지기 때문에, 8자 모양으로 느슨하게 묶어줍니다.

주변의 여름풀도 기세 좋게 우거지기 시작합니다. 오이가 지지 않도록 베어 아래에 펴놓습니다.

## 성장과 수확

기온이 올라감에 따라 풀의 기세도 거세어져 갑니다만, 풀이 있기에 가뭄을 덜 타고 소동물은 그곳을 터전 삼아 살아갑니다. 한꺼번에 베어버리지 않도록 하고, 그 점을 충분히 배려한 위에서 풀 베는 날도 고릅니다. 오이 모가 풀에 덮여 햇빛을 받을 수 없거나 통풍이 나쁠 때만 포기 주위만, 혹은 포기 양쪽 중 한쪽만 베고, 한참 지난 뒤 그 반대쪽 풀을 벱니다.

잎이 누르스름해지거나 잘 자라지 않을 때는 포기에서 조금 떨어진 곳에 유박이나 등겨 등을 주어 도와주면 좋습니다.

토종오이는 호박이나 울외白瓜처럼, 지면을 기어가며 자라며 땅 위에 열매를 맺습니다. 열매가 열린 곳에 풀이 적을 때는, 열매가 땅에 직접 닿아 상하지 않도록 풀을 베어 깔아줍니다.

## 씨앗 받기

오이는 수꽃과 암꽃이 있지만 호박이나 수박과 달리 가루받이를 하지 않아도 열매를 맺습니다. 가루받이를 하지 않은 오이에는 씨앗이 들어 있지 않습니다.

씨앗을 받을 때는, 잘 자란 오이 몇 개를 고르고 그것들이 노랗게 잘 익을 때까지 기다렸다가 수확합니다. 오이를 쪼개어 씨앗을 받고, 물에 넣어 가라앉는 것만을 거둔 뒤, 잘 말려 보존합니다. 이렇게 함으로써 좋은 씨앗을 거둘 수 있습니다.

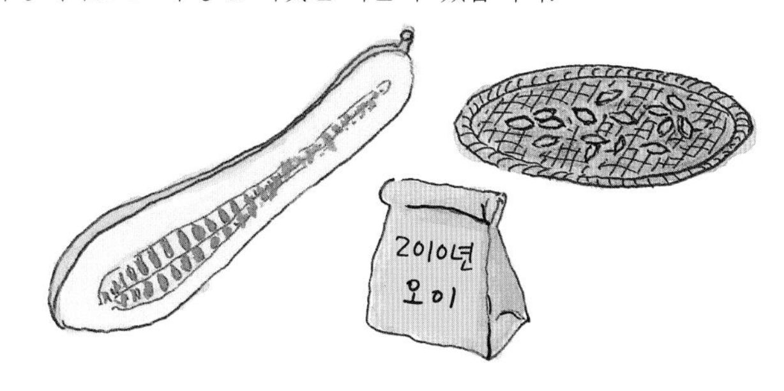

# 호박

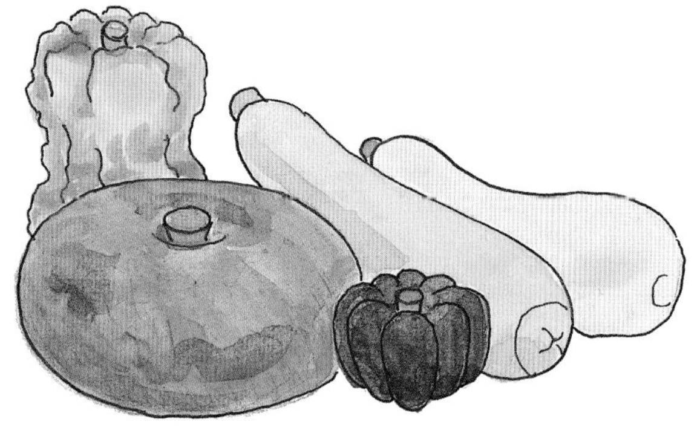

## 호박의 재배 달력

○파종 ●수확

| 1월 | 2월 | 3월 | 4월 | 5월 | 6월 | 7월 | 8월 | 9월 | 10월 | 11월 | 12월 |
|---|---|---|---|---|---|---|---|---|---|---|---|

직파 ○○○————————●●●●●●●

## 품종

재래종 호박: 수분이 많고 감미는 적다. 과육에 찰기가 있다. 개화 후 30일경의 덜 익은 애호박을 따서 먹는다. 잎에 작은 가시가 있다. 익은 뒤에, 늙은 호박을 먹기도 한다. 호박죽. 겨울 별미다.
서양 호박: 감미가 강하고, 먹음직스럽다. 다 익은 다음에 먹는다. 잎에 가시가 없다. 삶으면 밤 혹은 고구마와 같다.
쥬키니처럼 덩굴이 없는 호박도 있지만 거의 다 덩굴이 지어 수 미터까지 자란다. 멧돌호박을 비롯하여 약호박, 단호박, 국수호박, 땅콩호박 등 다양한 종류가 있다.

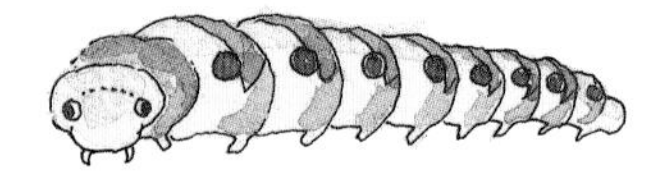

원산지는 남아메리카입니다. 재래종이라는 것도 사실은 전해질 당시에는 외래종이었습니다.
조금 건조한 느낌이 드는 땅에 물 빠짐이 좋고, 해가 잘 드는 곳이 재배 적지입니다.
박과의 작물은 연작 장해가 생기기 쉽기 때문에 보통은 이어짓기를 피합니다. 그러나 호박은 연작할 수 있습니다. 상당히 넓게 덩굴을 뻗기 때문에 넓은 이랑이 필요합니다.

### 씨앗 떨어뜨리기

호박 전용 이랑을 만들 경우는 이랑 폭이 3~4m는 돼야 합니다. 좁은 이랑밖에 없을 때는, 이랑 세 개를 써서 가운데 이랑에 씨앗을 넣고 좌우 이랑으로 덩굴이 자라도록 하는 방법도 있습니다. 또한 이랑과 상관없이, 완만한 비탈이나 과일나무가 있는 곳의 해가 잘 드는 빈 공간을 이용해도 좋습니다.

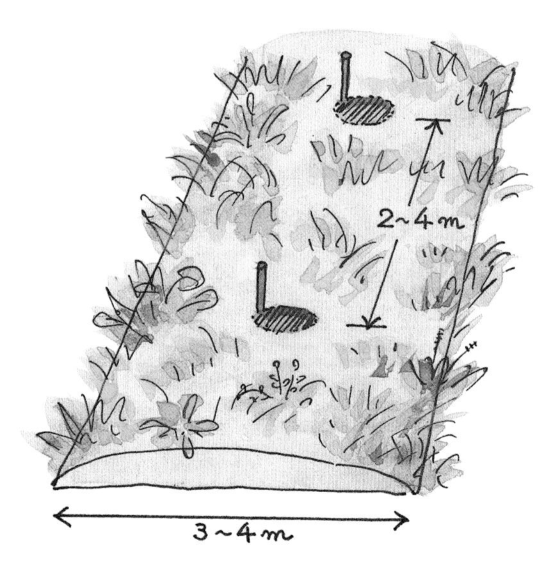


4월 중순부터 5월 상순경에, 실한 것을 골라 씨앗으로 삼습니다. 먼저 충분한 간격을 두고 파종 위치를 정하고, 막대기 등을 세워 표시해둡니다. 직경 30cm 정도에 원형으로 풀을 베고, 주변의 흙을 그러모아 완만한 산 모양의 흙더미를 만듭니다. 이 작업을 '자리를 만든다'고 합니다. 박과의 작물은 습기에 약하기 때문에 이렇게 해두면 장마철에 모가 상하는 것을 막을 수 있습니다.

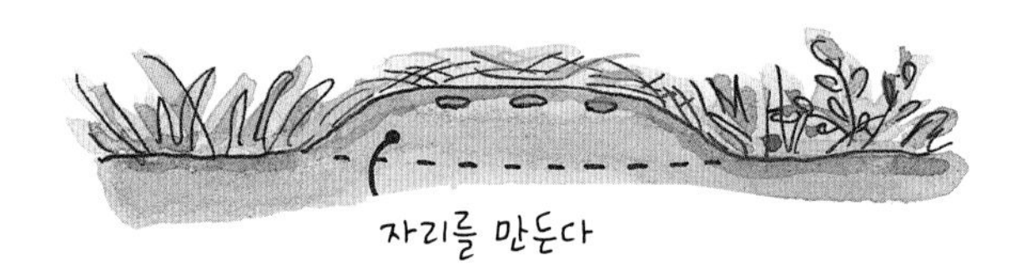


그 자리 위에 3~4알씩 호박씨를 심고, 씨앗 두께로 흙을 덮고, 가볍게 손바닥으로 진압합니다. 마지막으로는 자리 전체에 풀을 흩뿌려놓아 흙이 마르는 것을 막아줍니다.
포트에서 모를 기를 경우는 날마다 물주기가 필요합니다.

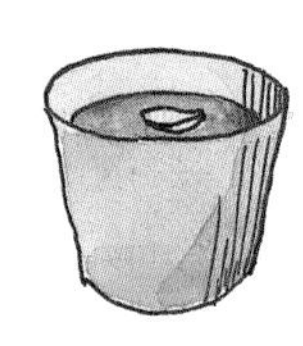

### 발아와 솎기

지온이 올라가지 않으면 시간이 걸립니다만, 적기라면 한 주 전후로 싹이 납니다.
씨앗이 크기 때문에 나오는 떡잎도 크고 힘차 보입니다. 이때 덮어놓았던 풀이 방해가 되면 치워줍니다.
발아한 뒤 보름쯤 지나며 본잎이 한두 개 나오면, 두 그루를 남기고 나머지는 솎아줍니다.
그리고 본잎이 두세 장 되었을 때, 다시 솎아 한 포기만 남깁니다.
포트에서 기른 모를 옮겨 심을 경우는 이때에 합니다. 모의 손상을 줄이기 위해 저녁에 하고, 옮겨 심기 위해 판 구덩이에는 물을 주고, 그 물이 땅에 스며든 뒤에 모를 심습니다.

## 성장

호박이 덩굴을 뻗기 시작하면, 덩굴 앞의 풀을 베어 그 자리에 펴 놓습니다. 열매가 열렸을 때는, 열매가 지면에 직접 닿지 않도록 풀을 베어 열매 아래에 깔아놓습니다. 그런 배려가 필요합니다.
호박은 다른 박과 작물처럼 순지르기를 하지 않습니다. 자라는 대로 맡깁니다. 그러면 호박의 생명력만큼 열매를 맺기 때문에 약해지는 일이 없습니다.
여담입니다만, 호박의 크고 노란 꽃은 동이 트기 전 아침 5시 전후로 핍니다. 그래서 언제 가도 오그라들어 있는 꽃밖에 볼 수 없는 것입니다.

그 뒤는 해가 안 드는 곳에서(10도 전후라면 이상적) 보존하면 60~70일은 갑니다.

## 채종

서양 호박은 익어야 먹을 수 있기 때문에, 먹을 때 씨앗을 받습니다.
재래종 호박은 주로 애호박 상태에서 먹기 때문에, 종자용으로 한두 개 남겨뒀다가 잘 익은 뒤에 따서 씨앗을 받습니다.
먼저 호박을 반으로 쪼개고, 숟가락 등으로 호박 안에 든 씨앗을 통째로 들어낸 뒤, 물속에서 잘 씻어가며 씨앗만 골라냅니다.
호박씨는 거의 모두 물에 뜨기 때문에, 건져내 그늘에서 말린 뒤 한 알씩 실한 것만 골라서 보존하고 나머지는 버립니다. 보존을 잘 하면 3~10년은 간다고 합니다.

## 수확

재래종 호박은 꽃이 피고 약 30일 정도에 애호박을 수확합니다. 열리는 대로 애호박 상태에서 따먹고, 한 그루에 한 개씩 남겨 늙은 호박으로 수확합니다. 늙은 호박은 겨울에 죽을 끓여 먹습니다.
익은 것만을 먹는 서양 호박은 꼭지 부분이 딱딱하게 코르크처럼 변했을 때를 기준으로 수확합니다.
익은 호박은 따서 바로 먹기보다 숙성을 시켜서 먹으면 단맛이 늘어나며 더 맛있어집니다.
따서 통풍이 잘 되는 그늘에(기온 20~25도)에 한 열흘 정도 놓아둡니다. 이때가 가장 맛있다고 합니다.

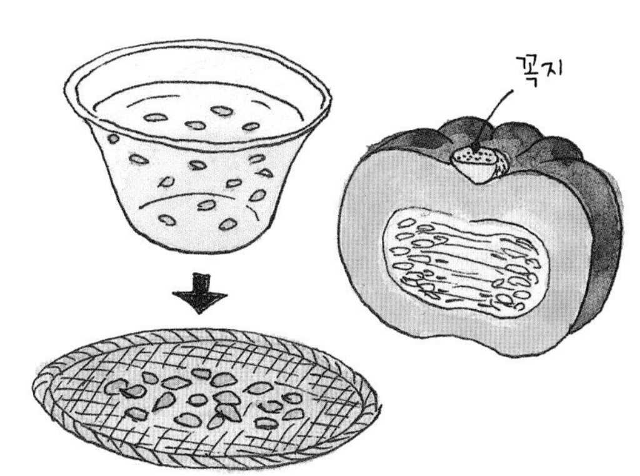

# 동아

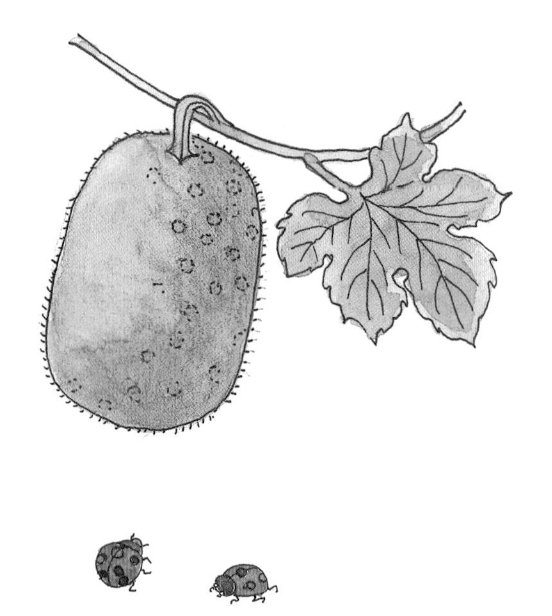

## 동아의 재배 달력

○파종 ●수확

| 1월 | 2월 | 3월 | 4월 | 5월 | 6월 | 7월 | 8월 | 9월 | 10월 | 11월 | 12월 |
|---|---|---|---|---|---|---|---|---|---|---|---|
| | | | ○○○ | | | | | ●●● | | | |

## 품종

일반적으로 조생종 동아는 작고(1~2kg), 만생종은 크다(8~10kg). 조생종은 둥글넓적하고, 만생종은 길둥근 모양이다. 만생종 열매는 20kg 이상 자라는 것도 있다고 한다.(한국에서는 1970년대까지 서울 뚝섬 등지에서 재배했다고 한다: 옮긴이)

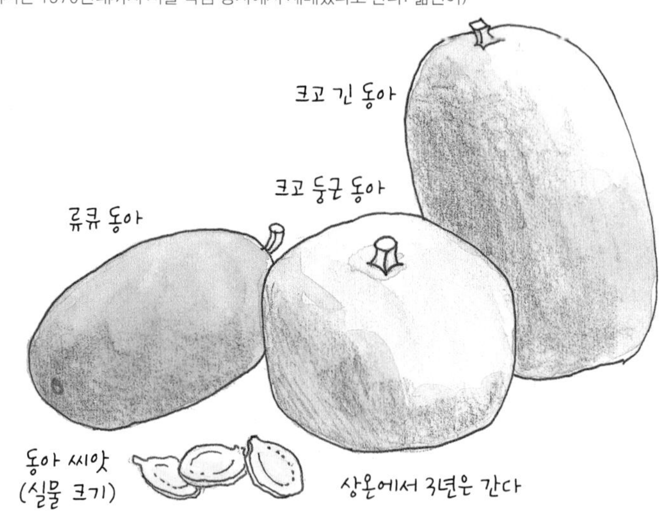


원산지는 동남아시아, 혹은 오스트레일리아 동부라고 합니다.

고온성의 작물로, 생육 적온은 25~30도. 박과 중에서는 생육 기간이 긴 편이기 때문에 추운 지역보다 따뜻한 남쪽 지역에서 더 잘 자랍니다.

맛은 담백합니다. 가을에 수확한 뒤 겨우내 보존할 수 있기 때문에, 겨울외라로도 합니다.

씨앗을 버린 곳에서 절로 싹이 나서 자랄 만큼 야생성이 강하고, 토질을 가리지 않고 잘 자랍니다.

### 씨앗 떨어뜨리기

이랑은 폭이 2~3m는 돼야 합니다. 혹은 해가 잘 드는 과수원에 군데군데 심어도 좋습니다.

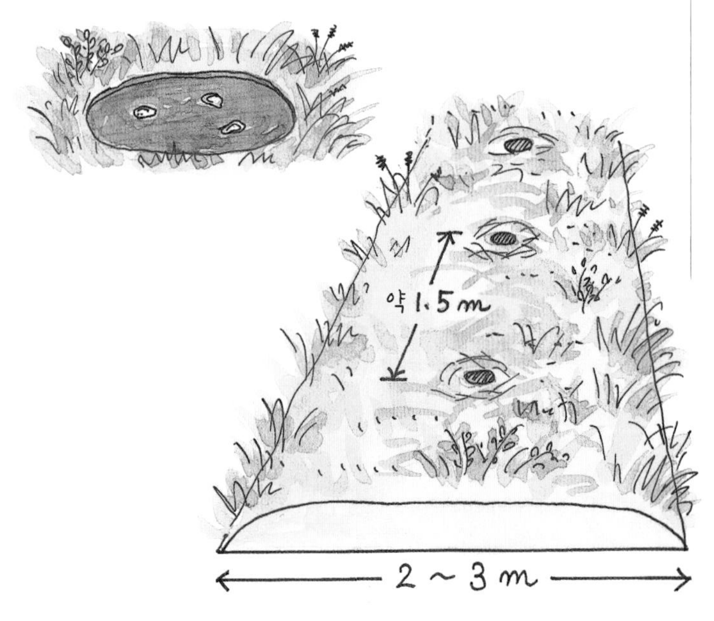


동아의 덩굴은 땅을 기며 왕성하게 뻗어갑니다. 그러므로 넓은 곳을 골라 심습니다.

그루 간격은 이랑 위라면 1.5m 정도면 좋습니다.

옮겨 심는 것을 싫어하기 때문에 직파를 합니다만, 포트 육묘라면 옮겨 심어도 괜찮습니다.

파종할 곳만 직경 10cm 정도에 원형으로 풀을 베고, 겉흙을 조금 걷어내고, 한 곳에 세 알씩 심습니다.

씨앗이 딱딱합니다. 그래서 마르지 않도록 흙덮기는 6~7mm 정도로 조금 두껍게 하고, 손바닥으로 가볍게 눌러주고, 그 위에 마른 잎이나 주변의 생풀을 베어 덮어줍니다.

포트에서 모를 기를 경우는 날마다 물주기가 필요합니다.

### 발아

발아에는 5~6일이 걸립니다.

떡잎은 큽니다. 덮었던 풀이 떡잎을 덮어 성장을 방해하면 치워줍니다.

발아한 싹 위로 햇살이 잘 들도록, 주변의 풀이 자라 있으면 베고, 벤 풀은 그곳에 펴놓습니다. 그렇게 하면 통풍이 좋아집니다.

## 솎기

본잎이 두세 장 나오면, 가장 건강해 보이는 모를 한 그루 남기고, 남은 모는 솎아냅니다.
솎을 때는 남은 그루의 뿌리가 상하지 않도록 주의합니다.

모를 뽑을 때는 다른 모가 상하지 않도록 조심합니다. 남기는 모 쪽을 한 손으로 누르고 다른 한 손으로 뽑으면 좋습니다. 가위 등으로 잘라도 좋습니다.
포트 모는 본잎이 4~5장이 됐을 때 옮겨 심습니다. 되도록 저녁때에, 모 뿌리가 들어갈 크기의 구덩이를 파고, 물을 주어 그 물이 땅으로 스며든 뒤 모를 심습니다. 흙을 덮고, 그 위에 벤 풀을 덮어 건조를 막아줍니다. 햇살이 강하면 뿌리가 내릴 때까지 포기 위에 풀을 조금 덮어두는 것도 좋습니다.

## 성장

동아 열매는 새끼 덩굴에서 열립니다. 그러므로 어미 덩굴의 일곱째 마디에서 순지르기를 하면 새끼 덩굴이 많이 납니다. 하지만 자연농에서는 순지르기를 하지 않고, 그곳의 땅 힘에 맞는 양만을 수확하는 것을 기본으로 합니다.
동아는 기세 좋게 자라기 때문에 덩굴 앞의 풀을 베어 펴놓기만 하면, 그 뒤는 다소 풀이 우거지더라도 그 속에서 개의치 않고 건강하게 자라고 열매를 맺습니다.

## 수확

동아는 7~8cm쯤 되는 덜 익은 열매를 따서 날것으로 먹을 수 있습니다. 일반적으로는 완숙된 것을 거둡니다. 대개 꽃이 피고 30일쯤 지나서 거둡니다. 열매 표면에 나는 털이 떨어져나간 때가 그 시기입니다.
품종에 따라서는 열매 표면에 분을 바른 듯이 흰 분이 납니다. 전혀 분이 안 나는 품종도 있습니다.
꼭지가 매우 딱딱하기 때문에 낫이나 칼 따위로 자릅니다.

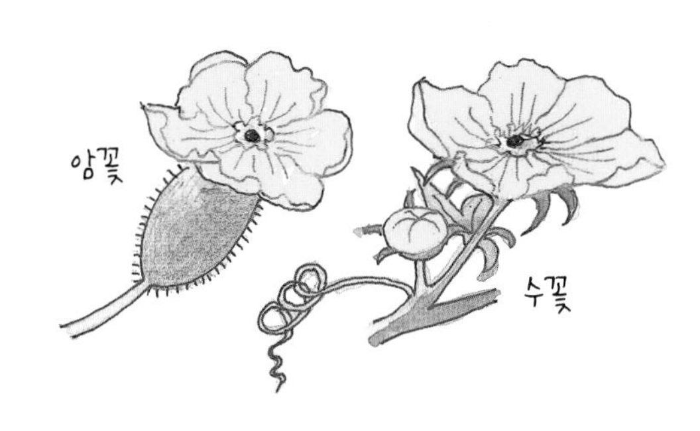


## 보존

잘 익은 것은 시원한 곳에서 겨우내 보존할 수 있습니다. 쪼갠 동아는 씨앗을 빼고, 냉장고에서 사나흘 보존할 수 있습니다.

## 채종

동아는 고맙게도 다른 박과의 작물과 교배를 하지 않습니다. 씨앗은 잘 익은 동아의 희고 반투명한 과육 안에 가득 들어 있습니다. 그것을 꺼내 물에 씻어 햇살 아래 말리고, 손으로 만져보며 실한 것만을 골라 보관합니다.

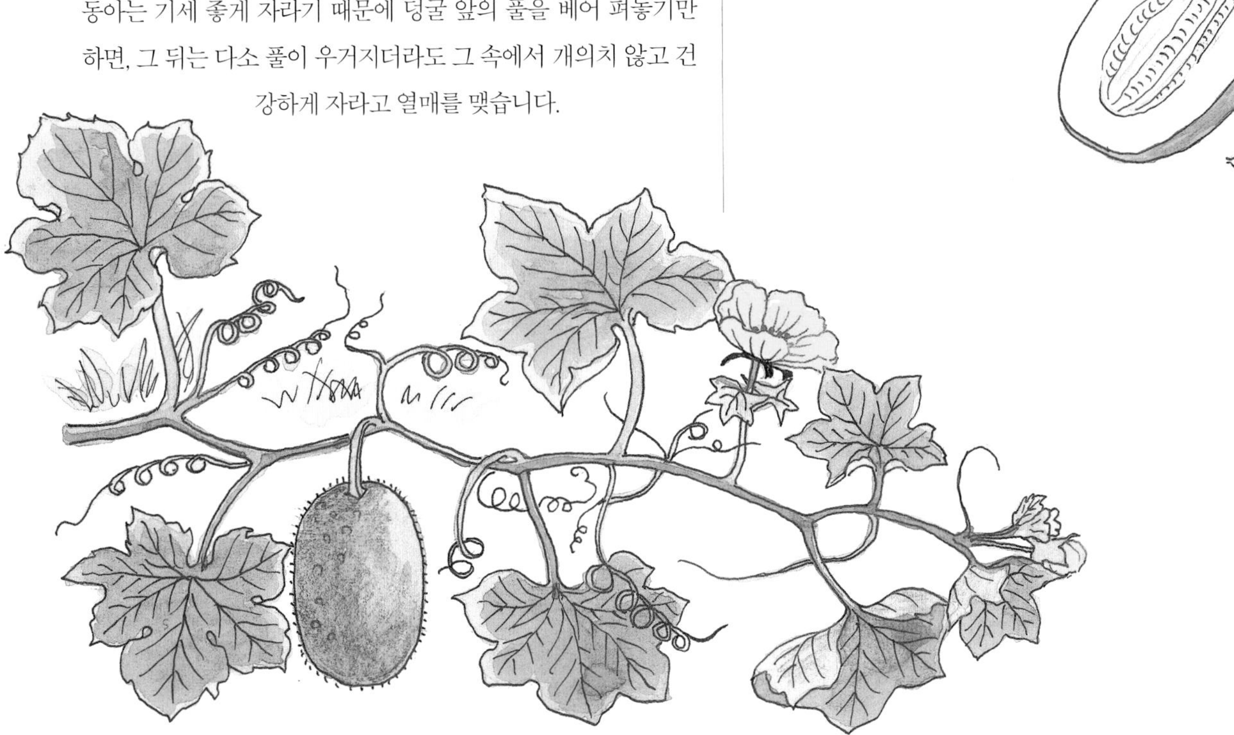

# 토마토

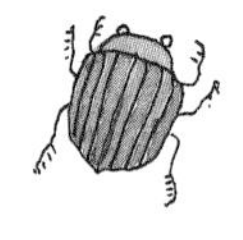

## 토마토의 재배 달력

○ 파종 ▲ 아주심기 ● 수확

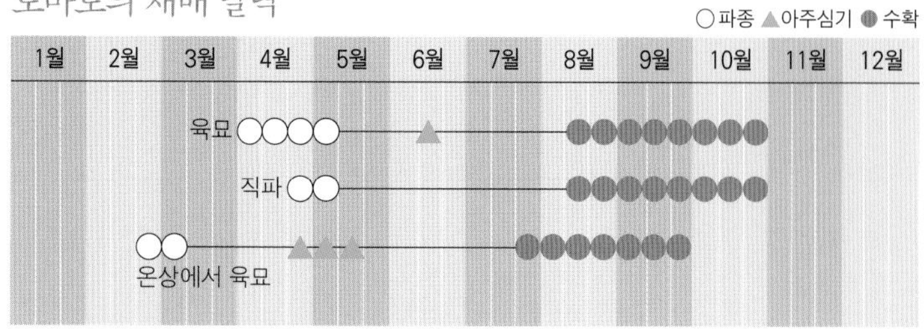


## 품종

### 큰 토마토

가장 많이 재배되는 토마토다.

### 송이 토마토

여러 개가 송이처럼 열리는 토마토다.
이탈리아 토마토라고도 한다.

### 방울 토마토

대추 토마토, 홍초롱 토마토, 다다기 토마토, 루비 토마토 등
여러 가지 품종이 있다.

원산지는 안데스 지방입니다. 해가 잘 들고, 배수가 잘 되는 한편 보수성도 좋은 토양이 좋습니다. 오래 내리는 비에 약하기 때문에, 이랑은 조금 높이 만들어 뿌리가 깊이 뻗도록 합니다. 또한 가짓과이기 때문에 다른 가짓과 작물과는 연작을 피하는 게 무난합니다.

조건이 좋으면 본래 생명력이 강한 작물이기 때문에, 그다지 지력이 없는 곳이더라도 가을까지 이어 수확을 즐길 수 있습니다.

### 씨앗 떨어뜨리기

직파도 되고, 모를 길러 옮겨 심는 못자리 방법도 됩니다. 그 두 가지를 소개합니다.

**❶ 직파**

이랑 폭에 따라 좁은 이랑은 한 줄로, 넓은 이랑은 60cm 정도의 간격으로 두 줄로 심습니다.

그루 간격은 어느 쪽이나 50cm 정도 두고 점 뿌리기를 합니다.

먼저 씨앗을 뿌릴 곳의 풀을 직경 10cm 정도에 원형으로 베고, 그곳의 겉흙을 조금 걷어내고, 풀뿌리 등을 제거하고, 판판하게 고릅니다. 씨앗은 한 곳에 네다섯 알씩 떨어뜨리고, 흙을 덮고, 처음에 베어놓은 풀을 엷게 덮어줍니다.

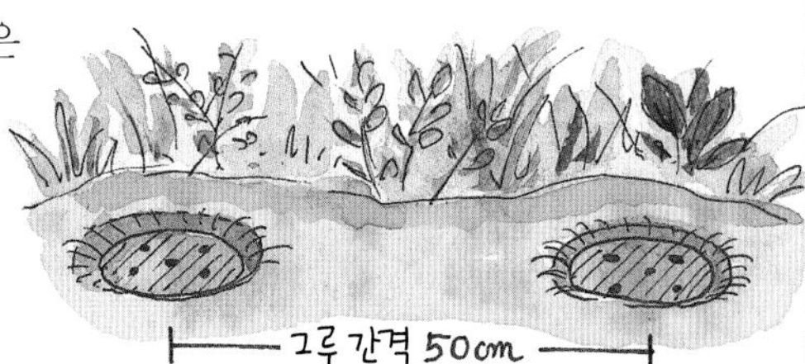


**❷ 못자리에서 모를 길러 옮겨 심는 경우**

모가 꽤 많이 필요할 때는, 다른 여름채소(가지, 피망 등)와 함께 한 곳에 못자리를 만드는 것도 좋은 방법입니다.

먼저 필요한 넓이로 풀을 베고, 풀씨가 섞여 있는 겉흙을 괭이 따위로 엷게 걷어내고, 여러해살이풀이 있으면 뿌리째 뽑아내고, 땅을 평평하게 고른 뒤, 흩어뿌리기를 합니다.

씨앗이 안 보일 정도로 흙을 덮고, 그 위에 잘게 자른 풀을 덮어 건조를 막아줍니다.

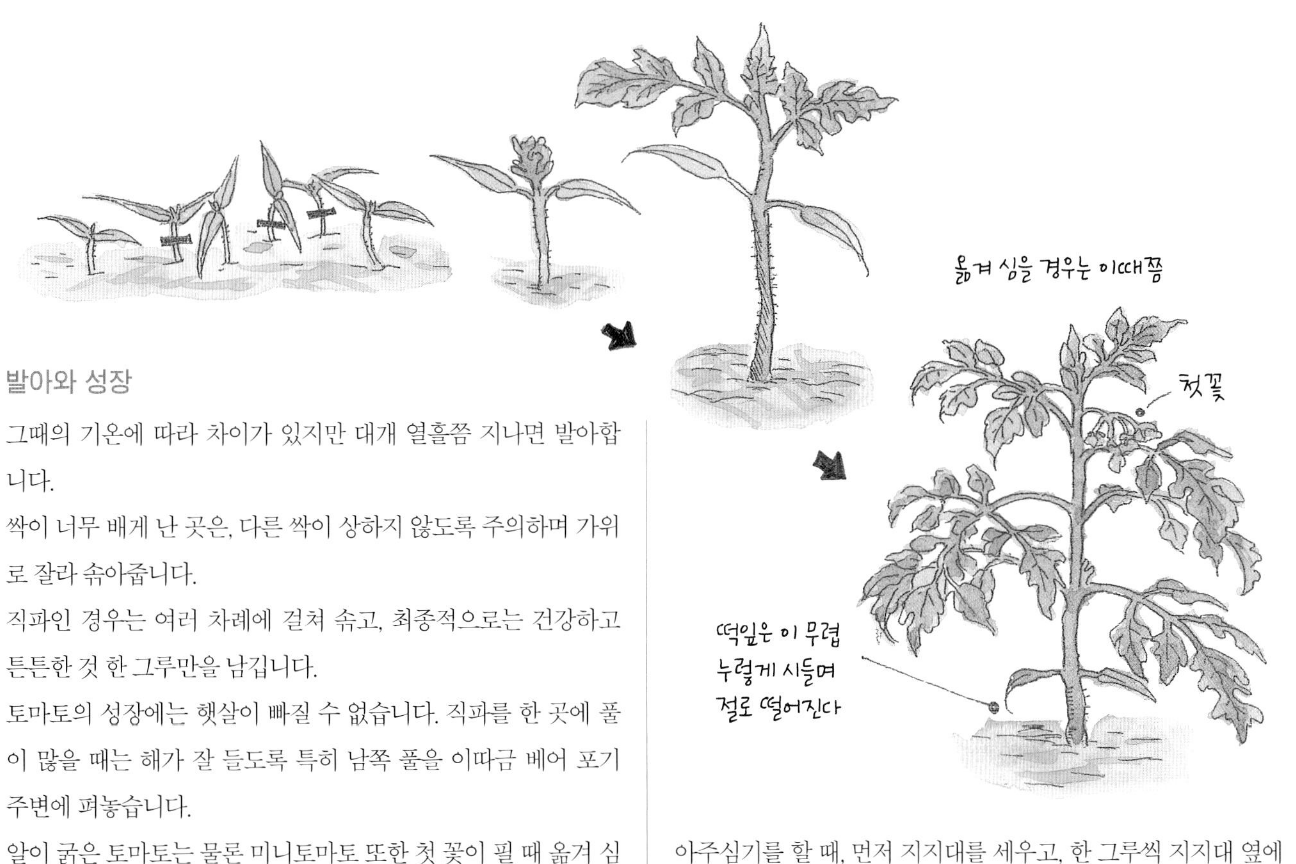


## 발아와 성장

그때의 기온에 따라 차이가 있지만 대개 열흘쯤 지나면 발아합니다.

싹이 너무 배게 난 곳은, 다른 싹이 상하지 않도록 주의하며 가위로 잘라 솎아줍니다.

직파인 경우는 여러 차례에 걸쳐 솎고, 최종적으로는 건강하고 튼튼한 것 한 그루만을 남깁니다.

토마토의 성장에는 햇살이 빠질 수 없습니다. 직파를 한 곳에 풀이 많을 때는 해가 잘 들도록 특히 남쪽 풀을 이따금 베어 포기 주변에 펴놓습니다.

알이 굵은 토마토는 물론 미니토마토 또한 첫 꽃이 필 때 옮겨 심으면 좋습니다.

## 아주심기

못자리 육묘나 포트 육묘나 아주심기는 다음과 같이 합니다.

저녁때나 흐린 날을 골라 심습니다. 못자리에는 사전에 물을 주어 마르지 않게 합니다.

옮겨 심을 곳에 판 구덩이에는 물을 조금 주고, 그 물이 스며든 뒤에 토마토 모를 넣고 묻습니다.

아주심기를 할 때, 먼저 지지대를 세우고, 한 그루씩 지지대 옆에 심어나갑니다.

직파의 경우도 첫 꽃이 필 무렵에 지지대를 세워, 토마토가 자라는 것을 도와줍니다.

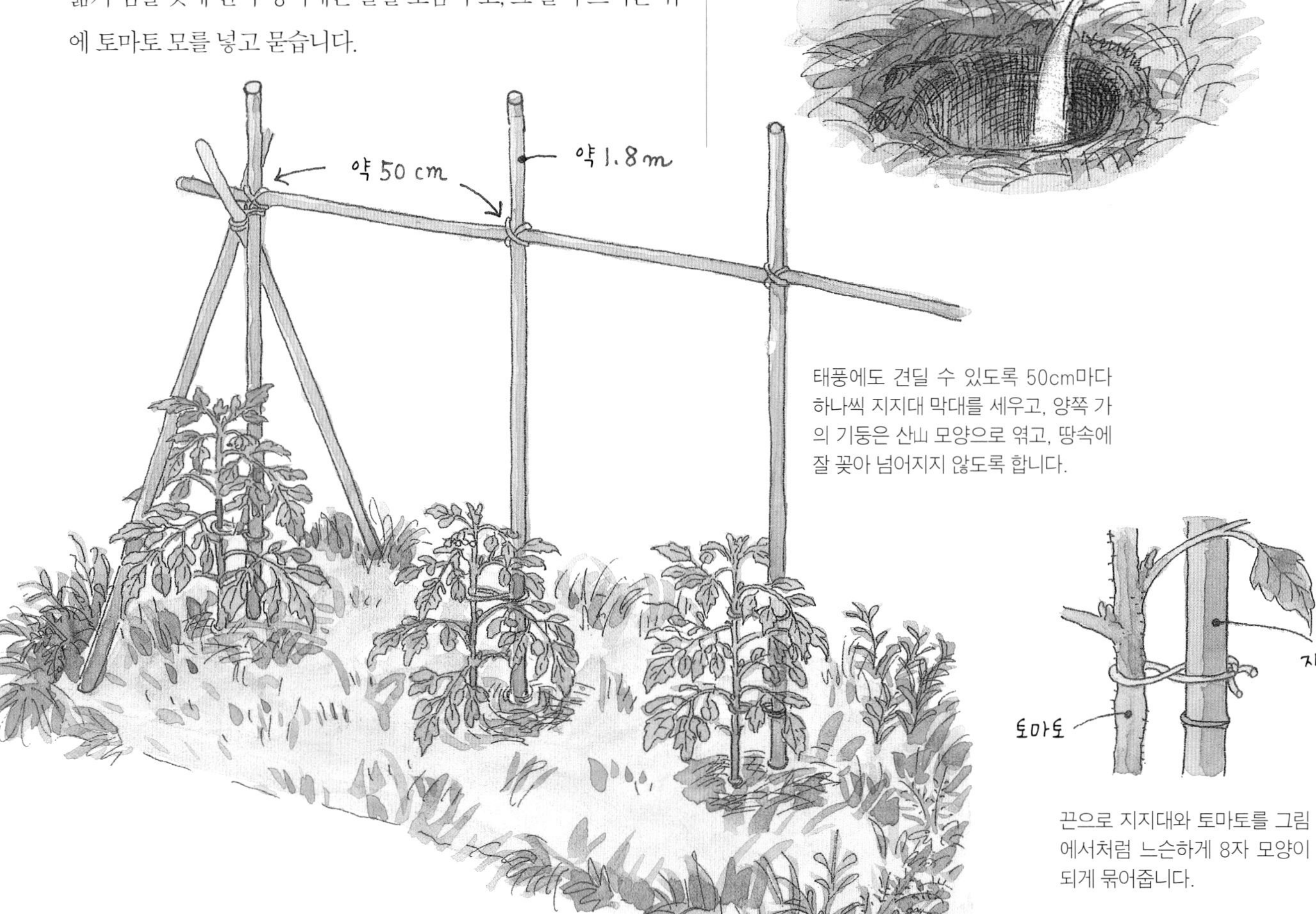


태풍에도 견딜 수 있도록 50cm마다 하나씩 지지대 막대를 세우고, 양쪽 가의 기둥은 산山 모양으로 엮고, 땅속에 잘 꽂아 넘어지지 않도록 합니다.

끈으로 지지대와 토마토를 그림에서처럼 느슨하게 8자 모양이 되게 묶어줍니다.

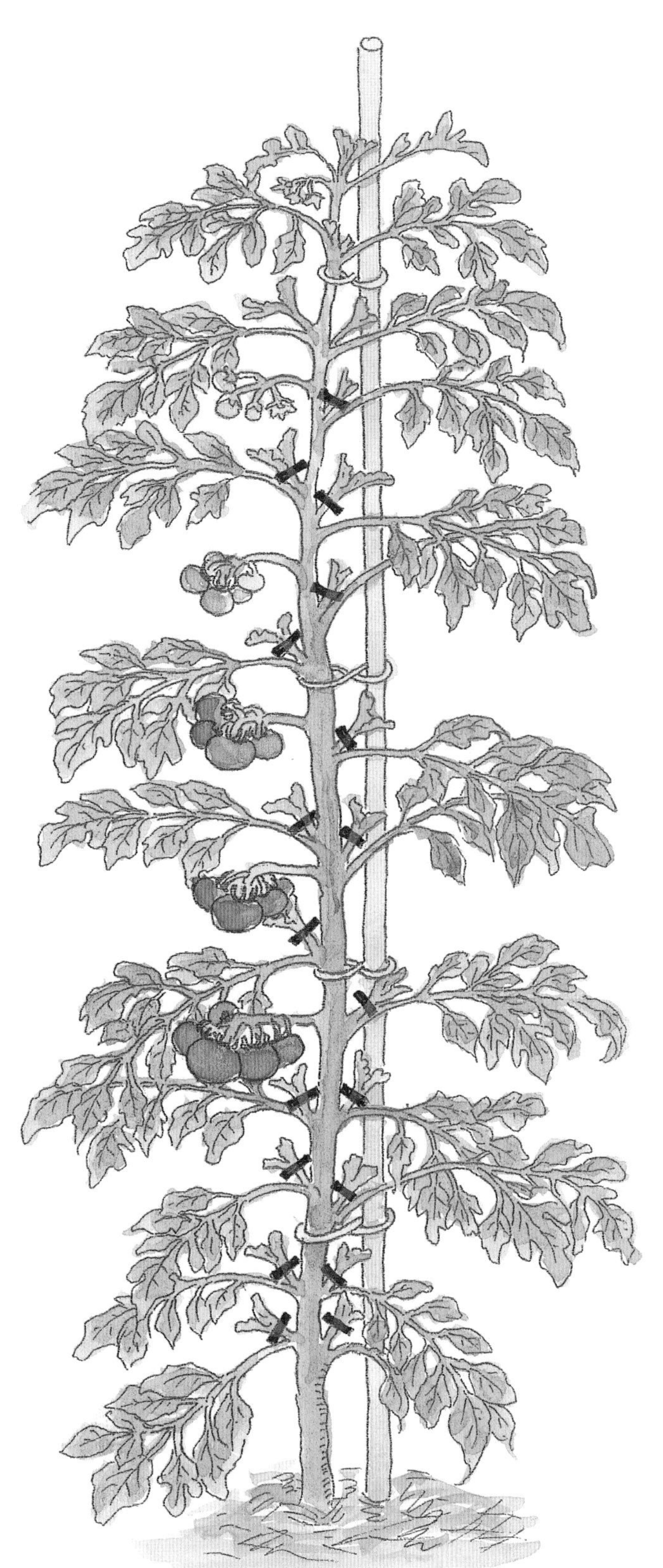

### 순지르기

● 큰 토마토와 중간 토마토의 경우

토마토는 잎겨드랑이에서 곁순이 나옵니다. 이것을 그대로 두면 한없이 가지 수가 늘어나며 열매가 작아지기 때문에 따주는데, 이것을 곁순지르기라 합니다.
순지르기를 할 때는 곁순 아래 부분을 잡고 꺾으면 똑, 하고 말끔히 잘 떨어집니다.
토마토 열매는 대여섯 개가 한 군데 모여 열리는데, 이것을 과방이라 합니다. 아래로부터 5단째의 과방까지는 순지르기를 하지만, 그 뒤는 저절로 자라도록 둡니다.

● 미니 토마토의 경우

미니 토마토는 큰 토마토보다 튼튼해 기르기 쉽습니다. 순지르기도 처음 몇 개만으로 좋은 듯합니다. 곁순이 이어 나오면 잠깐 사이에 가지가 우거지는데, 만에 하나 쓰러지더라도 풀 속에서도 열매를 잘 맺습니다. 물론 큰 토마토처럼 순지르기를 하며 길러도 괜찮습니다.
토마토 열매는 줄기에 가까운 쪽부터 순서대로 익어갑니다. 수확 적기를 놓치면 떨어지거나 갈라지기 때문에 익은 것부터 제때에 수확하도록 합니다.

### 곁순을 모로 쓴다

잘라낸 곁순을 모로 쓸 수도 있습니다. 잘라낸 곁순을 그대로 이랑의 비어 있는 곳에 꽂아놓으면 뿌리를 내리며 자라기 시작합니다. 모가 부족하거나, 옮겨 심은 모가 잘 자라지 못하거나, 죽어버려 곤란할 때 이용합니다.

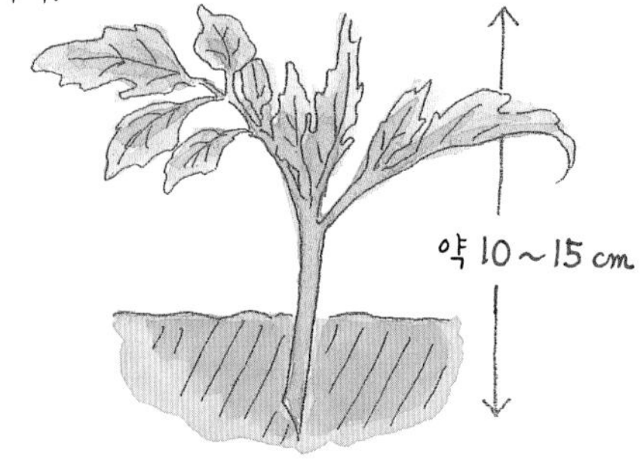


### 수확과 보존

잘 익은 토마토 맛은 각별합니다. 토마토의 보존은 5~10도가 적온이라고 합니다. 그러면 냉장고를 떠올리기 쉽지만 맛있는 쪽은 역시 상온입니다. 많은 양을 거뒀을 때는 잼 등으로 가공해 보존합니다.

### 채종

실하고 잘 익은 토마토에서 씨앗을 받습니다. 토마토 씨앗은 점액질의 과육 속에 들어 있습니다. 과육째 들어내어 물속에 넣고, 사나흘 그대로 둡니다.
거품이 생기면 비벼 씻는데, 두세 차례 물을 갈며 반복하고, 가라앉은 씨앗만을 눈이 가는 조리로 건져냅니다. 바람이 잘 통하는 곳에 잘 말린 뒤 보관합니다. 토마토 씨앗은 삼사 년은 가는 것 같습니다.

# 파

## 파의 재배 달력

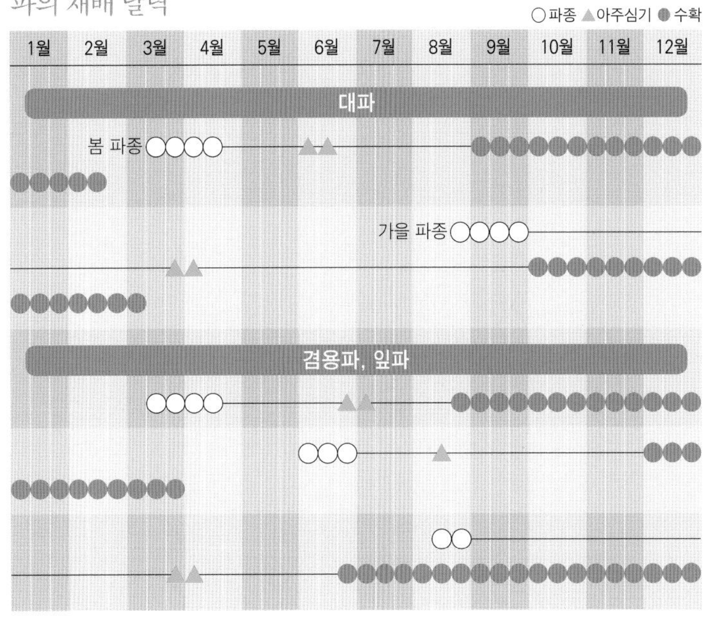


## 품종

각 지역의 기후에 맞는 재래종이 많고, 개량된 것도 포함하여 가짓수가 많지만 크게 나누면 굵은 파, 겸용 파, 잎파의 세 군으로 나눌 수 있다.

파는 예로부터 세계 각처에서 여러 종류가 재배되고 있습니다. 여기서는 동양에서 재배하는 파를 소개합니다.

파는 크게 흰 부분과 푸른 부분으로 나뉩니다. 흰 부분은 땅속, 푸른 부분은 땅 위입니다. 대파는 주로 땅속의 흰 부분을 먹고, 잎파는 땅 위의 푸른 부분을 먹습니다.

파는 고온이나 저온에 비교적 잘 견딥니다. 기온이 30도 이상 되면 성장을 멈춘다고 하지만, 시원해지면 다시 자라기 시작합니다. 해가 잘 들고 통기성과 물 빠짐이 좋은 곳을 좋아합니다. 그러므로 밭에 물이 고인다거나, 여름철에 풀에 덮여서 다습해지지 않도록 주의합니다.

잎파는 잎 부분을 잘라 이용하면 남은 그루에서 다시 새 싹이 나 자랍니다. 이렇게 이어 이용할 수 있기 때문에 사랑을 받습니다.

### 씨앗 떨어뜨리기

묵은 씨앗은 발아율이 떨어집니다. 그러므로 반드시 전년도에 채종한 것을 이용합니다.

파종 시기는 품종에 따라 다릅니다. 적기를 놓치지 않도록 주의해야 합니다.

직파보다 못자리에서 길러 옮겨 심는 방법을 택합니다.

못자리는 필요한 곳만 풀을 베고, 겉흙에는 풀씨가 섞여 있기 때문에 괭이로 2~3cm 깊이로 걷어냅니다. 두더지 구멍이 있으면 메우고, 여러해살이풀의 뿌리가 있으면 제거하고, 표면을 평평하게 고른 뒤, 손바닥으로 가볍게 진압합니다.

그 위에 파 씨를 훌훌 흩뿌립니다. 씨앗 간격은 1~2cm 정도가 되도록 합니다.

그 뒤에는 풀씨가 섞여 있지 않은 땅속의 흙을 파서, 손으로 비벼가며 씨앗이 안 보일 정도로 덮어줍니다.

다시 가볍게 눌러주고, 그 위에 마른 풀이나 생풀을 잘게 잘라 못자리 전면에 엷게 덮어놓습니다.

이렇게 함으로써 발아하기까지 건조를 막을 수 있고, 가뭄이 심하게 들지 않는 한 물을 주지 않아도 됩니다.

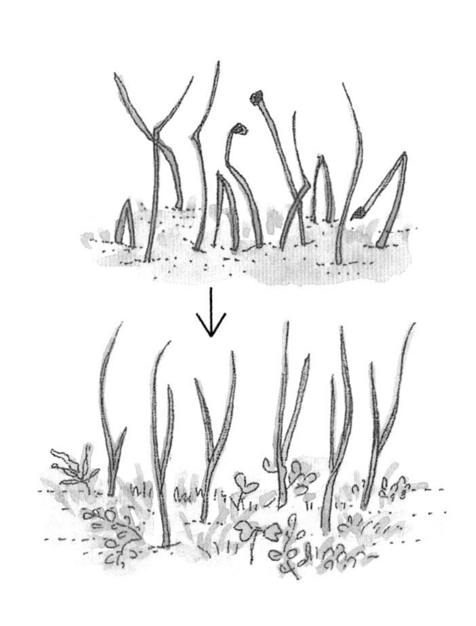

### 발아

5~7일쯤 지나면 발아합니다. 둘로 구부러진 싹이 보이기 시작하면, 위에 덮었던 풀이 방해가 되지 않도록 털어내줍니다. 파의 어린 싹은 가늘고 연약하여 이 작업이 늦어지면 싹이 상합니다. 적기를 놓치지 않도록 합니다.

또한 못자리에 나는 풀도 늦지 않게 뽑도록 합니다. 막 돋아난 풀은 작아서 다른 파 뿌리를 다치지 않고 뽑아낼 수 있습니다.

### 솎기

발아하고 한 달쯤 지나면 5~10cm 정도로 자랍니다. 이때 밴 곳의 파는 솎아서 2~3cm 간격이 되도록 합니다.

봄 파종의 경우는, 풀도 잘 크는 때이기 때문에 풀에 덮이고 습기에 상하지 않도록 제때에 김을 맵니다.

만약 모 색깔이 좋지 않고 성장이 나빠 보이면 유박이나 등겨 등을 조금 뿌려줍니다.

### 아주심기

봄 파종은 6~7월에, 가을 파종은 3월 하순~4월 상순에, 6월에 뿌린 것은 8월 하순에 옮겨 심습니다.

아주심기는 이랑 폭에 따라 다릅니다만 90cm 정도라면 두 줄로 합니다. 옮겨 심을 곳의 풀을 약 10cm 폭으로 베고, 겉흙을 얇게 걷어내고, 여러해살이풀이 있으면 제거하고, 평평하게 고릅니다. 여름풀에 지지 않도록 하기 위함입니다.

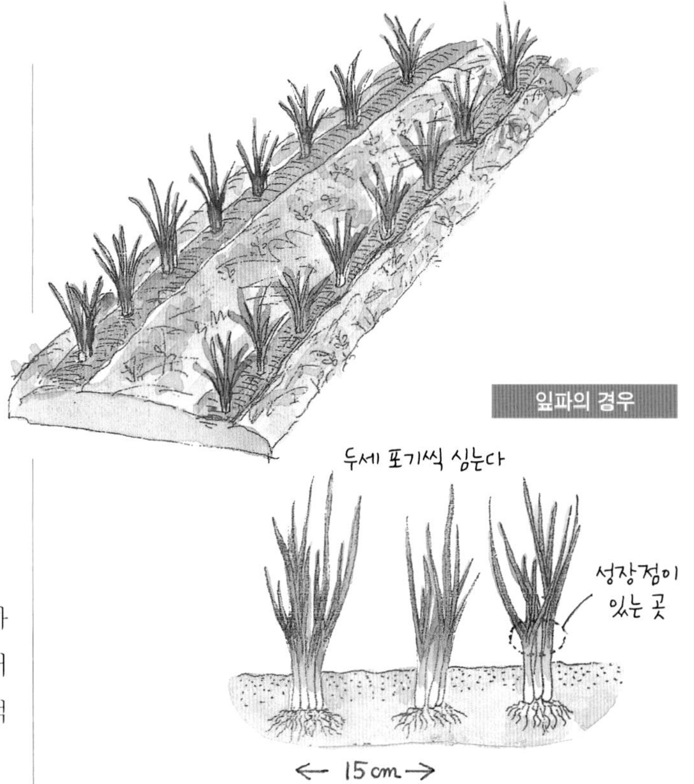


못자리로부터 옮겨 심을 만큼만 모를 떠냅니다. 이때 뿌리가 다치지 않게 하여 떠내야 합니다.

잎파의 경우는, 생장점이 흙 속에 묻히지 않는 정도의 깊이로 그루 간격 15cm 정도에 두세 포기씩 심어갑니다.

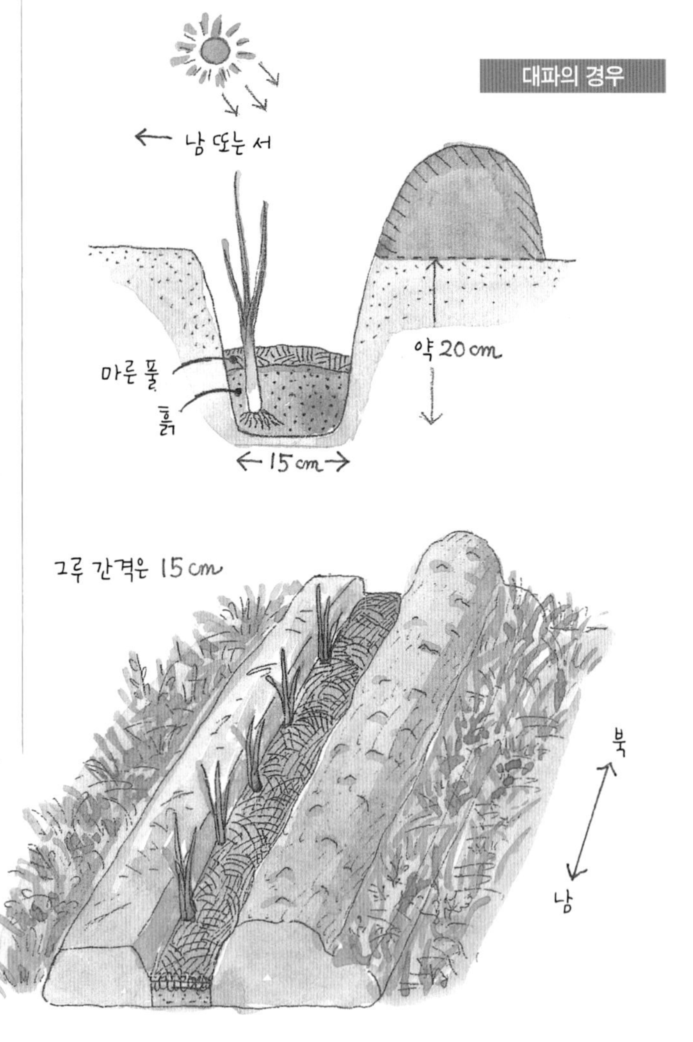

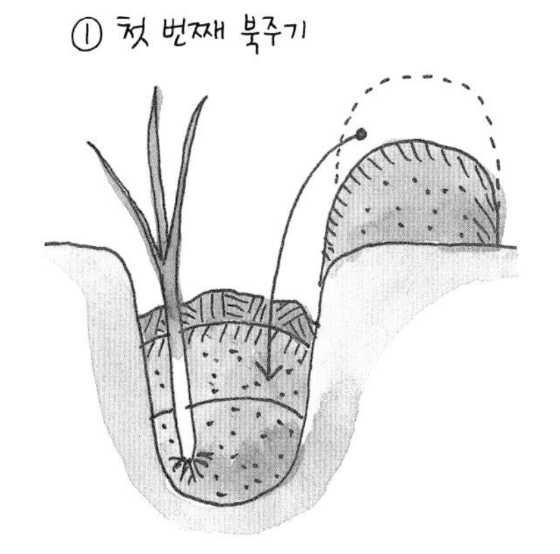


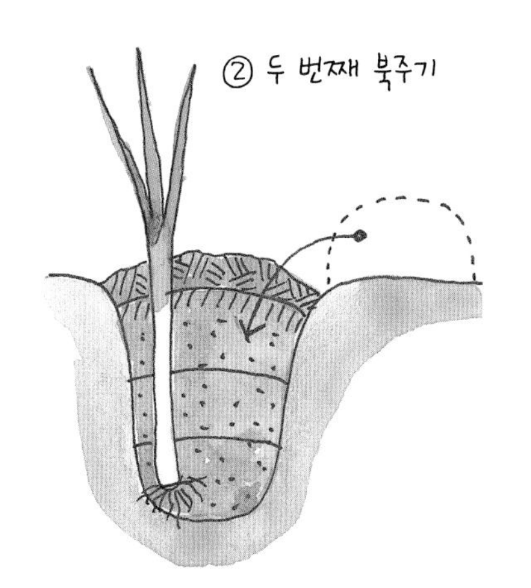


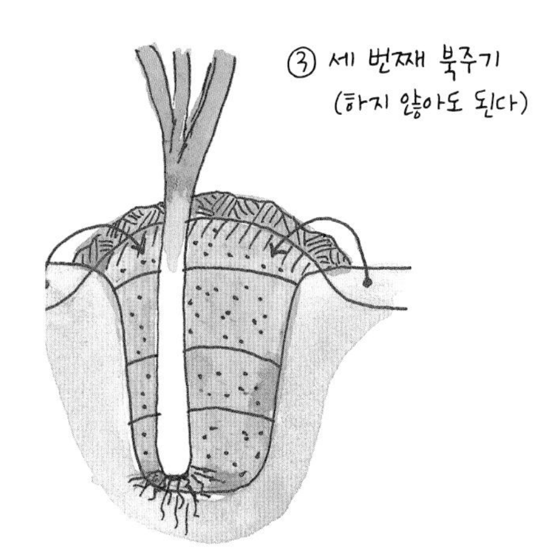


대파의 경우는 흰 부분이 맛있는데, 북주기를 통해 그 부분이 긴 파를 얻을 수 있습니다. 어떻게 하는지 알아봅시다.

한 이랑에 한 줄 심기로 하고 폭 15cm, 깊이 20cm 정도의 고랑을 팝니다. 팔 때 나오는 흙은 고랑 동쪽에 가지런히 쌓아놓습니다.

그루 간격은 15cm 정도로 하고, 고랑 서쪽에 모를 기대 늘어놓고, 5cm 정도 흙을 덮습니다. 그 위에 짚이나 마른 풀을 충분히 덮어 건조함을 막아줍니다.

옮겨 심고 나서 40~50일이 지난 뒤에 첫 번째 북주기를 합니다. 동쪽에 쌓아놓은 흙을 위로부터 절반쯤 헐어 넣습니다. 물론입니다. 덮어놓았던 마른 풀은 일단 바깥으로 거둬낸 뒤에 흙을 넣습니다.

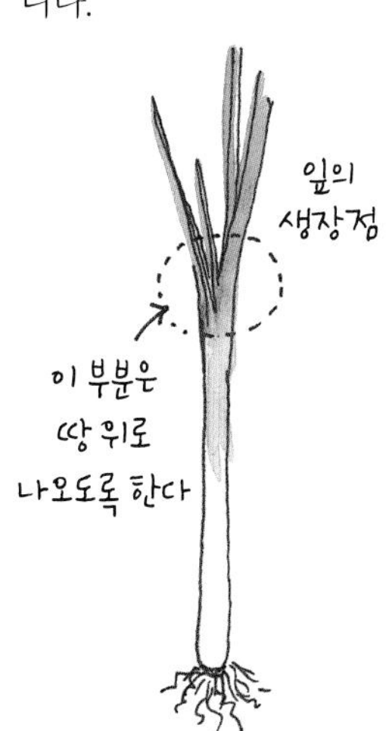


복토를 할 때, 파의 생장점이 흙 속에 묻히지 않도록 주의합니다.

북주기가 끝나면, 거둬냈던 마른 풀이나 새로 벤 주변의 풀 등을 덮어 땅이 마르지 않도록 합니다.

첫 번째 북주기에서 2~3주가 지난 뒤 두 번째 북주기를 합니다.

첫 번째처럼 덮어뒀던 풀은 일단 들어내고, 동쪽에 쌓아놓은 흙을 모두 넣은 뒤에 마지막으로 그 위에 들어냈던 마른 풀이나 새로 벤 주변의 풀을 덮어놓습니다.

북주기를 더 하고 싶을 때는 두 번째 북주기부터 이삼 주 뒤에 하는데, 이번에는 동서 양쪽 흙을 긁어모아 덮습니다. 이렇게 하면 이랑의 흙에 다시 손을 대는 셈이기 때문에 하지 않아도 물론 됩니다. 북을 줄 때는, 이번에도 앞에서와 같이, 덮었던 풀을 거둬냈다가 북주기를 한 뒤에 다시 덮어줍니다.

## 수확

대파는 추워지면 단맛이 늘어나며 맛있어집니다.

수확할 파를 정하고, 파 주변의 흙을 손으로 조금 파고, 될 수 있는 대로 파 아랫부분을 잡고 천천히 뽑습니다.

땅이 딱딱한 경우는 삼지창 등을 써서 파 주변 흙을 흔들어놓은 뒤에 뽑습니다.

잎파의 경우는, 포기째 뽑아 쓸 수도 있고, 또 드러난 부분을 3~4cm쯤 남기고 잘라 이용하는 길도 있습니다. 후자의 경우는 남은 그루로부터 새 파가 자라납니다.

## 채종

봄이 지나면 꽃대가 나오기 시작하며, 꽃대 끝에 소위 파 대가리라는 게 생깁니다.

건강하게 자란 포기를 채종용으로 남겨뒀다가, 6월이 되어 파 대가리 속에 검은 씨앗이 보이기 시작하면 이삭째 수확합니다. 이삭을 거꾸로 들고 흔들면 씨앗이 빠집니다. 그렇게 씨앗을 얻으면 그늘에 말리고, 잘 마르면 그릇에 담아 보관합니다.

파 씨앗은 1년밖에 가지 않기 때문에 채종 연월일을 반드시 씨앗 봉지나 병에 적어놓아야 합니다.

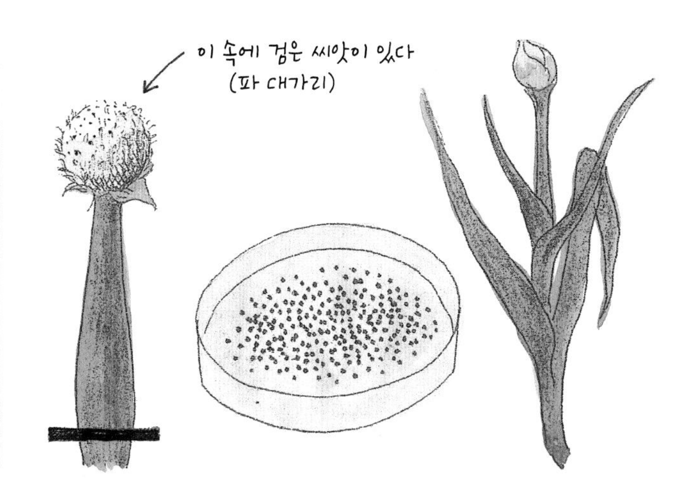

# 양배추

양배추의 재배 달력

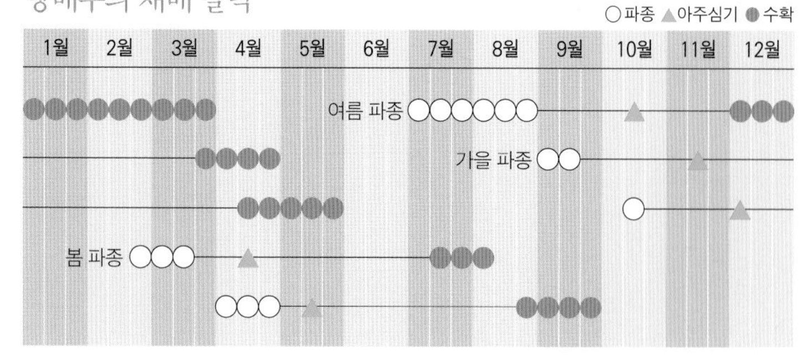


## 품종

양배추는 극조생에서 만생종까지 여러 가지 품종이 있다. 그중에서 자신의 지역에 맞는 것을 골라 심으면 된다. 여러 품종을 조합하여 1년 내내 재배할 수도 있다.

지중해 연안이 원산지입니다. 결구 양배추는 13세기경에 처음 생겼다고 합니다.

시원한 곳을 좋아하고 저온에 강한 작물입니다. 월동이 가능한 품종은 단맛이 강합니다. 양배추는 날것으로도 좋고, 삶거나 쪄도 맛있게 먹을 수 있습니다.

결구가 잘 되려면 땅 힘이 필요합니다. 앞그루로 콩과 작물을 재배한 곳이나, 잠깐 놀린 땅에 등겨나 유박 등을 미리 뿌려 준비해 두면 좋습니다.

## 씨앗 떨어뜨리기

파종은 직파로도 가능하고, 포트나 못자리에서 모를 길러 옮겨 심는 방법 등 어느 것이나 좋습니다.

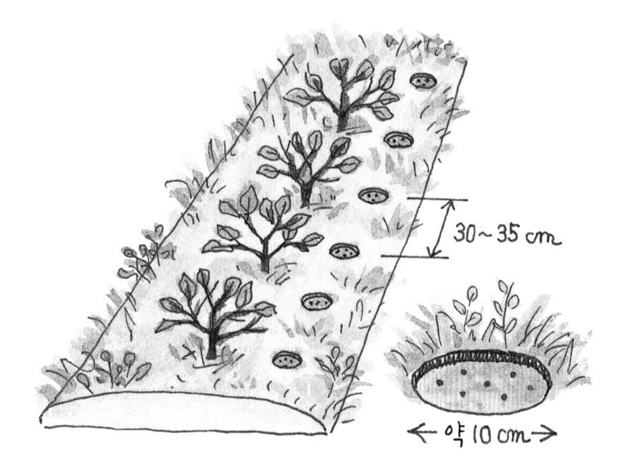


● 직파일 때

피망이나 가지와 같은 열매채소 뒷그루(後作)로 양배추 씨앗을 심으면 피망이나 가지가 일생을 마칠 무렵에 맞춰 양배추가 자라납니다. 한 이랑에서 두 작물이 원만히 교대해 자라는 모습을 보며 즐길 수 있는 방법입니다.

그루 간격은 30~35cm 정도로 하고, 직경 10cm 정도에 원형으로 풀을 베고, 겉흙을 얇게 걷어내고, 여러해살이풀이 있으면 제거한 뒤 평평하게 고릅니다.

거기에 양배추 씨앗을 5~6개씩 떨어뜨리고, 흙을 엷게 덮고, 주변의 풀을 베어 가볍게 덮어줍니다. 물론 양배추 전용 이랑을 만들고 점뿌리기를 해도 좋습니다.

빠르면 4~5일 만에 발아합니다. 솎기는 조금씩 하여, 본잎이 서너 장일 때 가장 튼튼해 보이는 모 하나만을 남기고 나머지는 제거합니다.

● 못자리에서 모를 길러 옮겨 심는 경우

못자리는 다른 겨울채소와 함께 한 곳에서 하면 좋습니다. 풀을 베고, 괭이 따위로 겉흙을 얇게 걷어냅니다. 여러해살이풀의 뿌리 등이 있으면 제거하고, 평평하게 고르고, 가볍게 괭이 등으로 진압합니다.

그 위에 씨앗을 흩뿌립니다. 양배추 씨앗은 매우 작기 때문에, 배게 뿌려지지 않도록 주의하면서 두 차례에 나눠 뿌리면 좋습니다. 씨앗이 안 보일 정도로 복토하고, 마지막으로 다시 한 번 진압합니다. 그 뒤는 흙이 마르는 것을 막기 위해 베어놓은 풀을 덮어줍니다.

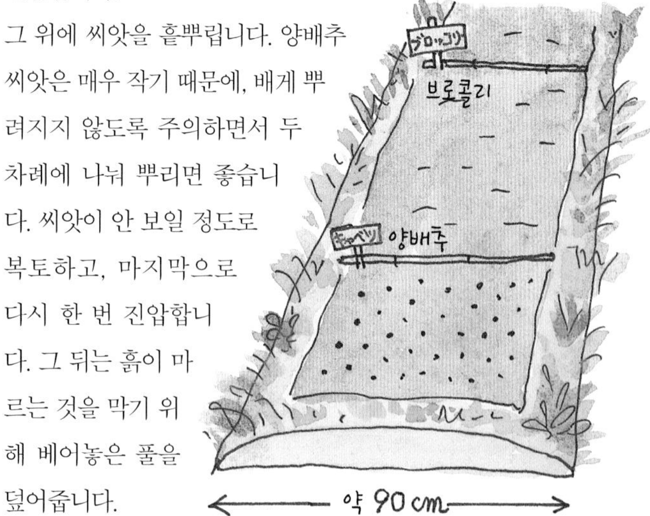

발아가 시작되면 떡잎에 덮여 있는 풀은 필요에 따라 털어서 떨어뜨려줍니다. 양배추 잎에 햇살이 충분히 들지 않으면 콩나물처럼 웃자라버리는 일이 있습니다.
벤 곳은 수시로 솎아 줍니다.
본잎이 대여섯 장이 되면 아주심기를 합니다. 비가 오기 전날의 저녁때가 가장 좋습니다. 날이 좋은 날에는, 뙤약볕이 맹위를 잃어가는 저녁 무렵에 합니다. 그때는 먼저 못자리에 물을 충분히 주어 모를 뽑기 좋게 만들어놓습니다. 그루 간격 30~35cm 정도로 구덩이를 파고, 물을 주고, 그 물이 스며든 뒤에 옮겨 심습니다.

솎은 자국

## 성장과 수확

가을 파종의 경우는, 아주심기를 하고 나면 곧 겨울을 맞습니다. 하지만 양배추는 추위에 강하기 때문에 겨울에도 싱싱합니다.(중부지방 불가: 옮긴이) 옮겨 심고 나서 열흘쯤 지났을 때, 잎사귀 색깔이 좋지 않으면 유박이나 등겨를 섞어 포기 주변에 엷게 뿌려줍니다.

봄이 되면 배추흰나비 애벌레가 생깁니다. 하지만 안쪽에서 새잎이 끊임없이 나서 자라기 때문에 바깥 잎사귀는 다소 애벌레의 먹이가 돼도 괜찮습니다.
적당히 결구가 된 것부터 수확하면 됩니다. 양배추 밑동은 낫이나 칼을 쓰지 않고는 자를 수 없습니다. 겉잎은 밭에서 벗겨 밭에 돌려줍니다.

## 보존

양배추의 보존 적온은 0~5도라고 합니다. 냉장고를 이용할 경우는 종이에 싸서 넣으면 오래갑니다.

날것으로는 물론 소금이나 식초로 절여두면 오래 먹을 수 있습니다.

## 채종

양배추는 아쉽게도 일찍 꽃대가 나와 다소 실망스럽습니다. 하지만 힘차게 솟아오르는 꽃봉오리는 무척 아름답기 때문에 감탄 없이 보기 어렵습니다.
다른 십자화과 식물처럼 담황색 꽃이 핍니다. 채종용은 교잡하지 않도록 눈이 가는 망으로 덮든가, 거리를 두도록 합니다.
꽃이 다 피면 아래쪽부터 차례로 씨앗이 든 꼬투리가 생깁니다. 그 꼬투리 색깔이 엷은 갈색으로 변하며 잘 마르면, 줄기째 베어내어 한 번 더 건조시킨 뒤 깔개 위에 펴놓고 두드려 텁니다. 마지막에는 눈이 가는 체를 써서 부스러기 등을 제거한 뒤 보존합니다.

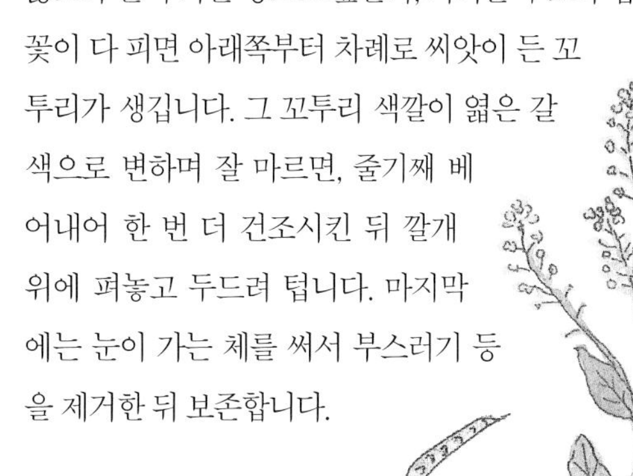

# 양상추, 상추

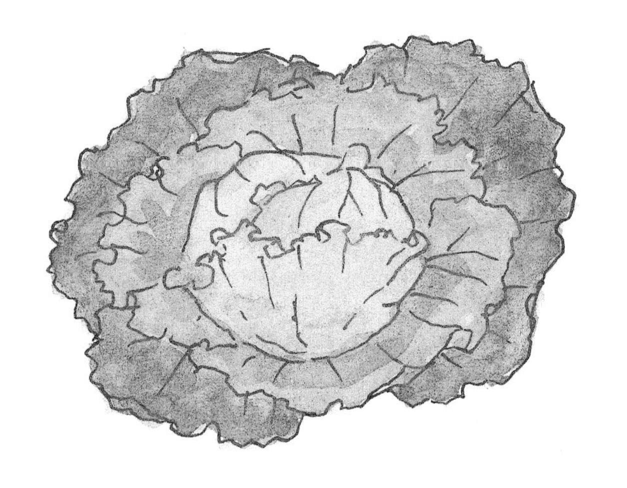

## 양상추, 상추의 재배 달력

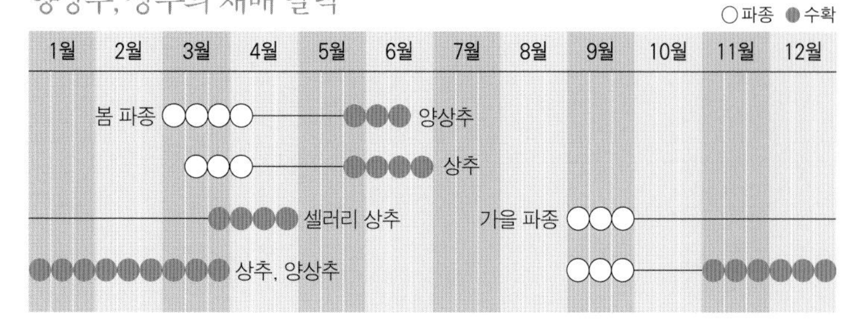


## 품종

상추는 기르기 쉽고 병충해가 거의 없어 전 세계적으로 사랑을 받는 채소다.
적치마상추, 청치마상추, 배추상추, 양상추(레타스라고도 한다) 등 여러 종류가 있다. 모양에 따라 잎 상추, 줄기 상추, 셀러리 상추, 결구 상추로 나누기도 한다. 봄과 여름(혹은 가을), 1년에 두 차례 씨를 뿌릴 수 있다.

이집트, 지중해 연안, 서역 아시아 주변이 원산지라고 알려져 있습니다. 한국에서는 중국을 거쳐 6~7세기경부터 재배한 것으로 알려져 있습니다.

더위에 약하기 때문에 봄과 가을 파종이 재배하기 쉽습니다. 적당히 보수력이 있고 물 빠짐이 좋은, 비옥하고 햇살이 잘 드는 곳을 고릅니다.

### 씨앗 떨어뜨리기

씨앗은 초승달 모양입니다. 비교적 발아가 잘 됩니다. 줄 뿌리기나 점 뿌리기로 직파한 뒤에 솎는 방법과 못자리에서 모를 길러서 옮겨 심는 방법 등 어느 것이나 좋은, 기르기 쉬운 작물입니다. 여기서는 못자리에서 모를 길러 옮겨 심는 방법을 소개합니다.

다른 잎채소나 열매채소 등과 함께 한 곳에 못자리를 만들어 기르는 것이 좋습니다. 이랑 폭은 작물을 쉽게 도울 수 있도록 양쪽에서 손이 닿는 넓이로 합니다. 자급용이라면 70cm×70cm 혹은 50cm×50cm 면적이면 충분합니다.

먼저 씨앗을 뿌릴 부분의 풀을 벤 다음, 괭이로 겉흙을 1~2cm가량 걷어 내어 표면에 떨어져 있는 풀씨를 제거합니다. 여러해살이풀의 뿌리 등이 있으면 뽑아내고, 평평하게 고른 뒤, 괭이의 등 따위로 가볍게 진압합니다.

균일하게 떨어지도록 씨앗을 몇 차례에 나눠 조금씩 흩뿌립니다. 그 뒤 풀씨가 섞이지 않은 곳의 흙을 떠내어, 손으로 비벼가며 씨앗이 보이지 않을 정도로 복토를 하고 다시 가볍게 눌러줍니다. 마지막으로는 앞서 베어놓은 풀 등을 위에서 흔들어 뿌려놓아 흙이 마르지 않도록 합니다.

### 발아와 솎기

따듯한 계절이라면 사나흘이면 발아합니다. 싹이 튼 떡잎은 매우 작고, 색깔은 담황색입니다. 위에 덮은 풀이 성장을 방해하면 들어내주거나 아래로 떨어뜨려줍니다. 또한 지나치게 배게 뿌렸다 여겨지는 곳이 있으면, 가위 끝으로 떡잎을 잘라 솎아줍니다.

이윽고 본잎이 나오며 모끼리 잎이 겹칠 때는, 겹치지 않도록 여러 차례에 걸쳐서 솎아줍니다. 솎을 때는 남은 모가 상하지 않도록 주의합니다.

### 아주심기

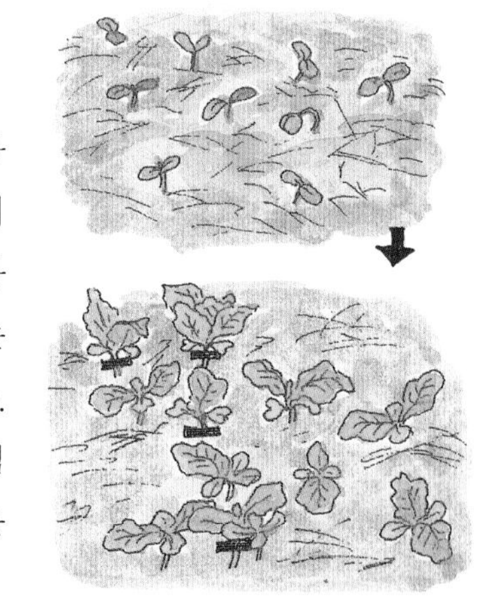

모가 쑥쑥 자라 본잎이 네다섯 장이 되었을 때 아주심기를 합니다. 아주심기는 비가 오기 전이나 하루 중에서는 저녁에 하는 것이 좋습니다.

먼저 모를 뽑기 쉽게 아주심기 30분 전에 못자리에 물을 충분히 뿌려둡니다.

이랑 폭에 따라 두 줄 혹은 세 줄로 하고, 그루 간격은 20~25cm 정도로 합니다. 심을 곳의 풀만을 베고 구덩이를 팝니다. 흙이 심하게 건조한 것 같으면 물뿌리개로 물을 뿌리고, 그 물이 스며든 뒤에 모를 심습니다.

포기 주변의 흙을 고르고, 그 위에 처음에 벤 풀을 덮어줍니다. 땅이 마르는 것을 막기 위해서입니다.

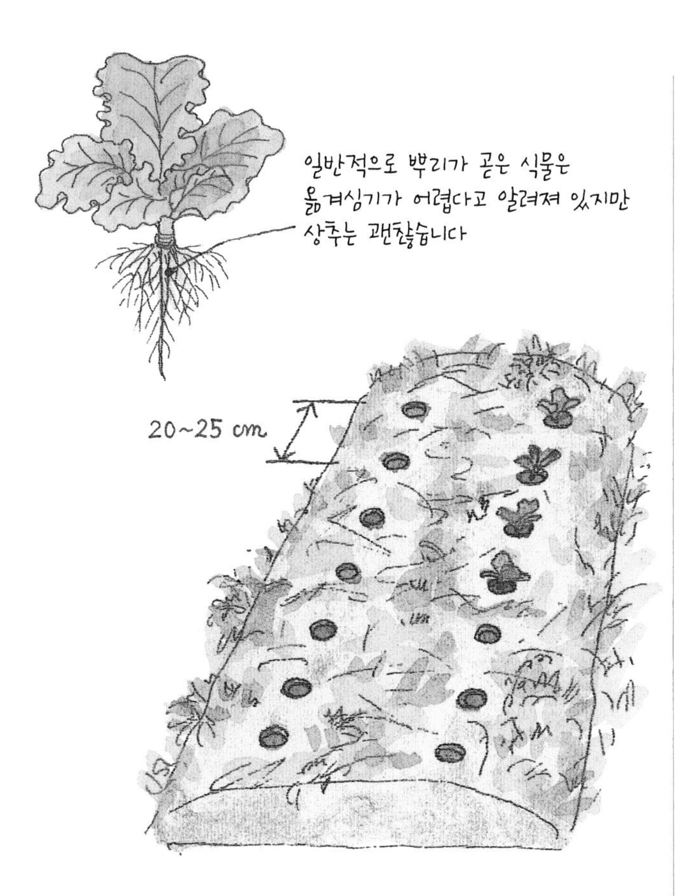


아주심기를 하고 활착을 하는 데 대략 두 주 정도가 걸립니다. 그 사이 조금 힘이 없어 보이거나 잎이 바래지기도 하지만 곧 회복하기 때문에 아주심기를 하고 나서는 바로 등겨나 유박 등을 주지 않습니다.

## 성장과 수확

조금씩 잎사귀 숫자도 많아지며 크기도 커집니다. 양상추는 잎사귀가 매우 연합니다. 그래서 주위의 풀들에 덮이면 통풍이 나빠지며 잎이 썩어버리는 일이 있습니다. 때를 놓치지 않고 풀을 베어 그 자리에 펴놓아야 합니다. 이파리 빛깔, 윤기 등 전체 상태를 잘 관찰하여 필요하다면 등겨나 유박 등을 포기 주변에 얇게 뿌려주어 성장을 도와줍니다. 이파리에 묻은 유박 등은 털어냅니다.

가을에 뿌린 양상추는 따뜻한 지방이라면 11월경부터 수확할 수 있지만, 추운 곳에서는 작은 포기 그대로 월동을 하고 3월에서 4월에 수확합니다. (중부지방에서는 월동이 안 된다: 옮긴이)

추위에는 비교적 강한 편입니다만 역시 눈이나 서리를 맞으면 상합니다. 그루 주변에 풀이 우거져 있으면 그 풀의 보호를 받으며 피해가 줄어드는 것 같습니다. 날씨가 풀리면 회복하며 다시 자라기 시작합니다.

결구 상추의 수확은 큰 것부터 차례로 합니다. 손으로 만져보고 단단히 여문 것을 찾아 포기째 잘라냅니다.

한편 상추는 겉잎부터 떼어내어 수확하는데, 안에서 이어 잎이 나 자라기 때문에 오랜 기간 수확의 즐거움을 맛볼 수 있습니다. 그러나 보존은 안 됩니다. 바로 따서 신선한 것을 그때 그때 즐길 수 있는 채소입니다. 주로 날것으로 먹지만 스프나 냄비 요리도 가능합니다.

## 채종

가을에 뿌린 상추는 6월경, 봄에 뿌린 상추는 6월에서 7월에 걸쳐 포기 안에서 꽃대가 나옵니다.

국화과이기 때문에 민들레나 씀바귀 등과 비슷한 담황색의 꽃을 피웁니다. 꽃이 지면 솜처럼 생긴 꽃 이삭 안에서 가늘고 긴 초승달처럼 생긴 씨앗이 생깁니다.

꽃은 물론 줄기까지 시들어 바짝 마를 때를 기다렸다가, 여러 날 날씨가 좋을 때 따서 손으로 비벼가며 씨앗을 받습니다. 바람으로 부스러기 따위를 날려버리고, 씨앗만을 한 번 더 말려 보관합니다.

# 소송채

## 소송채의 재배 달력

○파종 ●수확 ✿꽃봉오리 수확

| 1월 | 2월 | 3월 | 4월 | 5월 | 6월 | 7월 | 8월 | 9월 | 10월 | 11월 | 12월 |
|---|---|---|---|---|---|---|---|---|---|---|---|

봄 파종 ○○○○○ 　가을 파종 ○○○○○○

●●●●●● 　●●●●●●●●●●

●●●●●●●✿✿✿✿ (꽃봉오리도 먹을 수 있다)

## 품종

소송채는, 일본에서는 오래된 잎채소로 도쿄의 소송小松 지역에서 널리 재배되며 소송채라는 이름을 얻게 되었다. 둥근 잎과 긴 잎 두 종류가 있고, 지역에 따라 다른 여러 가지 품종이 있다. (한국에는 최근에 들어와 재배되기 시작했다: 옮긴이)
배추, 근대, 시금치 등의 잎채소는 소송채와 비슷한 방식으로 기를 수 있다. 하지만 시금치, 당근, 쑥갓, 근대 등은 전면 흩뿌리기에는 맞지 않다. 무나 갓처럼 껍질이 없는 씨앗은 소송채처럼 가을에 흩어뿌리기를 할 수 있다.

평지과인 소송채는 중국이 원산지라 하기도 하고, 일본의 재래종 갓에서 분화된 채소라고도 합니다.
어디서나 잘 자라고 추위와 더위에도 강한, 대단히 기르기 쉬운 잎채소입니다. 발아도 무척 잘 되므로, 많이 뿌리지 않도록 주의하고 제때를 놓치지 않고 솎으면 자연의 풍요로움을 아주 많이 즐길 수 있는 채소입니다.
푸른 잎은 영양가가 높을 뿐만 아니라 무침 요리, 볶음 요리, 절임 요리 등 온갖 요리에 쓸 수 있습니다.
최근에는 채소의 종류가 많아지며 외국에서 들어온 것이나 교배를 통해 만들어진 신품종에 재래종이 밀리고 있습니다. 하지만 소송채는 앞으로도 더욱 많이 이용하고 싶은 재래종 채소의 하나입니다.

## 씨앗 떨어뜨리기

한 해에 봄가을 두 차례 재배할 수 있습니다.
봄에는 발아한 뒤 늦서리 피해를 걱정할 필요가 없는 3월 중순경부터 뿌립니다만, 추운 곳에서는 그곳에 맞춰 시기를 늦춰야 하겠지요.

싹이 튼 뒤로는 수시로 솎아서 밥상에 올릴 수 있습니다. 그러므로 봄에는 조금 폭이 넓게 줄 뿌리기를 하고, 보름쯤 사이를 두어 두세 차례 파종을 하면 오랜 기간 수확을 즐길 수 있습니다.
가을에는 줄 뿌리기 말고도 이랑 전체에 흩어뿌리기를 할 수 있기 때문에 그 두 가지 방법을 소개합니다.

### ● 줄 뿌리기

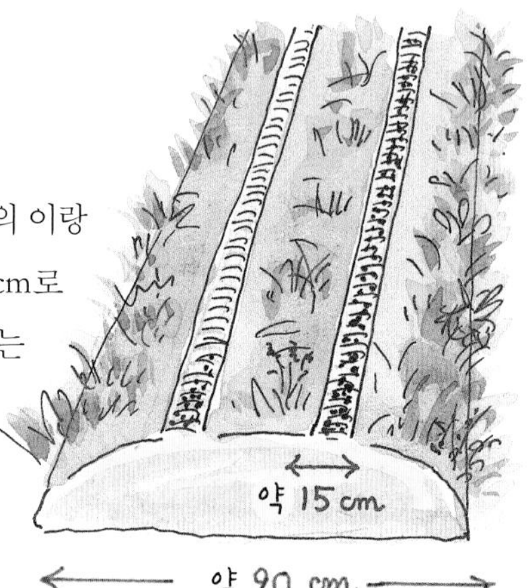


예를 들어 폭 90cm 정도의 이랑이라면, 뿌림 골을 약 15cm로 하여 두 줄 뿌리기를 하는 등 이랑 폭에 맞춰 뿌립니다.
먼저 씨앗을 뿌릴 폭보다 조금 넓게 풀을 벤 다음, 괭이로 겉흙을 2~3cm 정도의 두께로 걷어냅니다.
이것은 겉흙에 떨어져 있는 풀씨를 없애기 위해서입니다. 여러해살이풀이 있으면 뽑아 없애고, 두더지 굴이 있으면 밟아 메워놓은 뒤, 뿌림 골의 흙의 평평하게 고릅니다. 그리고 괭이로 가볍게 눌러주고, 평평하게 다듬은 뒤, 씨앗을 뿌립니다.
씨앗을 손에 쥐고, 엄지손가락과 집게손가락과 가운뎃손가락 셋을 써서 비비듯이 조금씩 떨어뜨립니다. 한꺼번에 뿌리려고 하지 말고 두세 차례로 나눠서 뿌리면 더 골고루 뿌릴 수 있습니다.
씨앗을 뿌린 뒤에는 풀씨가 섞이지 않은 땅속의 흙으로 덮어줍니다. 체를 쓰거나 손으로 조금씩 비벼가며 씨앗이 보이지 않을 두께로 덮습니다.
복토가 끝나면 다시 괭이로 가볍게 진압을 하고, 처음에 베어놓은 풀 혹은 주변의 풀 중에서 잔 것을 골라 베어 덮어놓습니다.
이렇게 하면 땅이 잘 마르지 않아 물을 줄 필요가 없어집니다.

● 흩뿌리기

가을에 하는, 품이 들지 않는 간단한 방법입니다. 씨앗을 조금 많이 준비해서 이랑 전체에 흩어뿌립니다. 풀을 두고 그 위에 뿌립니다. 그 뒤에 톱낫을 써서 지상부 1cm 정도로 이랑 전체의 풀을 베고, 복토는 하지 않고, 풀을 엷게 흩뿌려 덮고, 괭이 등으로 가볍게 진압합니다.

## 발아와 솎기

적기에 파종했다면 사나흘 만에 싹이 틉니다.

파종할 때 덮었던 풀이 새싹의 성장을 방해하면 손가락 끝으로 흔들어 떨어뜨립니다. 이 작업이 늦어지며 풀이 덮인 채로 오래가면, 햇살을 충분히 받지 못하기 때문에 모가 콩나물처럼 웃자라며 쇠약해집니다.

싹이 트고 열흘 뒤면 본잎이 한두 장 생기기 시작합니다. 크게 배지 않다면 서로 지지해가며 건강하게 자라지만 지나치게 배어 잎이 겹쳐질 때는 솎아줍니다.

소송채 뿌리에는 잔뿌리가 많아 솎을 때 흙이 많이 딸려 올라옵니다. 그러므로 다른 모가 상하지 않도록 가위나 손톱 등을 이용해 조심스럽게 잘라내는 것이 좋습니다.

얼마 뒤에는 본잎이 서너 장으로 늘어나며, 솎음 채소로도 충분히 즐길 수 있는 크기로 자랍니다. 밴 곳의 큰 포기부터 뽑아 밥상에 올립니다.

소송채 사이에 난 풀은 때를 놓치지 않고 뽑고, 소송채 골 양쪽의 풀은 통풍이나 햇살 등을 고려하여 이따금 베어 그 자리에 펴놓아줍니다. 단번에 이랑 전체의 풀을 다 베어내지 않고, 한쪽씩 시기를 바꿔가며 벱니다. 그곳은 소동물의 서식처이기도 하기 때문입니다. 그런 배려가 중요합니다.

## 수확

소송채는 포기가 작을 때가 연하고 맛있기 때문에 제철을 놓치지 않고 수확합니다.

수확할 때는 큰 것부터 하고, 포기째 수확합니다.

그날 먹을 만큼만 수확하는 것이 좋습니다. 만약 많이 거둬 보존을 해야 할 때는 물 세척을 한 뒤, 신문지 등에 싸서 냉장고의 청과실이나 냉암소에 세워놓습니다.

3월에는 꽃봉오리도 따서 먹을 수 있는데, 푸성귀가 적을 때라 귀하고 고맙게 느껴집니다.

## 채종

소송채는 평지과이기 때문에 다른 평지과 작물(배추, 청경채 등)과 대단히 교배하기 쉽습니다. 그래서 처음부터 거리를 멀리 띄워 심어야 합니다. 혹은 건강해 보이는 것을 채종용으로 골라, 꽃이 피기 전에 멀리 떨어진 곳으로 옮겨 심어둡니다. 그 거리는 일설에는 400m라고 하니 개인의 밭에서는 어려운 점이 있습니다. 이런 이유로 교배하기 쉬운 작물과는 꽃이 피는 시기가 겹치지 않도록 파종 시기를 달리하는 게 좋습니다.

채종은 가을에 씨앗을 뿌린 것이 좋습니다. 다음 해 5월~6월에 씨앗이 든 꼬투리가 엷은 갈색으로 변하며 바짝 마를 때, 그루 채 베어내어 깔개 위에 펴놓고 두드려 씨앗을 텁니다. 그것을 다시 한 번 말린 뒤, 병이나 봉지에 담아 보관합니다.

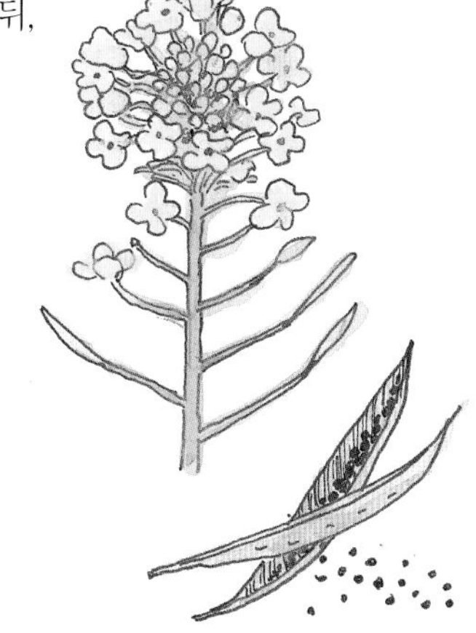

# 부추

## 부추의 재배 달력

○파종 ▲아주심기 ●수확 △포기 나누기

| | 1월 | 2월 | 3월 | 4월 | 5월 | 6월 | 7월 | 8월 | 9월 | 10월 | 11월 | 12월 |
|---|---|---|---|---|---|---|---|---|---|---|---|---|
| | | | ○ | ○ | ○ | ▲ | | | | | | |
| 2년째 | | | | ● | ● | ● | | | | | | |
| 3년째 | | | | ● | ● | ● | | | ● | ● | ● | |
| | | | | △ | △ | | | | ● | ● | ● | |

## 품종

잎이 넓은 큰잎 부추와 잎이 작은 재래종 부추로 대별할 수 있다. 그밖에 개량종이 몇 개 더 있다.(한국에서는 잎부추, 솔부추, 두메부추 등이 대표적이다: 옮긴이)

## 성질

특유한 맛이 있어 부추는 동양에서는 널리 사랑받는다. 건강하고 기르기 쉽다. 다년생 초이기 때문에 한번 심으면 오래간다. 포기 나누기를 통해 이삼 년마다 늘려 갈 수 있다. 습기를 좋아하지 않기 때문에 물 빠짐이 좋은 곳을 고른다. 한편 꽃부추는 꽃봉오리를 수확하기 때문에 지력이 좋은 곳을 골라 심는 게 좋다.

### 씨앗 떨어뜨리기

중국 서부가 부추의 원산지라고 알려져 있습니다.
씨앗은 반드시 새것을 씁니다. 부추 파종은 흩뿌리기로도 좋고, 줄 뿌리기도 상관없습니다. 여기서는 양파처럼 못자리에서 모를 길러 옮겨 심는 방법을 소개합니다.
먼저 못자리로 쓸 곳의 풀을 베고, 겉흙을 얇게 걷어냅니다. 여러해살이풀이 있으면 뽑아내고, 괭이 따위로 땅을 평평하게 고른 뒤, 씨앗을 떨어뜨립니다. 씨앗이 덮일 정도로 복토를 하고, 처음에 베어놓았던 풀을 덮고, 가볍게 눌러 땅이 마르지 않도록 합니다.

### 발아와 솎기

발아에는 일주일에서 열흘 정도가 걸립니다. 부추는 포기가 커지면 주위에 풀이 있어도 좀처럼 지지 않고 왕성하게 자랍니다.
하지만 어린 모일 때 통풍이 나쁘면 쇠약해지다가 없어져버리기도 합니다. 그러므로 제때에 풀을 베어주고, 모가 배게 난 곳은 솎아줘야 합니다.
모 간격은 2~3cm 정도가 좋습니다.

### 아주심기

6월에 들어 모 크기가 20cm 정도로 자라면 아주심기를 합니다. 먼저 못자리에서 정성껏 모를 들어냅니다. 괭이 따위로 깊이 4~5cm로 흙째 파내거나 모종삽으로 한두 포기씩 떠냅니다.

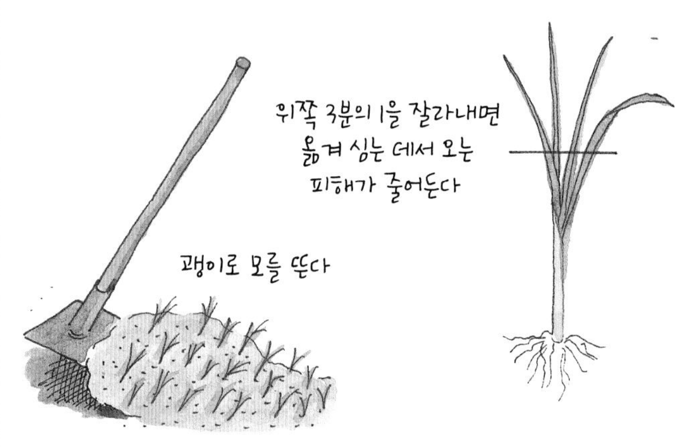


지력이 있는 곳을 고르고, 키가 큰 풀이 우거져 있을 때는 사전에 이랑 전체의 풀을 자릅니다.
모 윗부분을 3분의 1 정도 잘라 버리고, 한 곳에 4~6 포기씩 옮겨 심어나갑니다. 줄 간격은 60cm 정도, 그루 간격은 30cm 정도가 좋습니다. 모의 흰 부분이 모두 땅에 묻히는 깊이로 심습니다.

### 성장

포기를 키우기 위해 첫해에는 수확을 하지 않습니다. 여름철에는 풀에 지지 않도록, 통풍이 좋도록 주변의 풀을 한두 차례 베어 펴 놓으면 좋습니다.

### 수확

둘째 해의 4월, 포기가 꽤 커지며 새잎이 20cm 정도 자랐을 때, 밑동을 베어 수확합니다.

지상부를 2cm 정도 남겨두고 베어 먹으면 곧 다시 새잎이 자라서, 두 주 정도가 지나면 같은 포기에서 다시 수확할 수 있습니다.

셋째 해부터는 봄은 물론 가을에도 수확할 수 있습니다. 한 포기에서 한 해에 5~6차례 수확할 수 있습니다.

### 포기 나누기

서너 해 지나면 포기가 상당히 굵어지는 한편, 잎이 좁아지며 그루 전체가 약해지기 시작합니다. 이때 포기 나누기를 합니다. 여름과 겨울을 피해 봄이나 가을에 합니다. 삽으로 그루를 통째로 파낸 뒤, 그루의 크기에 따라 몇 개로 나눌 것인지를 정합니다.

부추 뿌리는 단단하게 뭉쳐 있습니다. 손으로 떼기 어려운 때는 톱날 등으로 칼자국을 내고 떼면 쉽게 떼어낼 수 있습니다.

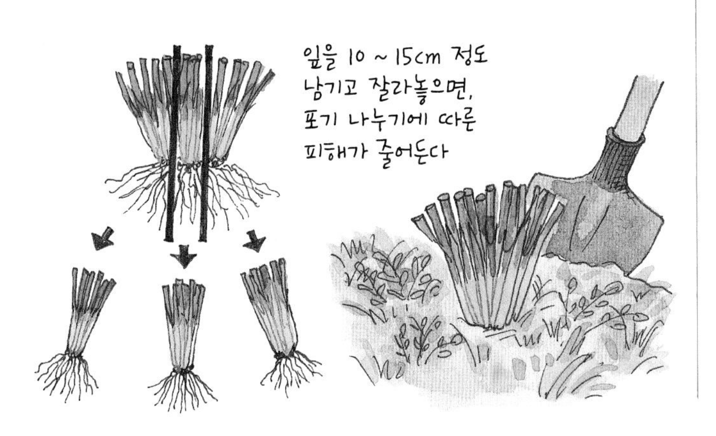


떼어낸 부추는 처음 모를 심을 때와 같은 방법으로 새 이랑에 아주심기를 합니다.

### 채종

7월이 되면 꽃대에서 꽃망울이 나옵니다. 꽃대가 솟아오르기 시작하면 부추 잎이 딱딱해지기 때문에, 채종용을 뺀 나머지는 꽃대를 잘라내는 게 좋습니다.

채종용 부추는 8~9월경에 꽃봉오리에서 흰색의 꽃이 무리를 지어 차례로 피어납니다.

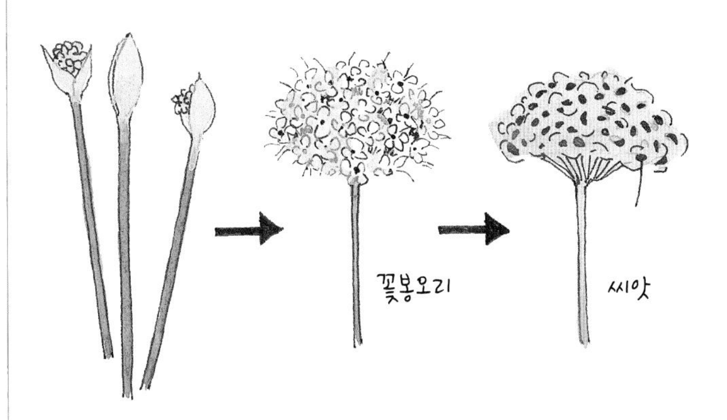


10월 하순에서 11월이 되면, 꽃이 시들며 속에서 검은 씨앗이 보이기 시작합니다. 씨앗이 익어 떨어지기 전에 가위로 꽃 이삭을 잘라 안이 넓은 그릇이나 종이를 놓고 비벼서 씨앗을 받습니다. 날씨가 좋은 날에 씨앗을 잘 말린 뒤 보관합니다. 부추 씨의 유효기간은 1년입니다.

### 꽃부추에 관해

꽃부추는 부추의 변종입니다. 잎은 조금 억세지만 꽃눈이 잘 자라고 향이 좋고 부드럽기 때문에 꽃봉오리와 그 줄기를 먹습니다.

7월~9월에 꽃봉오리가 나옵니다. 식용할 것은 꽃봉오리의 꽃이 피기 전에, 고사리처럼 아래쪽의 순한 부분을 꺾어 수확합니다. 부추보다 땅 힘이 조금 더 좋은 곳을 필요로 합니다.

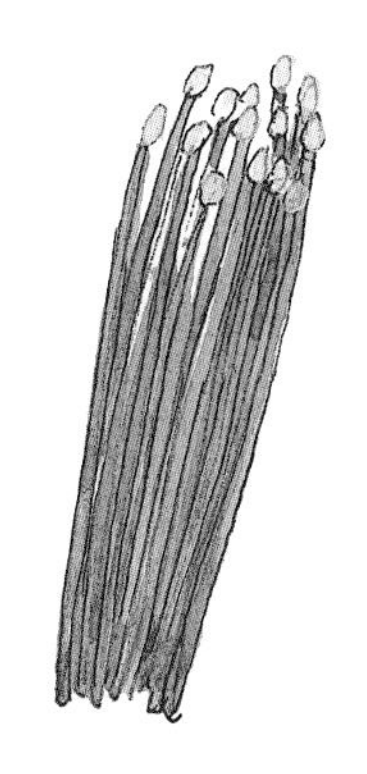

# 브로콜리, 콜리플라워

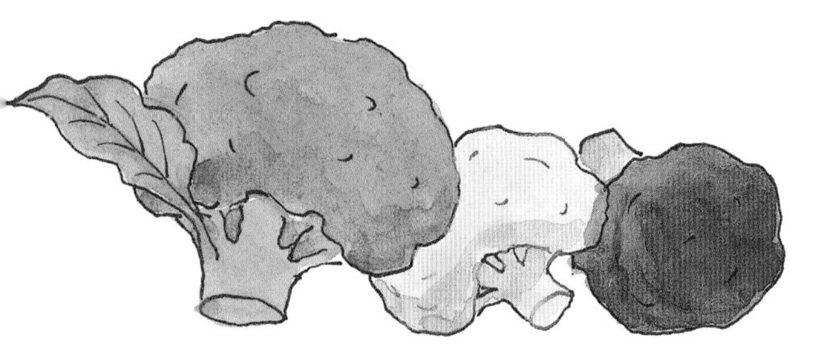

## 브로콜리, 콜리플라워의 재배 달력

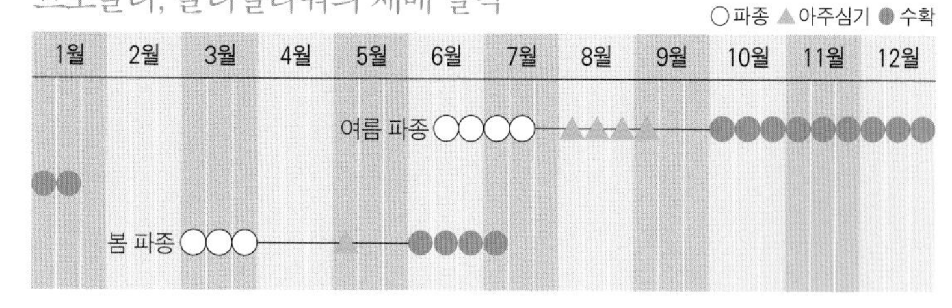


## 품종

브로콜리: 녹색인 것과 자주색인 것이 있다. 최근에는 꽃봉오리가 작지만 많이 여는 품종도 나왔다. 조생종과 중생종, 만생종 등이 있다.
콜리플라워: 꽃봉오리가 흰 것이 대부분이지만 자주색, 오렌지색, 황록색인 것도 있다. 생육 기간도 극조생에서 만생종까지. 브로콜리와 달리 중앙의 꽃봉오리를 따면 그 뒤에는 꽃봉오리가 안 생긴다.

원산지는 둘 다 유럽의 지중해 연안이고, 둘 다 거의 같은 성질을 갖고 있습니다. 해가 잘 들고, 물 빠짐이 좋고, 지력이 있는 장소를 좋아합니다.
봄과 가을 두 차례 파종할 수 있습니다.

### 씨앗 떨어뜨리기

직파도 할 수 있지만, 못자리를 만들고 다른 채소와 함께 한 곳에서 모를 길러내는 방법을 소개합니다.

먼저 못자리로 쓸 곳의 풀을 벱니다. 겉흙에는 풀씨가 많이 섞여 있기 때문에 괭이로 2~3cm 정도 걷어냅니다. 여러해살이풀의 뿌리 등이 있으면 뽑아내고, 전체를 평평하게 고른 다음, 괭이의 등을 이용하여 가볍게 두드려줍니다.
브로콜리와 콜리플라워는 씨앗이 매우 작기 때문에, 배지 않도록 두세 차례로 나눠 조금씩 씨앗을 떨어뜨립니다.

씨앗이 덮일 정도의 흙을 손으로 비벼가며, 혹은 체로 쳐가며 덮은 뒤에 가볍게 눌러주고, 땅이 마르는 것을 막아주기 위해 주변의 잔풀을 베어 덮어놓습니다.

### 발아와 솎기

여름 파종이라면 4~5일이 지나면 발아합니다. 떡잎이 보이기 시작할 때, 위에 덮어놓았던 잔풀이 엉켜 있으면 제거해줍니다.
솎기는 몇 차례로 나눠 하는 게 좋습니다. 옆 모와 잎이 겹치지 않도록 제때에 솎아줍니다.

### 아주심기

본잎이 대여섯 장 났을 때, 아주심기를 합니다. 가능하면 비가 온 날 저녁이나 비가 오기 전에 하면 좋습니다. 그게 어려울 때는 되도록 저녁에 하고, 아주심기 30분쯤 전에 못자리에 물을 충분히 주어 모를 상하지 않고 떠낼 수 있게 해둡니다.

이랑 폭에 따라 한 줄 혹은 두 줄로 하고, 그루 간격은 50~60cm로 합니다.

아주심기를 할 곳의 풀만을 베고, 구덩이를 파고 모를 심습니다. 땅이 건조하다면 물을 주고, 그 물이 흙 속으로 스며든 뒤에 모를 심도록 합니다. 모 주변이 마르지 않도록 앞서 베어놓은 풀을 덮어줍니다.

아주심기를 하고 나서 뿌리를 내리기까지에는 한두 주가 걸립니다. 이때 맑은 날이 이어지며 땅이 마르는 것 같으면 저녁때 한 차례 물을 충분히 주면 좋습니다.

두더지 등이 땅속으로 다니며 포기를 들뜨게 만들어놓는 일이 있습니다. 이때는 물을 조금 뿌리고 손으로 눌러놓으면 됩니다.

성장을 조금 도와줘야 할 것 같으면, 뿌리를 내린 뒤에 포기 주변에 쌀겨나 유박 등을 뿌려줍니다.

### 수확

봄 파종이라면 5월에서 6월경에, 여름 파종이라면 12월경부터 수확이 시작됩니다. (강원과 경기 지방은, 봄 파종은 6월 중순부터, 여름 파종은 10월 상순부터 수확 시작: 옮긴이)

중앙에 생기는 커다란 꽃봉오리를 우두머리 꽃봉오리라고 합니다. 콜리플라워는 이 우두머리 꽃봉오리가 하나밖에 생기지 않습니다. 그러므로 때를 놓치지 말고 흰 꽃봉오리가 갈색으로 변하기 시작하기 전에, 아직 연할 때 땁니다.

브로콜리는 우두머리 꽃봉오리를 수확한 뒤로도 연이어 작은 꽃봉오리가 옆에서 납니다. 그러므로 상당히 오랜 기간 수확의 즐거움을 맛볼 수 있습니다. 우두머리 꽃봉오리를 수확한 뒤 포기 주변에 등겨 따위를 뿌려 도와줘도 좋습니다.

### 채종

평지과이기 때문에 교잡하지 않도록, 다른 평지과 작물로부터 채종용 그루를 떼어놓아야 합니다. 여름에 파종한 브로콜리라면, 다음 해 6월경에 꽃이 피고 꼬투리가 아주 많이 달립니다. 그 꼬투리가 옅은 갈색으로 변하며 바짝 마르면 베어서 깔개 위에 펴고, 막대기 등으로 두드려 씨앗을 떨어냅니다. 그 뒤에는 체 등으로 부스러기 등을 제거하고, 다시 한 번 더 건조시킨 뒤 보관합니다.

# 차조기

### 차조기의 재배 달력

○파종 ●수확 ✿꽃봉오리 및 열매 수확

| 1월 | 2월 | 3월 | 4월 | 5월 | 6월 | 7월 | 8월 | 9월 | 10월 | 11월 | 12월 |
|---|---|---|---|---|---|---|---|---|---|---|---|
| | | ○○ | ○○ | ○○○ | —— | ●● | ●●● | ●●✿ | ✿ | | |

한 번 파종하면 절로 떨어진 씨앗에서 싹이 난다

### 품종

잎사귀 모양이나 색깔 등에 따라 청 차조기, 적 차조기, 주름종이 적 차조기, 뒤 붉은 차조기 등이 있다. 맛을 내는 데는 청 차조기나 주름종이 차조기가, 요리에 색을 넣는 데는 붉은 차조기가 쓰이고, 그밖에 꽃 이삭이나 열매도 먹는다.

차조기는 중국 중남부와 히말라야 지방이 원산지라고 알려져 있습니다.

고온을 좋아하여 25도 전후일 때 잘 자랍니다. 토질을 따지지 않고 어디서나 잘 자라지만 건조함을 싫어합니다.

한 번 씨앗을 뿌려놓으면 절로 떨어진 씨앗이 발아하여 자라기도 합니다.

### 씨앗 떨어뜨리기

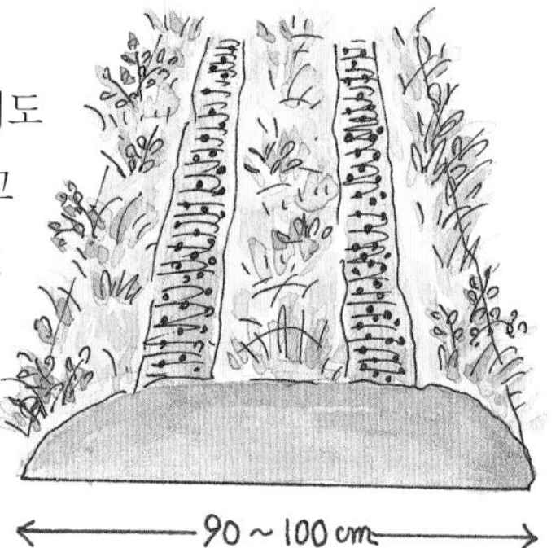


필요한 만큼만 포트에 뿌려도 좋고, 못자리 위의 풀을 베고 흩어뿌리기를 해도 잘 나고 자랍니다.

수확량이 많기를 바랄 경우는, 다음과 같이 두 줄 뿌리기를 합니다.

10~15cm 폭으로 풀을 베고, 괭이로 겉흙을 엷게 걷어냅니다. 가볍게 갈듯이 괭이질을 한 뒤 진압하고, 평평하게 고른 뒤에, 씨앗을 떨어뜨립니다.

차조기는 호광성, 곧 햇살을 좋아하는 채소이기 때문에 복토는 얇게 하고, 흙이 마르지 않도록 앞서 베어놓은 풀을 덮어줍니다.

### 발아와 솎기

차조기는 약 2주 정도에 걸쳐 발아합니다. 흙이 마르면 물을 줍니다. 밴 곳은 두세 차례로 나눠 조금씩 솎습니다.

### 아주심기

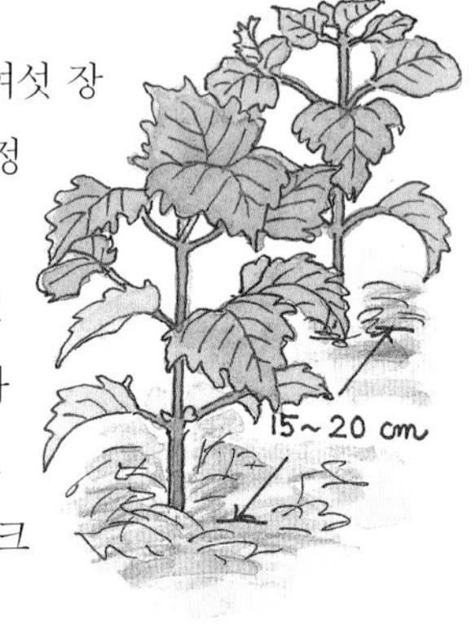


아주심기를 할 경우는 본잎이 대여섯 장일 때 합니다. 그루 간격은 50cm 정도로 합니다.

줄 뿌리기의 경우는, 최종적으로 그루 간격이 15~20cm가 되도록 솎아줍니다. 모를 길러 옮겨 심은 곳보다 촘촘한 셈이지만, 그쪽이 잎도 크고 부드럽습니다.

### 수확

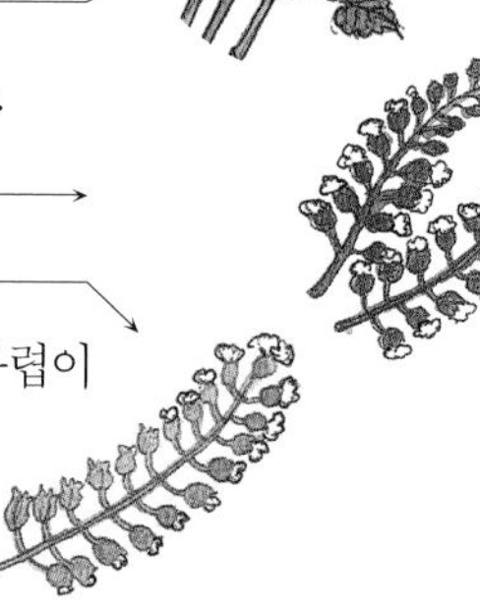

● 잎

7월경부터 수시로 수확할 수 있습니다.
(청 차조기, 주름종이 차조기)

● 절임용

줄기 전체를 베어 거두어들입니다.

● 이삭 차조기

● 열매 차조기

이삭 끝에 꽃이 조금 남아 있을 무렵이 수확 시기입니다.

### 채종

10월경에 이삭이 갈색으로 시들기 시작합니다. 만져보아 씨앗이 딱딱하게 여물어 있으면 맑은 날을 골라 줄기째 베어냅니다.

깔개 위에 펴놓고 가볍게 두드려 씨앗을 턴 뒤, 잘 말려서 병 등에 넣어 보관합니다.

# 토란

## 토란의 재배 달력

○씨토란 심기 ▲줄기 수확 ●토란 수확

| 1월 | 2월 | 3월 | 4월 | 5월 | 6월 | 7월 | 8월 | 9월 | 10월 | 11월 | 12월 |
|---|---|---|---|---|---|---|---|---|---|---|---|
| | | | ○ | ○○ | ○ | | ▲▲ | | | ●● | ●●● |
| ●●● | ●●● | ●● | | | | | | | | | |

## 품종

토란은 종류에 따라 새끼 토란을 먹는 것, 어미 토란과 새끼 토란을 먹는 것, 줄기까지 먹는 것, 줄기만 먹는 것 등이 있다.

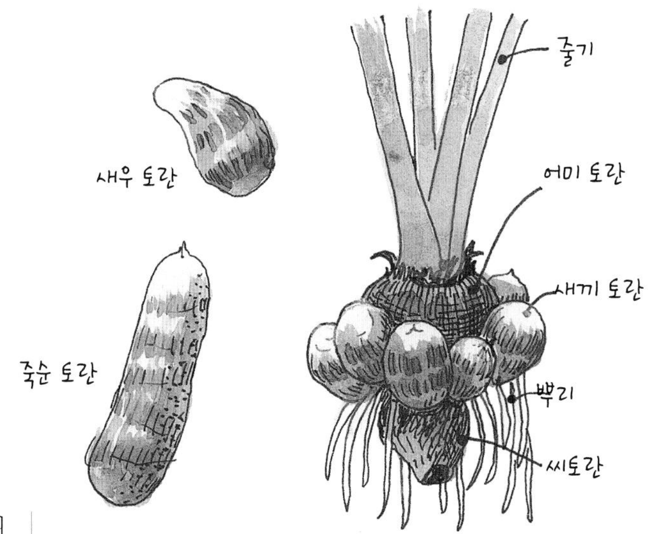


토란의 원산지는 동인도 혹은 인도차이나 반도로 알려져 있습니다. 따라서 고온과 습기를 좋아합니다. 토란의 넓은 잎은 자기가 선 땅이 마르지 않도록 보호하는 역할도 합니다.

토질을 따지지 않고, 연작도 가능하지만, 두세 해 같은 곳에 심은 뒤에는 다른 곳으로 옮겨 심는 게 무난합니다.

강한 햇살을 좋아하지만 습기도 필요로 합니다. 그러므로 다랑논이라면, 논두렁같이 습기가 많은 곳에 심어두면 생각 이상으로 잘 자랍니다.

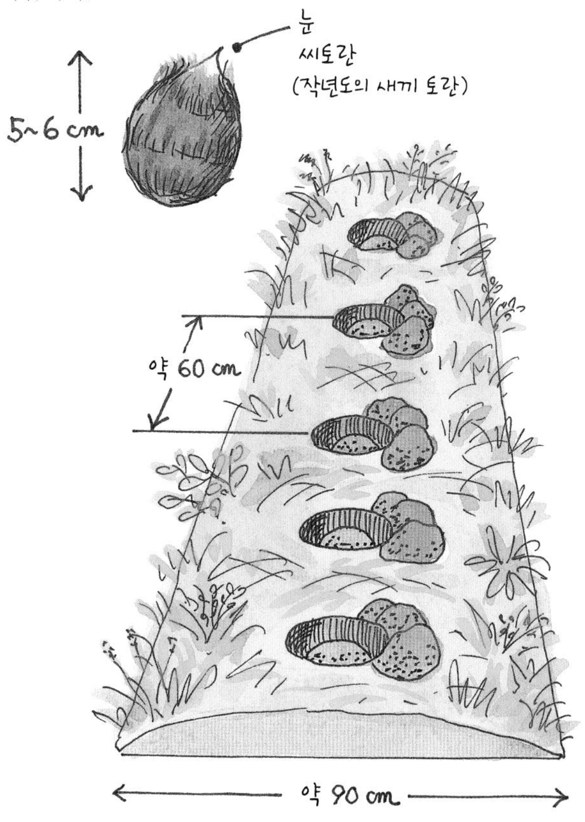


## 심기와 북주기

씨토란은 수확하지 않고 땅속에 남겨둔 채 월동을 시키며 씨토란으로 관리해온 것 중에서 상한 데가 없는 건강한 것을 골라 씁니다.(강원, 경기 지방에서는 월동 안 됨: 옮긴이) 씨토란이 없을 때는 3월~4월경에 종묘상 등에서 구입합니다.

크기는 5~6cm 정도는 되는 것이 좋습니다. 4월경에 캐면 벌써 싹이 트고 뿌리가 나기 시작한 게 많지만 괜찮습니다.

토란은 씨토란 위로 싹이 나옴과 동시에 씨토란 바로 위로 커다란 어미 토란이 생깁니다. 새끼 토란은 그 어미 토란 주변에 납니다. 그러므로 일반 재배에서는 심은 뒤에 싹이 나오면 북주기를 합니다.

그러나 자연농에서는 갈지 않는 것을 기본으로 하고 되도록 땅에 손을 안 대는 게 바람직하다고 여기고 있기 때문에, 토란 심기에 관해서는 다음에 설명하는 Ⓐ처럼 심어보시기 바랍니다.

하지만 토질에 따라서는 물 빠짐이 나쁘고 이 방법이 맞지 않는 곳도 있기 때문에, 그런 곳은 뒤에 소개하는 Ⓑ가 좋지 않을까 생각합니다.

### Ⓐ 물 빠짐이 좋은 곳

① 토란은 씨토란 위에 어미 토란이 나고, 어미 토란에 새끼 토란, 그리고 새끼 토란에는 손자 토란이 나기 때문에, 성장에 맞춰 두 차례 정도 북주기를 합니다.
먼저 이랑 폭이 60~90cm 정도면 한 줄로, 그 이상이면 두 줄로 하고, 60cm 정도 간격으로 심을 구덩이를 팝니다. 구덩이는 직경이 약 30cm에 깊이 약 25cm로 팝니다. 그때 파낸 흙은 구덩이 옆의 어느 한 곳에 모아놓습니다.
구덩이 아래에 씨토란을 놓고, 씨토란 크기의 배 높이로 흙을 둥그렇게 덮어줍니다.

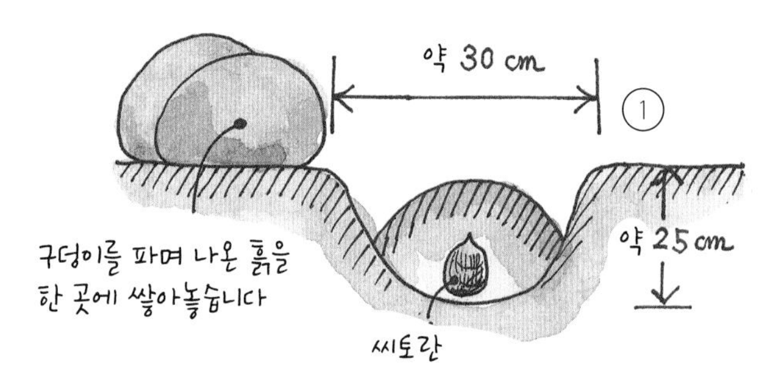


② 발아는 지온이 15도 이상이 되면 시작합니다.
제1엽과 제2엽이 나오고 줄기가 자라기 시작하는 5월 하순~6월 상순경에, 구덩이 가에 쌓아놓았던 흙을 절반가량 헐어 구덩이 안에 돌려 넣어 첫 번째 북주기를 합니다.
그림처럼 잎이 조금 가려질 만큼 북주기를 합니다.

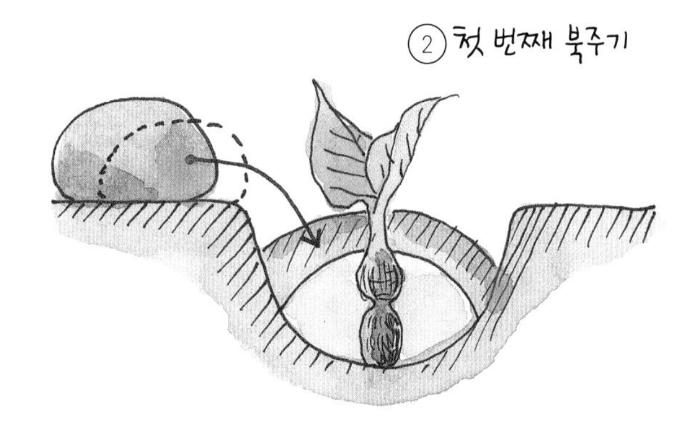


③ 날이 감에 따라 잎이 점점 더 크게 자랍니다. 두 번째 북주기는 6월 하순에서 7월 상순을 기준으로 합니다.
구덩이 가에 파서 쌓아놓았던 흙을 전부 넣어 토란의 줄기 부분이 봉긋하게 덮이도록 합니다. 그 위에 주변의 풀 등을 베어 땅이 벌거숭이가 되지 않도록 덮어줍니다.

그림처럼 토란 윗부분이 도도록하게 북주기를 하면, 비가 와도 토란이 상하지 않습니다. 또한 여러 차례 흙에 손을 대는 것을 피할 수 있습니다.
그러나 곳에 따라서는 점토질이라거나 물 빠짐이 극단적으로 나쁜 경우도 있을 수 있습니다. 그와 같은 곳에서는 다음과 같이 하면 좋습니다.

### Ⓑ 물 빠짐이 나쁜 곳

먼저 씨토란 심을 곳의 풀을 벱니다. 거기에 토란 크기의 배 정도 깊이로 구덩이를 파고, 씨토란을 넣고, 흙을 덮습니다.
북주기는 첫 번째나 두 번째나 같습니다. 이랑과 이랑 사이에 있는 통로 부분의 흙을 괭이 등으로 파서, 그것을 가져다 합니다.
자연농에서는 이랑을 매번 다시 만들지 않고 한 번 만든 이랑을 이어서 씁니다. 그러나 여러 해가 지나면 이랑 높이가 낮아집니다. 그때는 고랑의 흙을 파서 이랑 위로 올려 쌓는 작업을 합니다.
어느 쪽이나 풀을 베어 그루 주변을 덮어주는 것은 같습니다.
그 뒤에는 여러해살이풀에 덮여도 괜찮습니다. 하지만 곁순이 보이면 떼어내주는 게 새끼 토란을 키우는 데 도움이 됩니다.

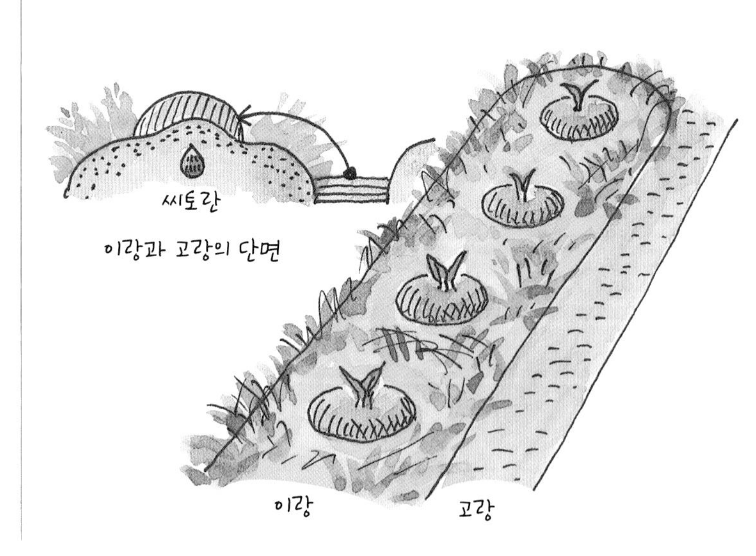

토란 줄기의 수확은 8월~10월이고, 바깥 줄기부터 합니다.

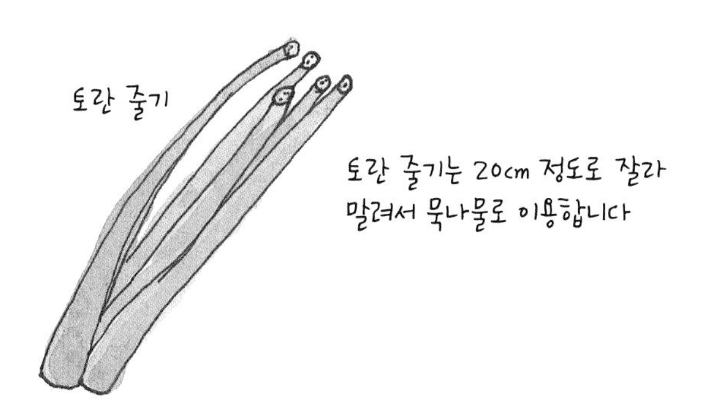


### 토란 수확

토란은 10월에 들어서면 여러 차례에 걸쳐 필요한 양을 수확합니다.

토란은 어미 토란 주변에 새끼 토란이 여러 개 붙어 있기 때문에, 그걸 짐작하여 적당한 곳에 삽을 넣고 젖히면 토란이 포기째 일어납니다. 이때 되도록 파헤치는 부분이 커지지 않도록 조심합니다. 토란에 붙은 흙은 깨끗이 털어내 구덩이에 도로 넣고, 본래 모양으로 마무리합니다.

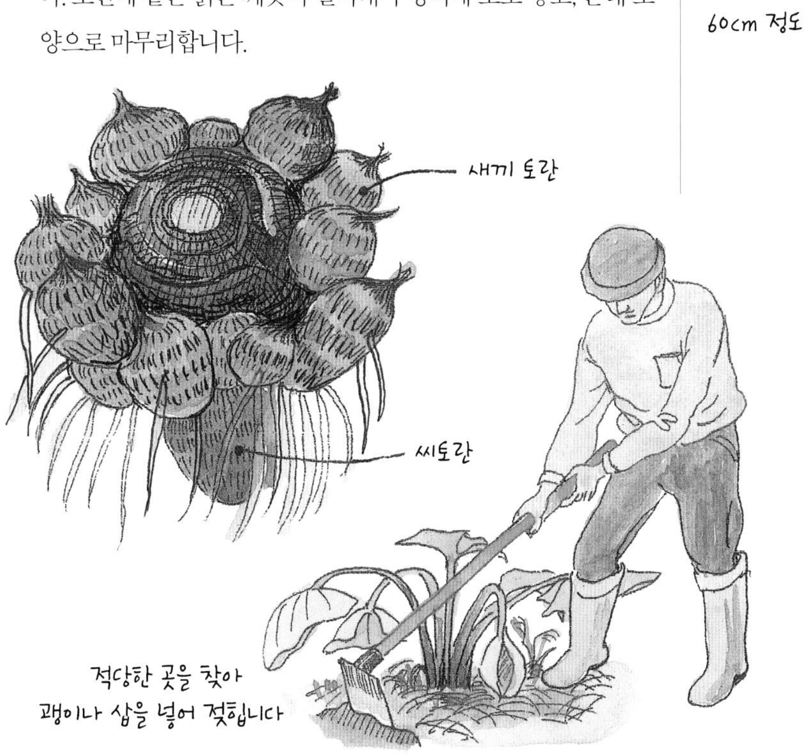


토란을 캔 부분이 벌거숭이로 남아 있지 않도록 토란의 줄기나 잎, 주변의 풀 등을 베어 덮어줍니다.

### 식용과 보존

토란의 보존 적온은 10도입니다.

토란을 봄까지 보존하는 방법 중의 하나는 캐지 않고 그대로 밭에 두는 것입니다. 이 경우는 줄기를 자르고, 그루터기 위에 흙을 덮고, 그 위에 볏짚이나 억새 등을 많이 덮어서 저온이나 서리 피해를 막습니다.

캐서 보관하는 방법은 다음과 같습니다.
해가 잘 들고, 물 빠짐도 좋은 곳을 골라 깊이 60cm 정도의 구덩이를 팝니다. 그 속에 캐낸 토란을 줄기만 잘라내고 거꾸로 넣어놓습니다. 이때 어미 토란과 새끼 토란을 떼지 않고 붙어 있는 채로 넣습니다. 이처럼 해놓으면 토란이 상하지 않을 뿐만 아니라, 저장할 때 싹이 트는 걸 막을 수 있습니다.

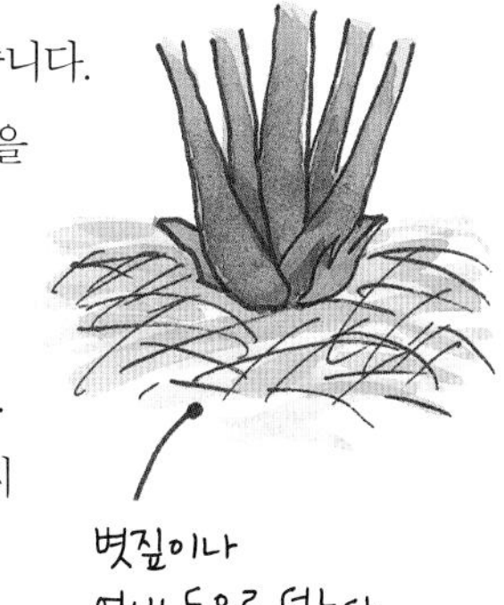


다 넣은 뒤에는 억새나 볏짚처럼 부피가 큰 시든 풀이나 낡은 멍석 등을 덮고, 그 위에 흙을 5~10cm 정도 올리고, 필요할 때 필요한 만큼 꺼내어 먹도록 합니다.

흙
억새, 볏짚 등
60cm 정도
떼지 않고
통째로 넣는다

# 고구마

## 고구마의 재배 달력

○ 씨고구마 심기 ▲ 모 심기 ● 수확

| 1월 | 2월 | 3월 | 4월 | 5월 | 6월 | 7월 | 8월 | 9월 | 10월 | 11월 | 12월 |
|---|---|---|---|---|---|---|---|---|---|---|---|
| | | ○○○ | | ▲▲ | ▲ | | | ●● | ●● | | |

## 품종

모양과 당도가 서로 다른 여러 가지 품종이 있다.(한국에서는 물고구마, 호박고구마, 밤고구마가 대표적이다. 그밖에 자색고구마도 있다: 옮긴이)

중앙아메리카가 원산지라고 알려져 있습니다. 페루 북부의 유적(기원전 200~600년)에서 고구마 모양을 한 토기가 발견되고 있는 걸 보면 인류는 오랜 옛날부터 고구마를 먹어온 것 같습니다.
채소 중에서는 가장 고온을 좋아하는 종류의 하나이고, 구황 작물로 유명하고, 척박한 땅에서도 잘 자랍니다. 물 빠짐이 좋고, 해가 잘 드는 곳이 적지입니다.

### 씨고구마를 심는다

고구마는 씨고구마에서 나오는 새싹을 모로 써서 심는 것이 일반적인 재배 방법입니다. 모는 그 시기가 되면 종묘상에서 살 수 있습니다. 그러나 여기서는 씨고구마에서 모를 길러내는 방법을 소개합니다.
씨고구마 하나에서 15~30개의 모를 얻을 수 있습니다. 싹의 숫자는 씨고구마의 크기보다 품종이나 기온에 의한 경우가 많습니다. 그러므로 씨고구마는 조금 작은 것이 적당합니다.

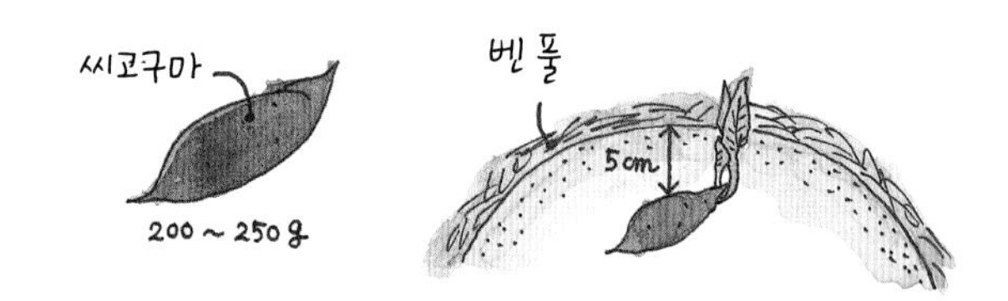


폭 60cm 정도의 이랑에 그루 간격을 50cm 정도 두고, 씨고구마를 하나씩 심습니다. 흙은 그림에서처럼 약 5cm 정도 덮습니다.
추운 곳에서는 기온이 낮아서 노지 모를 기르기가 어렵습니다. 그런 곳에서는 온실이나 온상 등을 설치할 필요가 있습니다.

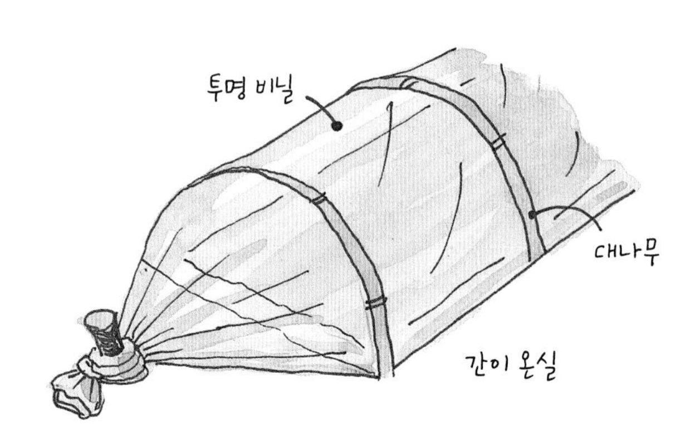


### 모를 떼어낸다

5월 하순에서 6월 중순에 걸쳐서 덩굴 싹이 나서 자라기 시작합니다. 끝에서 잎을 세어 예닐곱 잎에 해당하는 부분을 잘 드는 가위로 잘라 그것을 모로 씁니다.

### 고구마 모 심기

물 빠짐이 좋고, 해가 잘 드는 곳을 고릅니다. 폭 60cm 정도의 이랑이라면 한 줄로, 넓은 이랑에서는 두 줄로 심습니다.
이 시기는 풀의 기세가 드세기 때문에, 사전에 이랑 전체의 풀을 베어 그 자리에 깔아놓고 난 뒤에 고구마 모를 심는 게 좋습니다.
비가 오기 전날 오후가 심기에 가장 좋은 날입니다. 이때는 밭일이 아주 많은 시기이므로 모가 나는 대로 조금씩 심는 것도 좋습니다.

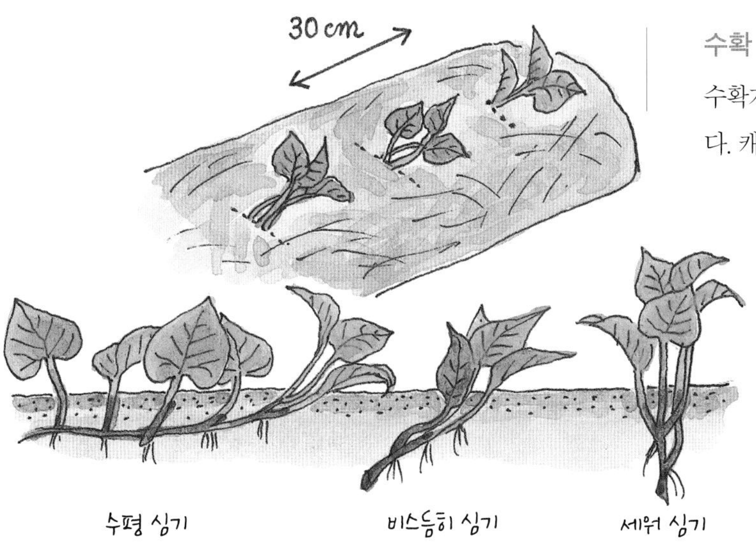


위의 그림처럼 고구마 모를 땅속에 심어갑니다. 셋 중 어떤 방법이라도 괜찮습니다. 일반적인 것은 비스듬히 심기입니다. 직립은 모양이나 크기가 일정해진다고 합니다. 어느 방법이든 잎뿌리가 두세 마디 이상 땅속에 묻히도록 합니다.
심고 나면 대략 한 주 뒤에 뿌리를 내립니다. 가뭄에 강한 작물입니다만, 비가 오지 않는 날이 길어질 때는 풀을 베어 모 위에 조금 덮어줍니다.

## 성장

한 달쯤 지나면 덩굴이 사방으로 자라기 시작합니다. 여름은 풀의 세력이 강합니다. 그러므로 덩굴 앞부분의 풀은 부지런히 베어 펴놓습니다.

덩굴은 3m 이상 자라며, 마디마디 뿌리를 내리고 땅속으로 뻗어내려 갑니다. 그걸 방임하면 덩굴마다 가늘고 작은 고구마가 달리는 바람에, 포기 주변의 고구마가 크게 자라지 못합니다. 그럴 때는 덩굴을 들어 올려 덩굴에 난 뿌리를 뽑아놓습니다.

여기를 먹는다

잎자루는 채소로 이용합니다. 잎은 떼어내고, 잎자루 부분만을 먹을 수 있습니다. 잎자루의 겉껍질을 벗긴 뒤에 볶는다거나 쪄서 먹습니다. 맛은 담백합니다. 마침 채소가 갈마드는 시기이므로 고마운 채소입니다.

## 수확

수확기의 기준은, 모를 심고부터 120일에서 150일 정도입니다. 캐기 좋도록 먼저 덩굴째 고구마 줄기를 잘라 가장자리로 옮겨놓습니다.
세발괭이나 삽 등을 써서 고구마를 캐냅니다. 그때 필요 이상으로 땅을 파헤치지 않도록 주의합니다. 아래 그림처럼 줄기째 수확을 할 수 있다면 보존도 그대로 하는 것이 오래 좋은 상태를 유지할 수 있습니다.
다 캔 뒤에는 바로 이랑을 본래의 상태로 평평하게 고르고, 옆에 옮겨 놔두었던 덩굴을 가져다 땅이 벌거숭이가 되는 곳이 없도록 이랑 전체에 덮어 놓습니다.

고구마는 캔 뒤 바로 먹지 않고 한두 주 씻지 않은 채 그늘에서 말리면, 당도가 올라가기 때문에 더 맛있게 먹을 수 있습니다.

## 보존

고구마는 5도 이하로 떨어지면 썩기 시작합니다. 겨울에는 저온 대책이 필요합니다. 되도록 다음과 같이 하면 좋습니다. 전통 방식입니다.

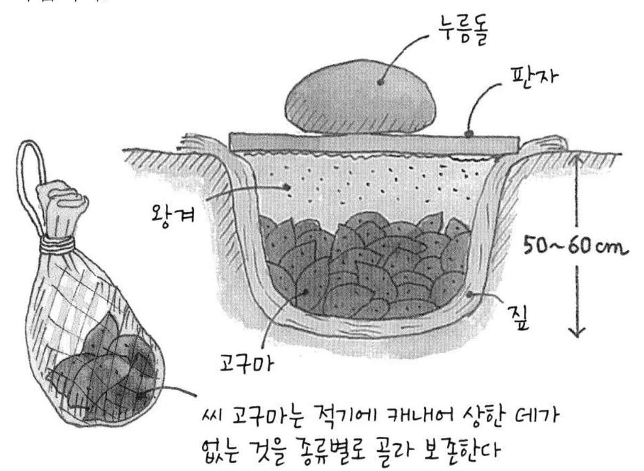


해가 잘 드는 곳이나 창고 한구석에 구덩이를 판 뒤, 짚을 깔고 그 위에 고구마를 넣습니다. 켜마다 왕겨를 넣어가며 고구마를 넣고, 마지막에는 왕겨를 더 두툼하게 넣어 덮은 뒤, 나무판자로 뚜껑을 만들어 덮고, 그 위에 돌을 올려놓습니다.
마땅한 장소가 없을 때는 큰 상자를 구해 그 안에 왕겨와 함께 고구마를 넣고, 되도록 따뜻한 곳에 놓아둡니다.

# 감자

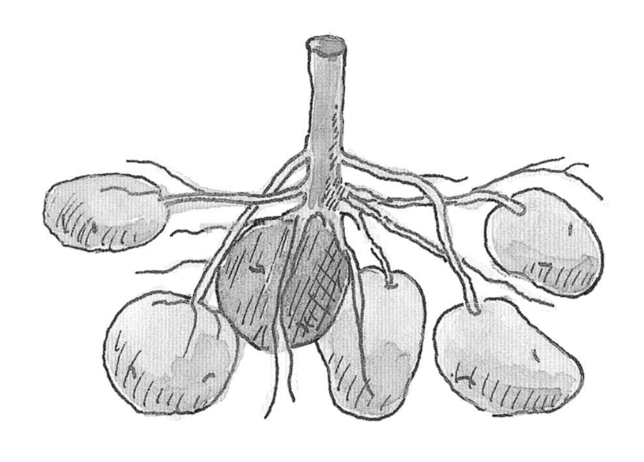

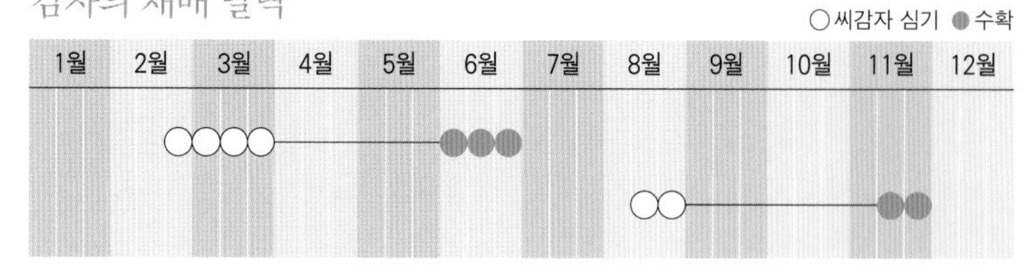


## 품종

감자는 밀, 옥수수, 벼에 이어 세계에서 네 번째로 수확량이 많은 작물이다. 그만큼 품종도 다양하다. 따듯한 곳에 맞는 품종도 있으나 본래 서늘한 기후를 좋아하는 식물이다. 따뜻한 지방에서는 한 해에 봄과 가을 두 차례 재배가 가능히디.
옅은 황색 감자가 대부분이지만, 토종 감자 중에는 보라색인 것도 있다.

원산지는 남미의 칠레, 안데스 지방이라고 알려져 있습니다. 생육 적온은 10~20도.
서리에 약하고, 고온에도 약하여 한여름에는 성장을 멈춥니다. 식탁에서 빠질 수 없는 작물이기 때문에 잘 거둬들이고 보존하여 연중 비축해두면 좋습니다.
감자는 땅속줄기가 비대해져 열매가 되기 때문에 지표 가까이에서 나고 자랍니다.
가짓과이기 때문에 토마토, 피망과 같은 다른 가짓과 작물과의 연작은 피하는 것이 무난합니다. 해가 잘 들고, 물 빠짐이 좋은 곳이 재배 적지입니다.

## 감자 심기

씨감자를 준비합니다. 달걀 크기 정도라면 한 개를 그대로 하나로 심고, 큰 것은 크기에 따라 2~4쪽으로 쪼개어 씁니다. 그때는 쪼갠 씨감자에 반드시 눈이 한 개 이상 있어야 합니다.

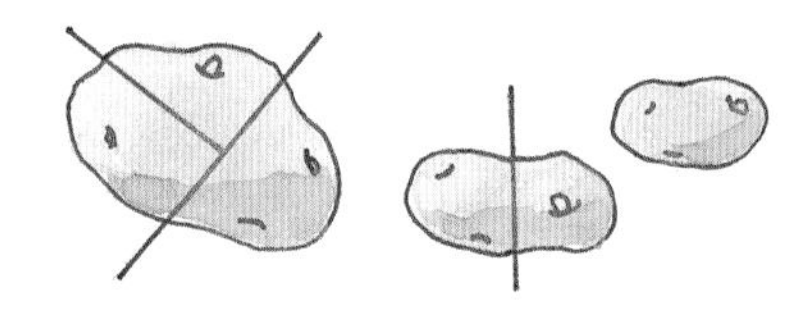

절단면이 썩지 않도록 재를 뿌리는 방법도 있는 것 같습니다. 그러나 자연농의 밭인 경우는 흙이 건강하기 때문에 그럴 필요가 없습니다. 해 아래서 약간 말리는 정도로 충분합니다.
식용 감자 중에 시든 것도 충분히 씨감자로 쓸 수 있습니다. 하지만 시판하는 식용 감자 중에는 싹이 안 나게 방사선을 쪼인 것도 있다고 하니 이 점을 고려해야 합니다.
감자를 심는 시기는, 봄에는 서리가 더 이상 내리지 않는 3월 상순에서 3월 말까지를 기준으로 합니다. 따뜻한 지방에서는 2월 하순서부터도 가능합니다.

습기를 싫어하기 때문에 이랑은 높게, 배수가 잘 되는 곳을 고릅니다.
폭 120cm 정도의 이랑이라면 줄 간격 40~50cm로 세 줄로 심고, 그루 간격은 30cm로 합니다. 풀을 헤치고, 심을 곳만 직경 15cm 크기의 원형으로 풀을 베고, 만약 여러해살이풀의 뿌리가 있다면 뽑아내고, 깊이 10cm 정도의 구덩이를 팝니다.
씨감자 눈이 위로 가도록 구덩이에 넣고, 씨감자와 같은 두께로 흙을 덮어줍니다.

마지막으로 주변의 풀을 베어 덮어주면 흙이 마르는 것을 피할 수 있고, 늦서리 피해를 막아줄 수 있습니다.

## 발아와 순지르기

발아에는 다소 시간이 걸립니다. 싹이 텄는데 서리가 내릴 것 같은 날에는 새싹 위에 흙을 조금 덮어주거나, 마른 풀을 조금 많이 덮어주면 좋습니다.

씨감자 하나에서 싹이 많을 때는 대여섯 개나 나오는 것도 있습니다. 그걸 그대로 두면 수확할 감자가 작아지기 때문에, 크고 튼튼한 싹 한둘을 남기고 나머지는 따버립니다.
씨감자 가운데를 위에서 왼손으로 누르고, 불필요한 싹의 아랫부분을 잡고 천천히 씨감자에서 떼어냅니다.
싹이 크게 자라기 전에 빠짐없이 해두어야 합니다.

## 성장

순지르기가 끝나면 금방 잎이 무성해집니다. 그때 주변의 풀도 우거지며 통풍이 나빠지면, 베어서 그 자리에 펴놓습니다. 이 작업을 하면 북주기는 안 해도 됩니다.

엷은 자주색이나 흰색의 꽃이 필 무렵, 무당벌레 등이 잎을 갉아먹으러 오는 일이 있습니다. 하지만 풀 중에 같은 가짓과인 까마중이나 쑥 등이 있으면 그것들도 벌레들이 좋아하는 것 같습니다. 그러므로 풀을 벨 때 한꺼번에 다 베지 않고, 한쪽씩 시기를 달리하여 베는 등의 배려를 합니다. 풀이나 소동물 등과 공생하는 가운데 감자 또한 자신의 생명을 완수해갑니다.

## 수확

꽃이 다 피고 아래 잎이 누렇게 시들기 시작하면, 여러 날 날씨가 좋아서 흙이 잘 말라 있는 날을 택해 감자를 캡니다. 비 그친 지 얼마 안 된 날은 땅이 습하기 때문에, 수확 후의 보존에 좋지 않습니다. 그런 날은 피합니다. 먼저 지상부의 잎줄기를 톱낫으로 벱니다. 그다음에 세발괭이나 호미 등을 이용해 감자를 캡니다. 불필요하게 땅을 파헤치는 일이 없도록 주의합니다.

삽이나 괭이로 캘 때는, 뿌리가 통째로 뽑히도록 삽이나 괭이를 넣고 제친 뒤에 뿌리째 뽑는 방법도 가능합니다.

다 캐면 그 자리에서 두 세 시간 말린 뒤, 흙을 털어내가며 자루나 상자에 담습니다. 마지막에는 땅을 원래대로 평평하게 고르고, 앞에서 베어놓은 풀 등을 빠진 데 없이 덮어줍니다.

## 보존

감자는 습기에 약하기 때문에, 수확한 뒤에 잘 말려서 보관하는 게 중요합니다.
컨테이너 케이스나 나무 상자 등에 넣어 냉암소에서 보관합니다. 햇살 아래서는 감자 색깔이 녹색으로 바뀌며 먹을 수 없게 변하므로, 종이 등으로 덮어 햇빛을 막아주는 게 좋습니다.

## 씨감자

봄에 수확한 감자를 다음 해 봄까지 씨감자로 보존하기는 상당히 어렵습니다. 봄과 가을 두 차례 재배할 수 있는 감자는 8월에도 한 번 더 심어 첫 서리가 오는 11월 무렵에 캔 뒤, 그중에서 씨감자를 골라 보존해둡니다.
씨앗이나 씨감자에는 휴면기가 있는데, 그때는 발아하지 않습니다. 두 번 재배하는 것은 휴면기가 짧은 품종이라는 뜻이기도 합니다.

# 양파

## 양파의 재배 달력

○파종 ▲아주심기 ●수확

1월 2월 3월 4월 5월 6월 7월 8월 9월 10월 11월 12월

극조생·조생 ○○○ (9월 파종) ▲▲ (10월 아주심기) ●●●●●●●● (4월~6월 수확)

중생·만생 ○ (9월 파종) ▲ (11월 아주심기) ●●●●● (5월~6월 수확)

## 품종

양파에는 노란색, 흰색, 붉은색 계통이 있고 계통마다 여러 가지 품종이 있다.
양파는 품종에 따라 파종 시기가 다르다. 적기를 놓치지 않는 게 중요하다. 씨앗은 한두 해밖에 가지 않는다. 그러므로 해마다 새로운 씨앗을 준비해야 한다. 보존, 저장할 수 있는 작물이지만 극조생이나 조생은 맞지 않고, 만생종일수록 저장성이 좋다.

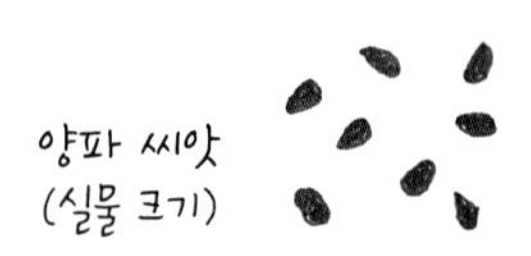


양파의 원산지는 북서 인도에서 중앙아시아, 아프가니스탄 주변 등이라고 알려져 있습니다.
배수가 잘 되는 한편 어느 정도 습기가 있는 땅을 좋아하고, 지력 또한 어느 정도 확보돼있는 곳이 좋습니다.
양파는 수확한 뒤 저장을 통해 거의 1년 내내 먹을 수 있어 나날의 밥상에서 빠질 수 없는 식자재입니다. 그러하니 재배에 꼭 도전해보시기 바랍니다.

## 씨앗 떨어뜨리기

양파는 자급용일 때도 많은 양을 재배해야 하기 때문에 모는 못자리에서 기릅니다. 벼처럼 파종 3개월 전까지는 등겨 등을 뿌려 사전에 지력을 높여놓는 게 좋습니다.
양파는 건조한 땅을 싫어합니다. 못자리는 물 빠짐이 좋은 한편 보습성도 있는 곳을 고릅니다.
풀을 베고, 겉흙을 얇게 걷어내고, 여러해살이풀의 뿌리가 있으면 뽑아내고, 평평히 고른 뒤, 괭이 뒷면 등을 이용하여 가볍게 진압합니다.
씨앗은 배게 뿌려지지 않도록 주의해가며 뿌리고, 복토는 4~5mm정도로 합니다.
그 뒤에 다시 한 번 표면을 가볍게 눌러준 뒤, 풀을 베어 못자리 전면이 덮이도록 흩뿌려놓습니다.
그렇게 함으로써 땅이 마르는 것을 막고, 가뭄이 심하게 들지 않는 한 물을 줄 필요가 없어집니다.

## 발아와 솎기

빠른 것은 닷새째부터 발아하기 시작합니다. 양파 모는 바늘처럼 가늘고 작기 때문에 알아보기 어렵습니다. 그때는 덮은 풀을 제치고 확인합니다.
싹이 고르게 거의 다 텄을 때, 어린 싹이 다치지 않도록 주의해가며 덮어놓은 풀 중 엉켜있는 곳만을 제거해줍니다.
싹이 배게 난 곳은 신중하게 솎아줍니다. 또한 풀이 나면 그때마다 뽑아줍니다.

모가 5~6cm가량 자랐을 때, 만약 모에 누런빛이 돈다거나 성장이 더디고 힘이 없어 보이면 등겨 등을 엷게 뿌려 도와줍니다.
이때 영양 과다가 되면 뒤에 꽃대가 일찍 솟아나는 원인이 되고, 저장성도 떨어지는 일이 있습니다. 아무쪼록 지나치지 않도록 주의하시기 바랍니다.

## 아주심기

아주심기는 11월 중순에서 하순에 걸쳐서 합니다. (강원, 경기 지방은 10월 중순부터 하순에 걸쳐 한다: 옮긴이)
아주심기를 할 곳은, 여름에 등겨나 유박 등을 뿌려두거나 콩을 심은 다음에 심는 등 지력이 있는 곳을 택합니다.
옮겨심기 한 주쯤 전에 우거져 있는 여름풀을 베어 이랑 위에 균일하게 펴놓고, 그 풀이 시들어갈 때 양파 모를 심으면 작업이 쉬워집니다.

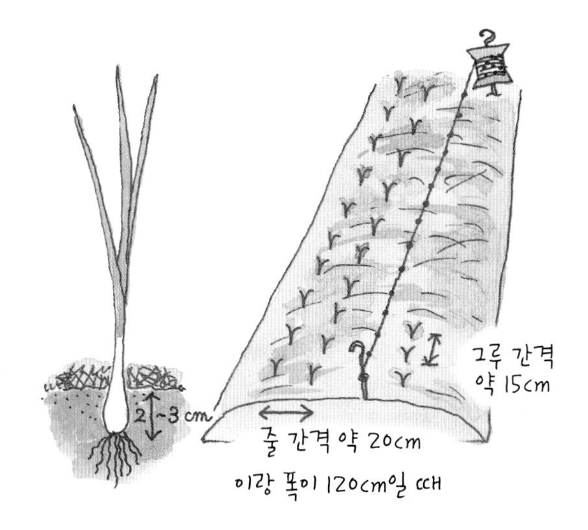


모는 15~20cm 정도 자라면 충분합니다. 못줄을 써서 모 간격을 일정하게 맞춥니다. 양파는 뿌리 쪽의 흰 부분이 굵어지며 양파로 자랍니다. 그러므로 뿌리 부분이 약 3cm 정도는 확실히 땅에 묻히도록 심고, 모 주변이 벌거숭이가 되지 않도록 마른 풀을 덮어줍니다.

## 풀베기와 돕기

모가 뿌리를 내리고 꼿꼿이 서는 것은 아주심기를 하고 열흘 정도 지났을 때입니다.

그 뒤에 필요에 따라 한두 차례 등겨나 유박 등을 조금 뿌려주면 좋습니다. 그러나 못자리처럼 지나치지 않도록 주의하는 게 중요합니다. 이때는 날씨도 1년 중에 가장 추운 때이기 때문에 양파도 추위를 견딜 뿐 자라지는 않는 시기입니다.

1월과 3월경에 풀의 기세가 양파보다 앞서면, 그루 사이의 풀을 베어 그 자리에 펴놓습니다.

양파 잎은 매우 연합니다. 풀을 벨 때 함께 자르는 일이 없도록 합니다.

봄이 되면 뿌리 부분이 비대해지기 시작하며, 구슬처럼 변해가고, 지표부로 드러나며 굵어지기 시작합니다. 깊이 심었다거나 알이 굵어지지 않을 때는, 그루 주변의 흙을 조금 걷어내주면 좋습니다.

## 수확

조생이라면 4월, 중생에서 만생이라면 6월이 기준입니다만 잎의 일부가 조금 시들며 저절로 쓰러지기 시작하면 수확기입니다. 쓰러진 것부터 수확을 시작합니다.

수확은 맑은 날 오전 중이 좋고, 뽑은 뒤에 하루쯤 그 자리에서 햇살에 말리면 그 뒤의 작업이 편합니다.

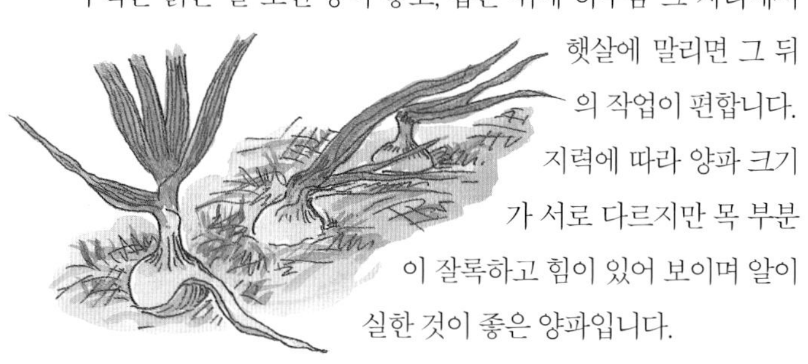

지력에 따라 양파 크기가 서로 다르지만 목 부분이 잘록하고 힘이 있어 보이며 알이 실한 것이 좋은 양파입니다.

## 저장

수확한 양파는 바람이 잘 통하는 그늘에서 이삼 일 말립니다. 그 뒤 대여섯 개를 한 다발로 묶은 뒤, 통풍이 잘 되는 곳에 매답니다. 이때 잎의 건조 상태가 불충분한 경우는 잎의 3분의 2 정도를 잘라내고 걸어도 좋습니다.

양이 적으면 잎을 잘라내고, 잘 말린 뒤 컨테이너 케이스에 넣어 냉암소 등에 보존해도 좋습니다.

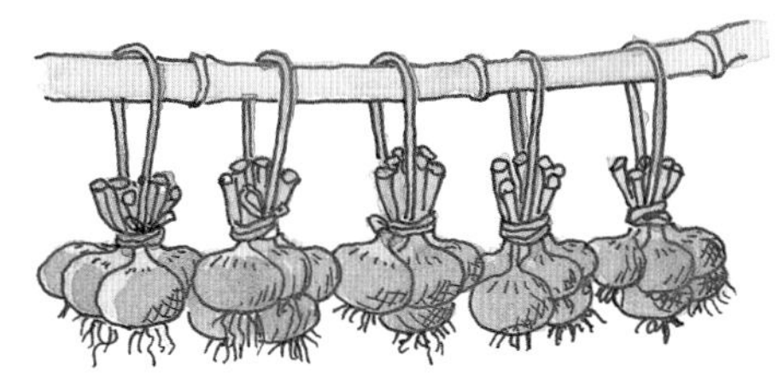

## 채종

양파의 채종은 개화기가 장마와 겹쳐서 익은 씨앗을 거두기 어렵다고 합니다만, 다음과 같이 해보십시오.

여름에 매달아 보관하던 양파 중에서 여러 개를 골라, 10월 초순에서 중순에 걸쳐서 밭에 심습니다.

여름 동안 잠자던 양파는 한 알에서 싹을 여러 포기 틔웁니다. 해를 넘기고 6월이 되면 거기에서 딱딱한 꽃대가 나오고, 그 끝에서 둥근 꽃봉오리가 생깁니다.

마침내 꽃봉오리 껍질이 벗겨지며 희고 작은 꽃이 수도 없이 피기 시작하는데, 그것이 씨앗이 됩니다.

씨앗은 처음에는 녹색이지만 익으면 검게 변합니다. 그때 거둬, 종이 따위를 펴고 털어 수확합니다.

그 뒤에 한 번 더 말려 병이나 종이 봉지에 넣어 보존합니다. 양파 씨앗은 한두 해 지나면 발아가 안 되기 때문에 매년 그 해 씨앗은 그 해에 다 쓰도록 합니다.

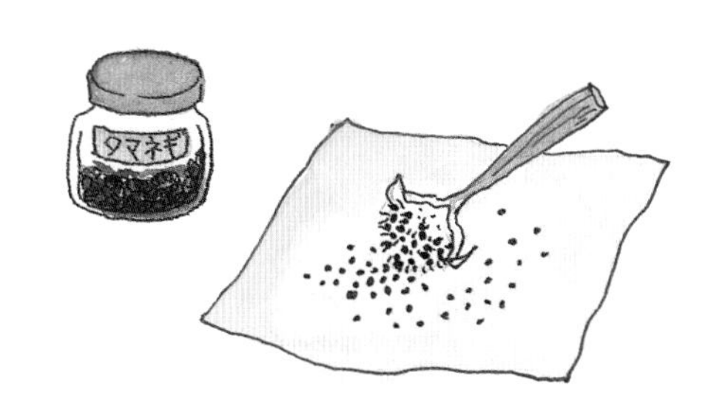

# 무

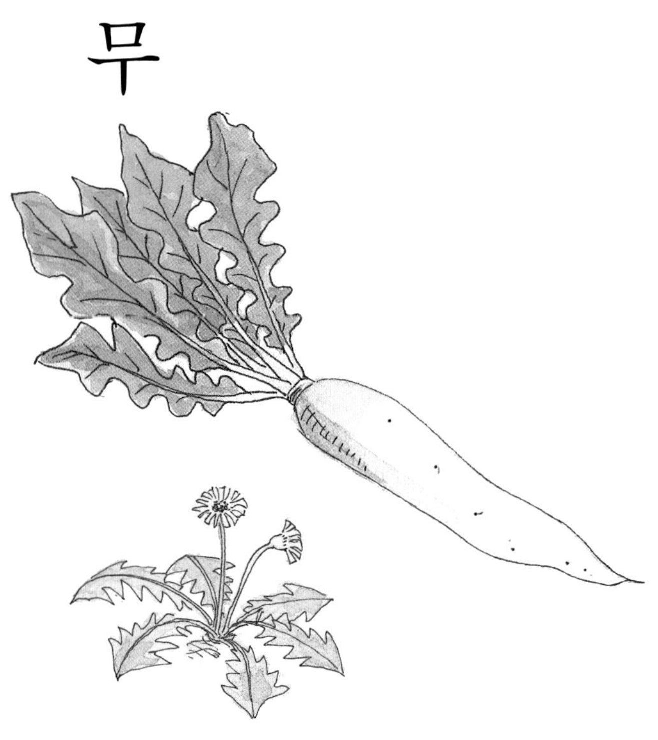

## 무의 재배 달력

○파종 ●수확

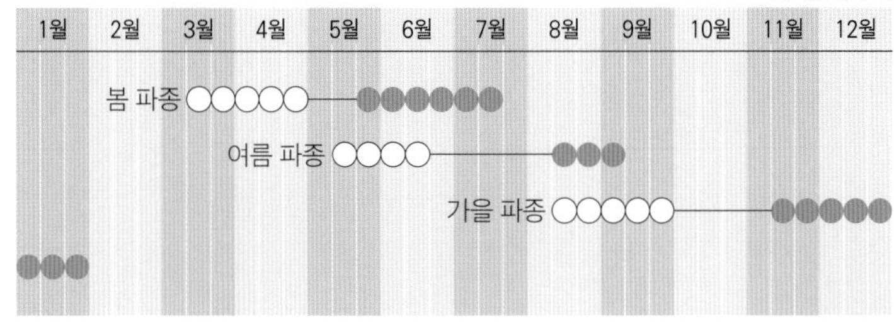


## 품종

최근에는 머리 부분이 파란 청수계青首系의 교배종이 많다. 하지만 절임이나 삶은 요리에는 흰색 계열의 무가 맛있다. 색깔이나 모양이 여러 가지이기 때문에, 그 특성을 알고 그 지역에 맞은 품종을 고른다. (그밖에 총각무, 열무, 자색무, 단무지용 무, 초롱무 등이 있다: 옮긴이)

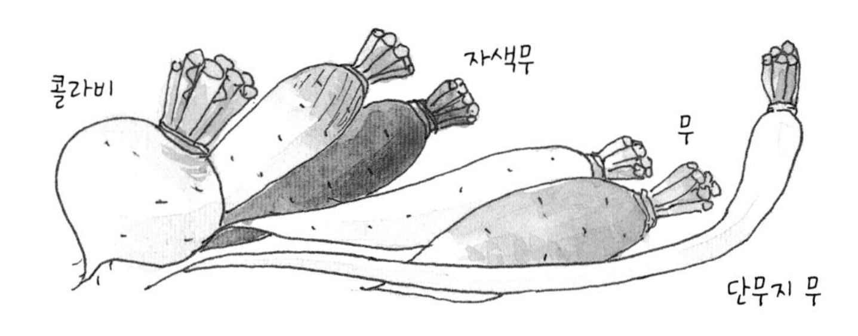


무는 평지과입니다. 원산지는 지중해 연안이라고 합니다.

무는 밥상에 빠질 수 없는 채소로 삶아도 좋고, 날것으로도 좋고, 또한 절임으로는 헤아릴 수 없이 많은 요리 방법이 있습니다. 말리거나 훈연에 이르기까지 매우 다양한 요리법이 있습니다.

초보자도 기르기 쉽고, 갈지 않은 땅에서도 잘 자랍니다. 어떤 땅에서나 비교적 잘 자라는 편이고 연작 장해의 염려도 없습니다.

지방마다 그 지역에 정착한 그 지역 재래종 무가 수 종류 있고 개량종도 많기 때문에, 계절과 그 땅에 맞는 것을 골라 도전해보시기 바랍니다.

### 씨앗 떨어뜨리기

무 씨앗은, 품종에 따라 다르지만, 평지과의 작물 속에서는 큰 쪽이라서 점 뿌리기도 가능하고 줄 뿌리기도 괜찮습니다.

#### ● 뿌림 골을 만드는 경우

폭 90~120cm 정도의 이랑이라면 두 줄로 하고, 더 좁으면 한 줄로 합니다.

먼저 폭 5~10cm 정도로 풀을 베고, 남아 있는 풀뿌리 등을 제거하고, 겉흙을 조금 걷어내고, 평평하게 다듬습니다.

톱낫 등을 써서, 한가운데로 깊이 1cm 정도의 V자 모양의 뿌림 골을 냅니다.

톱낫이 없다면, 각재의 모서리를 써서 눌러가며 뿌림 골을 내는 것도 좋은 방법입니다.

골이 만들어지면 거기에 배지 않도록 씨앗을 떨어뜨린 뒤, 고랑 양쪽의 흙을 덮고 손바닥으로 평평하게 눌러줍니다.

흙이 마르지 않도록 주변의 풀을 베어 골고루 뿌려줍니다.

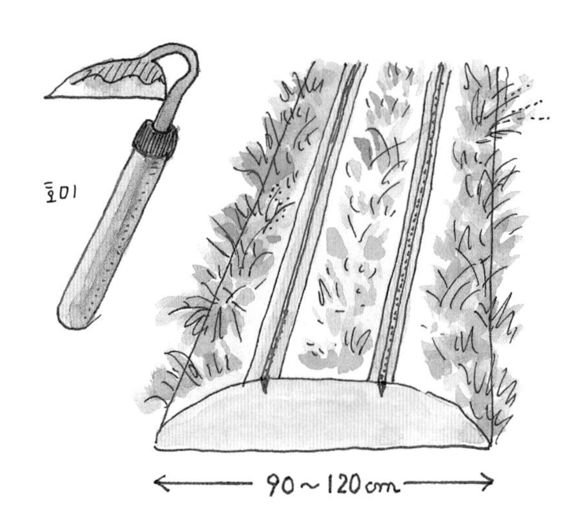


#### ● 한 알씩 씨앗을 떨어뜨리는 경우

폭 10cm 정도로 풀을 베어 뿌림 골을 만듭니다. 풀을 다 베면, 뿌림 골 가운데에 못줄을 치고 그것을 기준으로 삼아 씨앗을 뿌립니다. 손에 소량의 무 씨앗을 쥐고, 같은 손 집게손가락 끝으로 씨앗을 넣을 작은 구덩이를 3~5cm 간격으로 눌러 만들고, 그곳에 한 알씩 씨앗을 떨어뜨리고, 흙을 덮어갑니다.

마지막에는 주변의 풀을 베어 덮어서 땅이 마르지 않게 합니다.

이것이 가장 적은 수고로 무를 파종할 수 있는 방법입니다.

추운 겨울을 지나 봄이 가까워지며 꽃대가 생기면 무 뿌리도 딱딱해집니다. 그러므로 씨앗용을 뺀 나머지 무는 그 전에 다 거두어들입니다.

## 발아와 솎기

그때의 기온이나 그 밖의 조건에 따라 다릅니다만 사나흘이 지나면 발아합니다.
비교적 큰 떡잎이 얼굴을 내밀고 지면 위로 솟아 올라옵니다. 심하게 배지 않다면 본잎이 나올 때까지 솎지 않아도 좋습니다. 그 뒤에는 성장에 따라, 포기 간격이 적당해질 때까지, 되도록 여러 차례로 나누어서 솎아줍니다.
솎아낼 무만 쏙 뽑아냅니다. 너무 배서 옆의 무에 피해를 줄 것 같으면, 가위로 자릅니다.
무는 곧고 큰 뿌리를 가지고 있습니다. 뿌리가 10cm 이상 자란 무는 그대로 씻어 통째로 절일 수 있습니다. 이때는 작아서 먹기에 좋습니다. 한입에 넣을 수 있을 만큼 작기 때문입니다.
이 무렵이 되면 잎이 자라 서로 겹쳐지는 곳이 많습니다. 솎을 때 잎이 상하지 않도록 주의해야 합니다.
솎은 곳에 생기는 구덩이는 바로 메워줍니다.

## 수확

파종 후 70일 전후가 되면 수확할 수 있을 만큼 자랍니다. 윗부분이 파란 무는 땅 위로 나온 부분이 길어 뽑기가 쉽습니다. 잘 안 뽑히는 것은, 왼쪽으로 비틀어 가며 위로 뽑으면 잘 뽑힙니다.

## 채종

무 씨앗은 큰 편입니다. 꼬투리가 엷은 갈색으로 변하며 바짝 마르기를 기다렸다가 베어냅니다. 깔개 위에 펴놓고, 막대기 등으로 두드려 씨앗을 받습니다.

## 보존

수확한 무는 잎을 자르고 머리를 아래로 하여 땅속에 묻어두면 한동안 보존할 수 있습니다.
통째로 말려 단무지를 만들거나, 잘게 썰어 말려두고 겨우내 이용할 수도 있습니다. 왼쪽 그림처럼 길고 가늘게 썰고 실로 꿰어 말린 뒤, 절이거나 삶는 등 여러 가지 요리에 이용할 수도 있습니다.

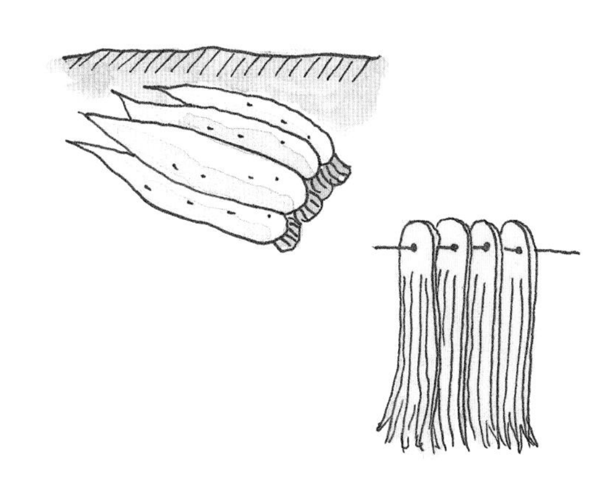

# 당근

## 당근의 재배 달력

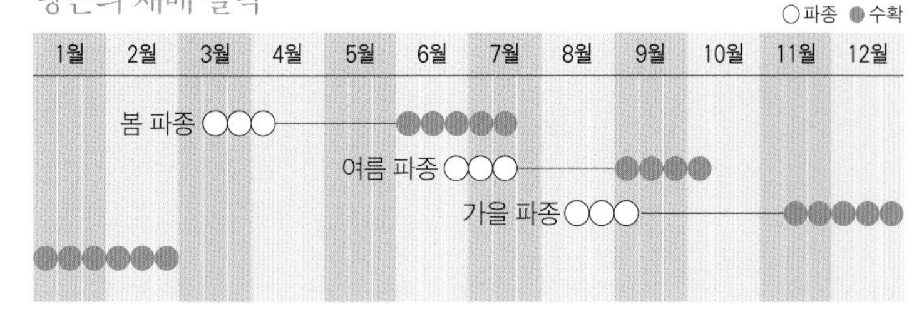


## 품종

현재는 서양 당근이 많지만, 동양계도 교잡을 거듭해오면서 다수의 고정종이 있고 색깔도 여러 가지가 있다. 일반적으로 뿌리가 짧은 품종은 조생이며 봄 파종에 맞고, 뿌리가 긴 것이 많은 편인 동양계 당근은 여름과 가을 파종에 맞다. 휴면 기간은 약 3개월이고, 종자 보존 기간은 1년으로 짧다.

당근의 원산지는 아프가니스탄 북부의 산악지방이라고 알려져 있습니다.

저온에도 고온에도 비교적 강하고 봄, 여름, 가을 연 3회 파종이 가능합니다. 미나릿과로 습기를 좋아하기 때문에 가뭄에 주의해야 합니다.

씨앗

### 씨앗 떨어뜨리기

당근 씨앗은 오래되면 싹이 트지 않기 때문에 해마다 새 씨앗을 준비해둬야 합니다. 또한 발아율이 비교적 낮기 때문에 조금 많이 뿌립니다.

여기서는 흩어뿌리기와 줄 뿌리기의 두 방식을 소개합니다.

● 흩어뿌리기

폭이 그렇게 넓지 않은 이랑을 고릅니다. 폭이 좁은 이랑은 당근을 솎거나 풀을 베거나 뽑을 때, 이랑 양쪽에서 손이 닿기 때문에 편리합니다.

그림에서처럼 이랑 전체에 씨앗을 흩어뿌립니다.

● 줄 뿌리기

무처럼 한 줄 한 알 뿌리기가 아니라 이랑 한 쪽 혹은 양쪽에 폭 10~15cm 정도의 뿌림골을 만들고, 그 위에 흩어뿌립니다.

어느 쪽이나 같습니다. 먼저 씨앗 뿌릴 곳의 풀을 베고, 괭이로 겉흙을 얇게 걷어냅니다. 여러해살이풀의 뿌리가 있으면 뽑아내고, 흙덩이가 생기면 잘게 부수고, 평평하게 고른 뒤, 가볍게 진압합니다.

10~15 cm

가뭄이 들어 땅이 바짝 말라 있을 때는, 파종 전에 한 차례 물뿌리개 등으로 물을 충분히 줍니다. 그리고 잠시 물이 스며들기를 기다렸다가 씨앗을 뿌립니다.

당근 씨앗은 호광성이기 때문에 흙을 얇게, 씨앗이 안 보일 정도로만 덮습니다. 땅이 마르는 것을 막기 위해 손으로 가볍게 눌러준 뒤, 주변의 풀을 베어 위에 덮어놓습니다. 지나치게 덮지 않도록 주의합니다.

### 발아

파종 뒤 6~10일경이면 발아합니다. 당근 떡잎은 가늘고 깁니다. 그러므로 덮어놓은 풀이 당근의 성장을 방해하거나 발아에 장애를 미치고 있으면, 손가락 끝으로 제쳐놓아줍니다.

어릴 때는 옆 당근과 경합하며 잘 자라기 때문에, 어지간히 배지 않는 한 본잎이 서너 장 날 때까지 솎아주지 않아도 됩니다.

### 성장과 솎기

발아하고 20~30일쯤 되면 본잎이 4~5장 나며, 당근다운 모양을 갖춥니다.

지나치게 밀집돼 있는 곳은 가위를 이용해 솎거나 손으로 뽑습니다.

솎기는 여러 차례에 걸쳐 조금씩 하도록 합니다. 당근이 자람에 따라, 솎아내는 양도 많아지며, 그만큼 밥상이 풍성해집니다.
통풍이 나빠지지 않도록 당근 주변의 풀을 부지런히 제거해줍니다. 뽑은 풀은 당근 주위에 펴놓아 흙이 마르지 않도록 합니다.

## 수확

잎 색깔이 짙어지고 딱딱해지는 동시에 뿌리가 조금 보이기 시작하면, 큰 것부터 뽑아 밥상에 올립니다.
당근을 뽑을 때 생기는 구멍은 바로 메워놓습니다. 때로는 봄에 뿌린 당근이 잘 못 자라 여름에 뿌린 당근과 같은 시기에 굵어지는 일도 있습니다. 이런 당근은 뽑아보면, 일러스트의 오른쪽 당근처럼 줄기가 굵고 흰 색깔의 수염뿌리가 많이 나 있습니다. 뿌리 또한 딱딱하여 이용하기 어렵습니다.

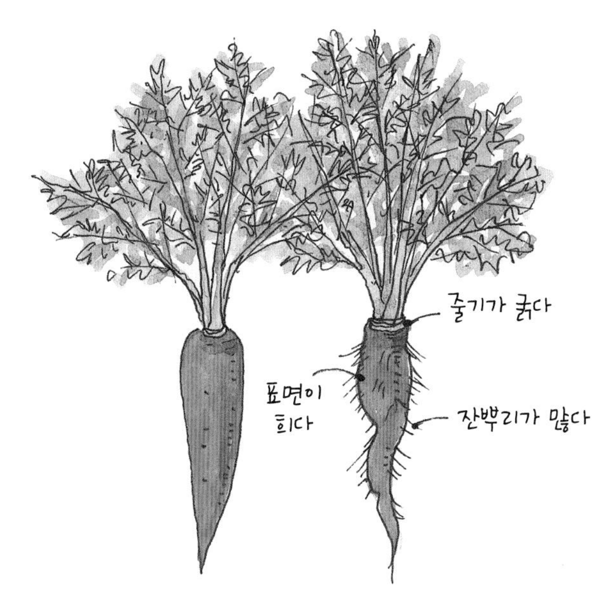


그 원인은 토양의 건조일 가능성이 가장 많습니다. 특히 생육 초기에 수분이 부족하면 수염뿌리가 많이 나거나 표면이 흰, 수분이 빠진 듯한 당근이 생길 가능성이 많습니다.
또한 어느 정도의 지력은 필요하지만, 지나치면 진디나 거염벌레가 많이 생깁니다. 그러므로 등겨나 유박으로 성장을 도울 때는 늘 조금 적은 듯 주는 게 좋습니다.

자연농으로 건강하게 자란 당근은 다소 작기는 해도 단맛이 강하고, 날것으로 먹어도 맛있을 만큼 연합니다.

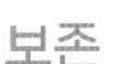

## 보존

가을에 파종한 당근은, 상당히 오랜 기간 수확할 수 있기 때문에 밭이 빌 때까지 필요할 때마다 뽑아먹는 게 가장 좋습니다.
꽃대가 나오면 당근의 심 부분부터 딱딱해지기 때문에 그 전에 수확합니다. 잎을 잘라낸 뒤, 흙이 묻어 있는 채로 신문지 등으로 싸서 0~5도 정도의 장소에 두면 오래 두고 먹을 수 있습니다.

## 채종

당근의 꽃대에서 핀 꽃은 순백색인데 레이스 플라워와 비슷합니다. 꽃꽂이에도 쓸 수 있을 것처럼 곱습니다.
건강하고 실한 것 몇 포기를 남겨, 거기서 꽃대가 나오고, 꽃이 피고, 그 꽃 이삭이 엷은 갈색으로 변하며 잘 마르면, 씨앗을 받습니다. 맑은 날이 여러 날 이어질 때, 이삭째 베어내어 깔개 위에 펴놓고, 막대기로 두드려서 혹은 손으로 비벼 씨앗을 빼냅니다. 씨앗을 뺀 나머지 것은 바람으로 날려버리고, 씨앗만 보관합니다.

# 생강

## 생강의 재배 달력

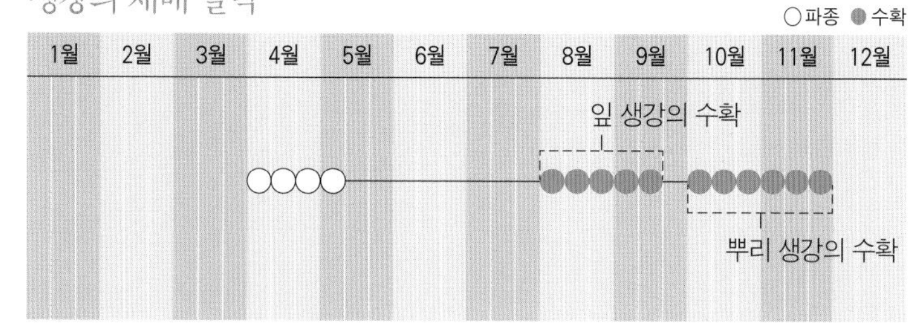


## 품종

크기에 따라 작은 생강, 중간 생간, 큰 생강이 있다.
8월에서 9월에 걸쳐서 생육 도중의 어린 생강을 줄기와 함께 이용하는 것을 연필 생강, 혹은 잎 생강이라 한다. 여기에는 작은 생강이 맞다.
뿌리를 이용할 수 있는 것은 10월 이후에 수확한다. 하지만 큰 생강은 추운 지방에는 맞지 않다고 알려져 있다.

## 성질

고온, 다습한 토양을 좋아한다. 보수력이 좋은 한편 배수도 잘 되고, 하루 중 반나절은 그늘이 들어 흙이 잘 마르지 않는 곳이 적지다. 또한 연작을 싫어하고 12도 이하의 저온에서는 썩기 쉽다.
새끼 생강은 껍질이 얇고 연하다. 하지만 수확한 뒤 반년쯤 지나면 껍질이 두꺼워지고 속 색깔도 누런 빛깔이 늘어나는데, 이것을 씨앗으로 쓴다.

### 생강 심기

원산지는 인도로부터 열대아시아인 것으로 알려져 있습니다.
씨생강은 3월경이 되면 종묘상에 나옵니다. 그다음 해부터는 자가 채종을 하여 씁니다.
씨 생강은 무르거나 변색된 것은 피하고, 단단하고 빛깔이 좋고 모양 또한 실한 것을 골라 씁니다. 덩어리가 큰 것은 잘라 씁니다. 그때 나눈 덩이 안에는 눈이 적어도 두세 개는 있어야 합니다.

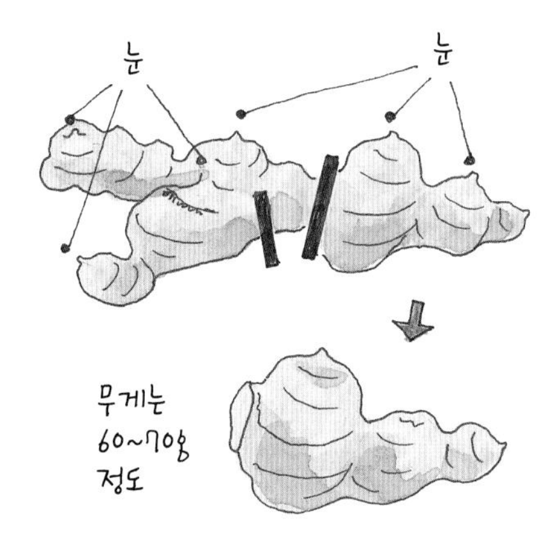


생강을 심을 곳은, 오전 중에는 해가 들고 오후부터는 그늘이 지는 곳이 좋고, 연작은 피합니다.

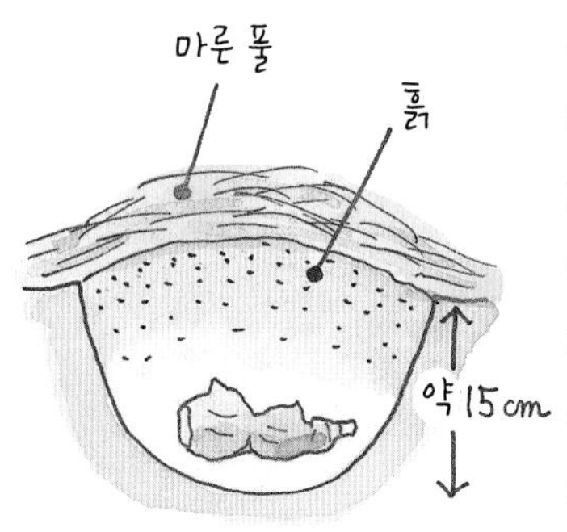


생강은 줄기나 잎이 자라면 강해져서 벌레가 먹는 일이 거의 없습니다. 하지만 막 싹이 튼 새싹은 매우 잘 꺾어집니다. 그러므로 그 시기에는 풀을 베지 않아도 되도록, 생강을 심을 때 풀을 꼼꼼히 베어놓습니다.

폭 90cm 정도의 이랑에는 두 줄로 심습니다.
씨생강 위에 새끼 생강이 나기 때문에 대략 15cm 깊이로 구덩이를 파고, 그루 간격은 약 30cm로 합니다.
씨 생강의 눈이 위로 향하게 놓고, 흙을 덮은 뒤, 마른 풀을 조금 많이 덮어놓습니다.

### 발아

좀처럼 싹이 잘 안 나옵니다. 걱정이 될 정도입니다. 발아에는 대략 20도 이상의 온도가 필요하고 한 달쯤 걸립니다. 생강 새싹은 대단히 잘 꺾어지기 때문에 주의하지 않으면 안 됩니다.

### 성장

싹이 튼 뒤의 생육에는 25~30도의 기온이 필요하다고 합니다.

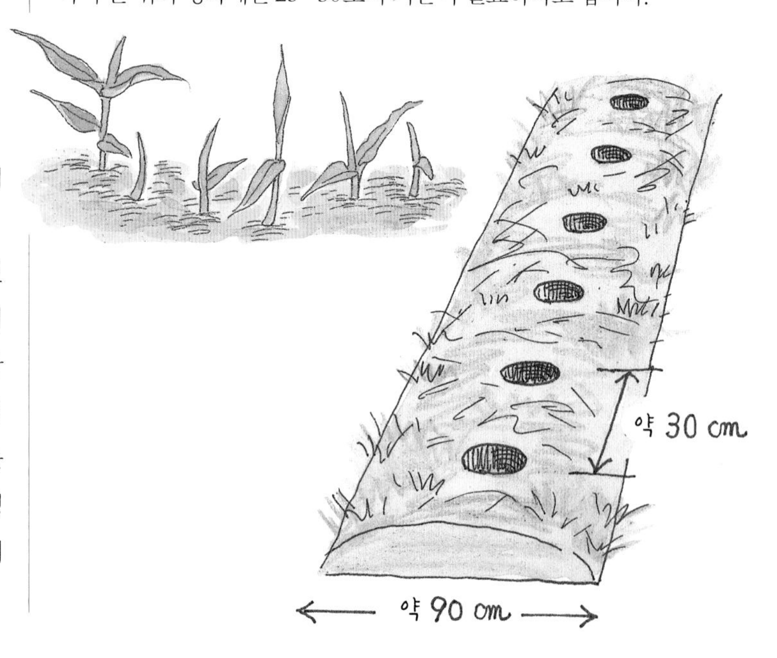

기온의 상승과 함께 새싹도 자라기 시작하고, 숫자도 늘어납니다. 잎 생강으로 이용하고 싶을 때는 8월경에 새싹 굵기가 1cm쯤 되는 것을 골라 삽이나 세발괭이 등으로 포기째 뽑아냅니다. 이때 씨생강은 아직 충분히 힘이 남아 있기 때문에, 뒤에 소개하는 방법으로 잘 보존해두면 다음 해의 씨앗으로 다시 쓸 수 있습니다.

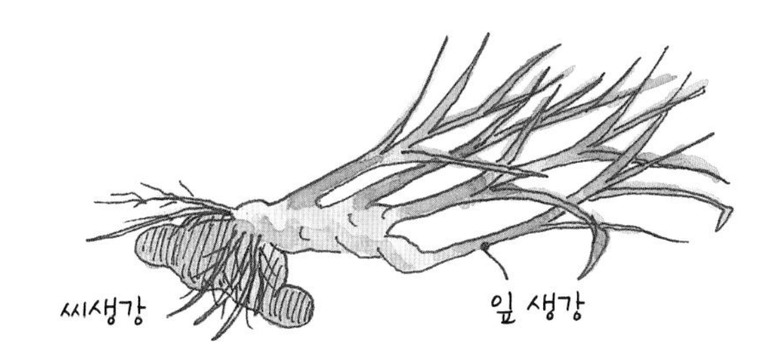


여름에는 비가 내릴 때마다 풀의 기세가 더 강해집니다. 반半그늘 지역이 좋다고 하지만, 지나치게 풀이 무성해지면 생강의 성장에 영향을 미칩니다. 그럴 때는 생강 주변의 풀을 베어 그 자리에 펴놓습니다. 생강 줄기는 쉽게 꺾이기 때문에 주의해가며 풀을 베어야 합니다.

## 수확과 보존

10월에 들어서면 필요한 만큼 뽑아 먹고, 11월 말에는 남은 것을 전부 거둡니다. (강원, 경기 지역은 10월 중순까지: 옮긴이)

생강은 저온에 약하기 때문에 보존에는 그만한 배려와 방법이 필요합니다.

먼저 줄기와 수염뿌리를 잘라내고, 흙을 털어내고, 한나절 그늘에서 말립니다.

고구마를 보존할 때처럼, 암실에서 보관하는 방법과 맨션과 같은 주거지에서도 가능한 방법 두 가지를 소개합니다.

새끼 생강
(새 생강)
묵은 생강
(씨앗)

### ● 암실에 보존한다

암실을 만드는 장소는, 해가 잘 드는 광이나 창고 등 비를 맞지 않는 곳이 좋습니다. 깊이 50~60cm 정도에 구덩이 크기는 보존할 양에 맞춰 파고, 볏짚을 펴고, 생강을 왕겨와 함께 넣은 뒤, 볏짚을 덮고, 판자와 무거운 돌을 뚜껑으로 합니다. 지온이 12도 이상 유지가능한 곳에서는 직접 흙 속에 보존해도 좋습니다.

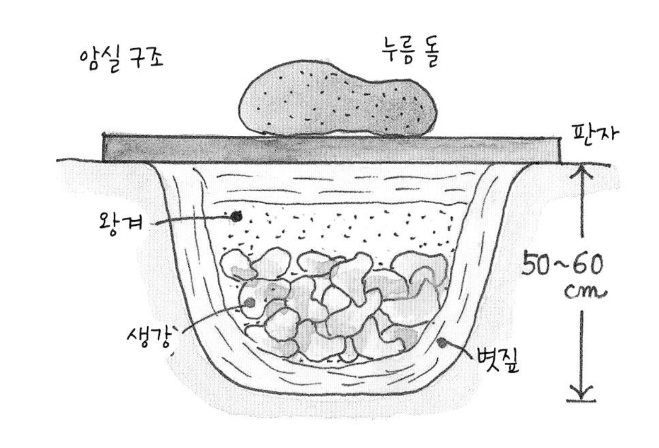


### ● 부엌에 보존한다

암실을 만들 공간이 없는 도시의 맨션이나 단독주택 등에서도 방법을 찾으면 봄까지 보존이 가능합니다. 이 방법으로 저장할 생강은 껍질이 얇고 연한 것이 아니라, 11월까지 흙 속에 있던, 이미 단단해진 것으로 합니다.

생강을 캐낸 뒤, 줄기와 뿌리를 잘라내고, 물로 씻으면서 칫솔 따위로 틈새의 흙을 제거한 뒤, 잘 말립니다.

여러 날 말린 뒤, 한 덩이씩 신문지 등의 종이에 쌉니다. 발포스티롤 상자를 구해, 그 안에 종이로 싼 생강을 정성껏 집어넣습니다. 다 넣으면 냉장고 위에 올려놓습니다. 뚜껑은 가볍게 덮는 정도로 밀폐하지 않도록 합니다. 부엌 천장 가까운 곳은 따뜻하기 때문에 가끔 신문지를 바꿔주는 것만으로도 충분히 보존할 수 있습니다.

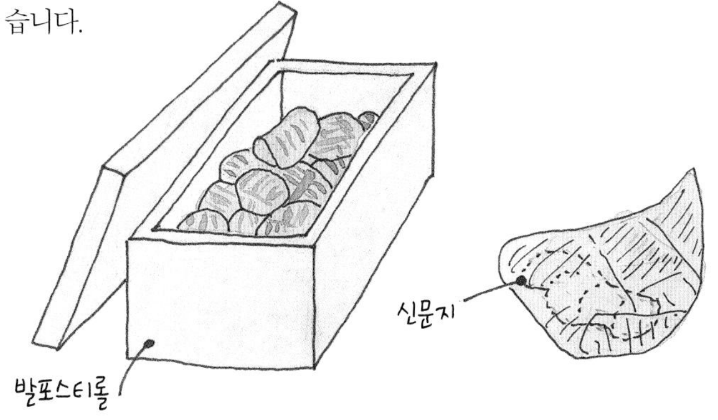

# 강낭콩, 동부

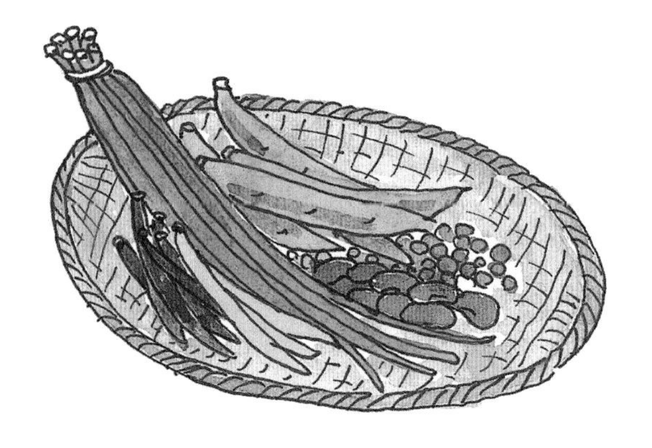

강낭콩, 동부의 재배 달력

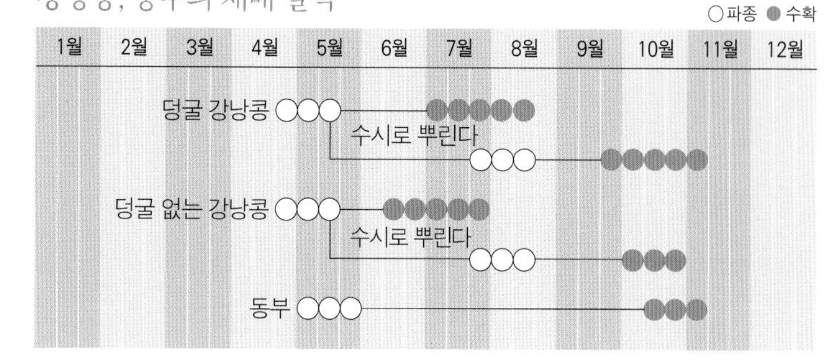


## 품종

덩굴 없는 강낭콩이나 동부처럼 열매가 어릴 때 꼬투리째 먹는 것과, 잘 익은 뒤 마른 콩만 거두는 것 등 크게 두 가지로 나눌 수 있다.

중남미가 원산지라고 알려져 있습니다.

같은 콩과인 누에콩이나 완두콩과 달리 따뜻한 곳을 좋아하는 온난성 작물입니다. 해가 잘 들고 보습력이 있는 땅을 좋아합니다만, 물이 정체되는 곳은 맞지 않습니다. 물 빠짐이 좋은 곳을 고릅니다.

덩굴 없는 강낭콩은 서리가 더 이상 내리지 않는 4월 말에서 8월까지 수시로 씨앗을 뿌릴 수 있고, 첫 서리가 내리는 11월 초순까지 수확이 가능합니다. 하지만 여름 기온이 30도를 넘으면 열매를 맺기 어려워집니다. 품종 몇 개를 조합하여 시기를 달리해 심으면, 오랜 기간 수확의 기쁨을 맛볼 수 있습니다.

## 씨앗 떨어뜨리기

파종은 점 뿌리기로 합니다. 폭 90cm 정도의 이랑이라면 두 줄로 하고, 그루 간격은 30cm 정도로 하면 좋습니다.

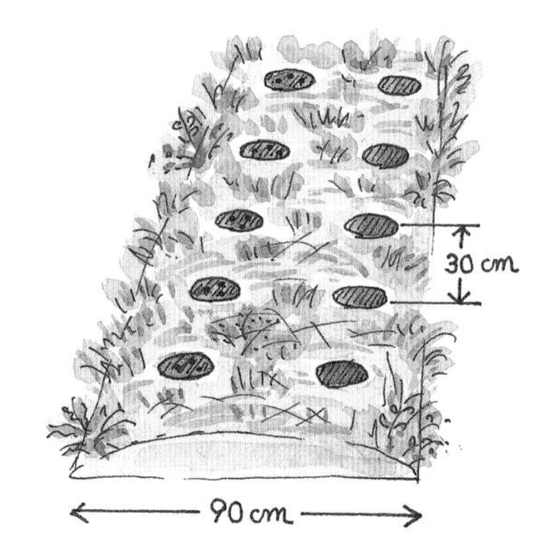


원형으로 직경 10cm쯤 되게 풀을 베고, 여러해살이풀의 뿌리 등이 있으면 제거하고, 평평하게 고릅니다.

거기에 손가락 끝으로 가볍게 눌러 작은 구덩이를 만들고, 콩을 두세 알씩 넣습니다.

복토는 씨앗 두께의 배인 약 1cm 정도로 한 뒤, 손으로 가볍게 눌러주고, 그 위에 땅이 마르지 않도록 앞서 베어놓은 풀이나 주변의 풀을 덮어놓습니다.

새가 씨앗을 먹으러 오는 곳이라면, 뿌림 줄 위로 10cm 정도의 높이로 끈을 하나 쳐놓으면 좋습니다.

## 발아와 솎기

대략 5~6일이 지나면 싹이 트기 시작합니다. 덮어놓은 풀이 새싹의 성장을 방해할 때는 제거해줍니다.

주변 풀의 기세가 왕성하여 강낭콩의 어린 싹에 그늘이 진다거나, 통풍이 나빠진다거나 할 때는 이따금 베고, 벤 풀은 그 자리에 펴놓습니다. 덩굴이 있는 것이나 없는 것이나 한 곳에 두 그루만 남기고 나머지는 솎아냅니다.

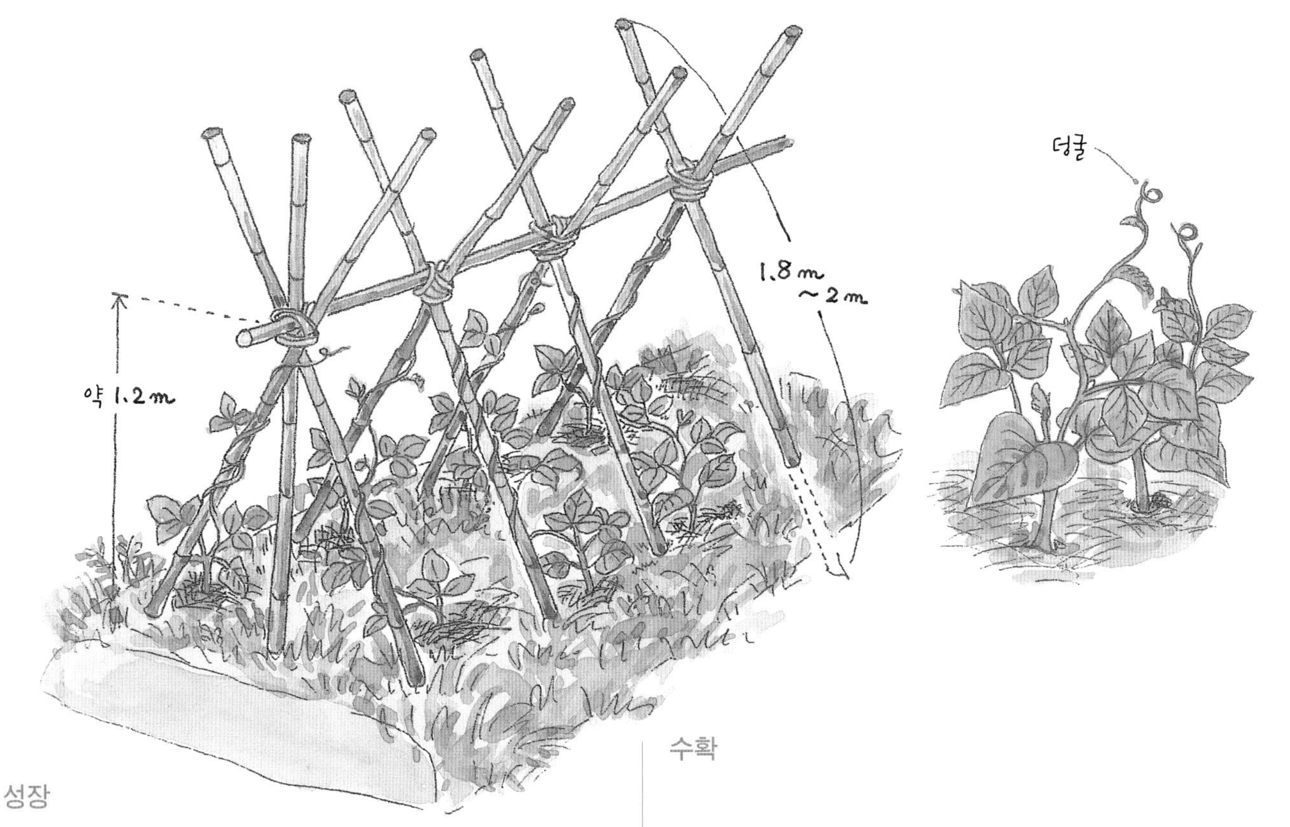


## 성장

덩굴 없는 강낭콩은 높이 40~50cm 정도로 자란 뒤, 위로는 더 이상 안 크고 가지 숫자를 늘립니다. 통풍이 나빠지지 않도록, 풀이 무성하게 자라면 베어 그 자리에 놓아줍니다.

## 지지대 세우기

덩굴 있는 강낭콩은 지지대를 세워주어야 합니다. 완두콩이나 여주의 경우는, 덩굴손을 손처럼 써서 휘휘 지지대를 감아쥐며 자랍니다. 그러므로 잔가지가 굵은 대나무를 쓰지만, 강낭콩의 경우는 줄기로 지지대를 감으며 자라기 때문에 대나무라면 조금 가는 것도 상관없습니다.

지지대는 길이 1.8~2m 정도가 좋습니다. 위의 그림처럼 강낭콩을 따라 두 줄로 지지대를 세우고, 그 지지대가 산山 모양이 되도록 교차시킨 뒤, 끈으로 묶어 고정합니다.

대나무로 지지대를 세우는 경우는, 가능하면 겨울 동안(10월~2월)에 잘라둡니다. 여름 대나무보다 수분이 적기 때문에 잘 썩지 않아 다시 이용할 수 있습니다.

지지대는 바람에 쓰러지지 않도록 튼튼히 묶어야 합니다. 덩굴이 자란 뒤에 쓰러진 지지대는 다시 묶어 세우기가 무척 어렵습니다.

## 수확

● 꼬투리째 먹는 경우

꼬투리가 연할 때 수확합니다. 덩굴 없는 강낭콩은 금방 익어버립니다. 때를 놓치지 않도록 합니다.

어느 것이나 꼬투리를 잡아당기면 줄기째 딸려와 줄기가 상하기 쉽습니다. 한 손으로 줄기를 잡고, 남은 한 손으로 꼬투리를 땁니다.

● 콩을 목적으로 하는 경우

완숙된 콩만을 수확하는 방법은 다음과 같습니다.

꼬투리가 엷은 갈색으로 물이 들며 잘 말랐을 때가 수확 시기입니다. 꼬투리를 조금 열어보는 것도 한 방법입니다. 모양이나 색깔을 보면 알 수 있습니다.

꼬투리마다 완숙도가 다르기 때문에, 잘 익은 것부터 차례로 따 자루 등에 담고 날씨가 좋은 날에 해에 널어 말립니다.

가볍게 두드려서 털고, 상한 것은 골라낸 뒤, 한 번 더 그늘에 말려서 보관합니다.

## 채종

콩을 목적으로 하는 수확과 순서가 같습니다. 꼬투리는 물론 그 안의 콩도 곱게 잘 익은 것 중에서 씨앗을 고릅니다.

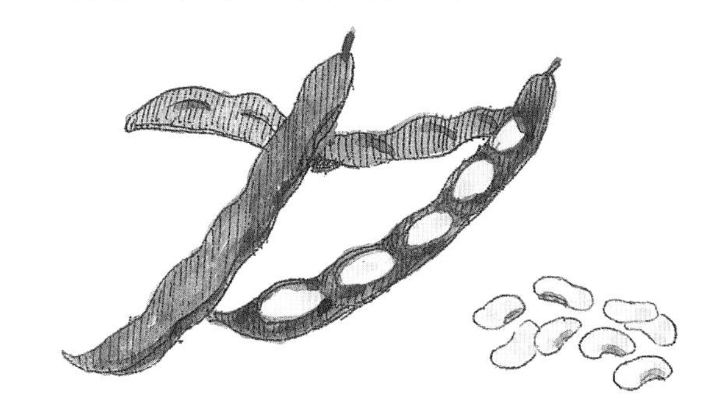

# 풋콩, 콩

## 풋콩, 콩의 재배 달력

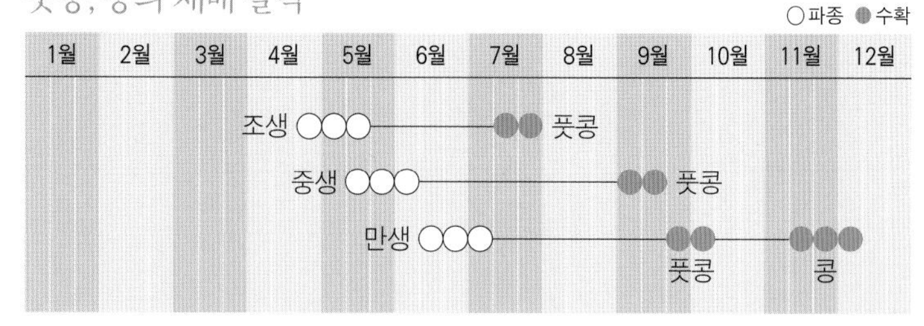


## 품종

**풋콩에 맞는 품종**

농촌진흥청에서 개발한 녹원, 단미2호, 미랑 등이 있다.(옮긴이 주)

**(익은) 콩에 맞는 품종**

| | |
|---|---|
| 노란색 콩 | 메주콩 |
| 검은색 콩 | 검정콩, 서리태, 쥐눈이콩 |
| 녹색 콩 | 청대콩 |

중국이 원산지입니다. 풋콩이란 성장 도중의 다 익지 않은, 연한 상태에서 꼬투리째 먹는 콩을 이르는 말로, 여기에는 조생종과 중생종이 많습니다. 한 편 익은 후에 먹는 콩은 중생종에서 만생종인 것이 일반적입니다. 어디서나 재배가 가능합니다. 자기 지역에 맞는 품종을 찾아 적기에 심도록 합니다.

콩은 콩과로, 뿌리혹박테리아에 의한 공기 중의 질소를 고정하는 성질이 있기 때문에 메마른 땅에서도 잘 자랍니다.

해가 잘 들고, 보습력도 있는 장소가 좋습니다.

### 씨앗 떨어뜨리기

이랑 폭이 120cm 정도라면 두 줄로, 60~70cm 정도라면 한 줄로 하고, 그루 간격은 60cm 정도로 점 뿌리기를 합니다.

파종할 곳만 겉흙을 파고, 씨앗을 서너 알씩 떨어뜨리고, 판 흙을 덮고, 가볍게 진압한 뒤, 풀을 베어 덮어놓습니다.

까마귀나 비둘기의 피해가 많은 곳에서는 뿌림 골 위로 가는 끈을 한 줄 쳐놓는 것도 좋습니다. 새는 날개에 실이 걸리는 것을 두려워합니다. 그러므로 지면에서 15cm 정도 높이로 줄을 쳐놓으면, 가까이 오려 하지 않습니다.

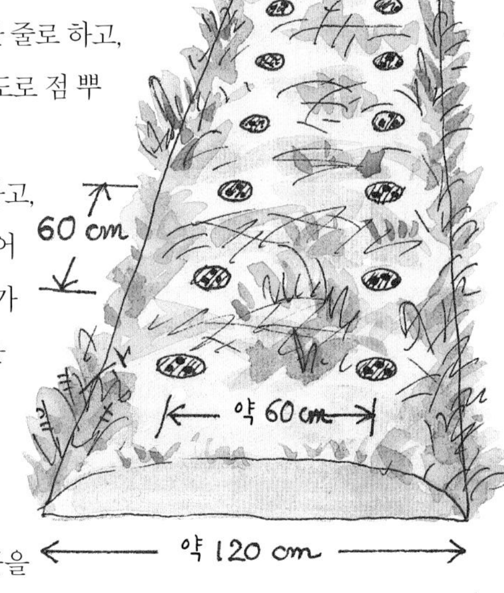

### 발아와 솎기

일주일에서 열흘 사이에 싹이 틉니다. 본잎이 나오면, 한 곳에 두 그루만 남기고 나머지는 솎아줍니다.

이때는 주변의 풀도 함께 자라기 때문에, 콩이 질 것처럼 보이면 때를 놓치지 말고 베어줍니다. 풀을 벨 때는 단번에 이랑 전체를 베지 않도록 주의합니다. 한쪽만 벱니다. 벤 풀은 그 자리에 펴놓는데, 그렇게 하면 보습이 됩니다. 남은 한쪽의 풀은 한참 뒤에 벱니다.

## 성장과 수확

조생종은 성장이 빠르고, 발아한 뒤 60~70일이 지나면 꽃이 피기 시작합니다. 이때 땅이 마르면 결실이 나빠지기 때문에, 만약 가뭄이 들 경우는 주변의 풀을 베어 포기 주변에 펴놓아줍니다.

### ● 풋콩으로 수확

풋콩으로 먹고자 할 경우는, 꽃 피고부터 약 20~30일경이 수확 적기입니다. 꼬투리가 불룩해지면 땁니다. 포기째 수확을 할 경우는, 포기 전체의 콩이 대략 8할은 알이 찼을 때를 기준으로 줄기 아랫부분을 잘라 거둡니다.

풋콩의 수확 적기는 짧습니다. 5~7일간이라고 합니다. 꼬투리 색깔이 조금이라도 누렇게 변하면 콩이 딱딱해져 버립니다. 제때를 놓치지 않도록 주의해야 합니다.
오랜 기간 수확하고 싶을 때는, 파종 시기를 열흘쯤 달리해서 세 차례 정도 나눠 심으면 좋습니다.

### ● 익은 콩으로 수확

풋콩으로 수확하지 않고 익게 두면, 10월에서 11월에 걸쳐서 잎이 떨어지며 콩꼬투리는 물론 줄기 전체가 갈색으로 변합니다. 꼬투리를 만져봐서 꼬투리 속의 콩이 바싹 마른 소리를 내면 수확 시기입니다.

맑은 날이 여러 날 이어질 때, 줄기 밑동을 꺾어 수확합니다. 그것을 처마 밑에 세워 말립니다. 혹은 날씨가 좋은 날을 골라, 깔개를 깔고 이삼 일 널어 말립니다. 콩꼬투리가 절로 터질 만큼 마르면 탈곡을 합니다.

## 탈곡

발탈곡기가 있으면 벼처럼 탈곡을 할 수 있습니다. 자급 규모의 양 정도라면 손으로도 가능합니다.
날씨가 좋은 날을 골라 햇살에 충분히 말린 뒤, 깔개를 깔고, 그 위에 펴놓고, 막대기 등으로 가볍게 두드립니다. 그리고 대나무나 철망으로 만든 눈이 굵은 체로 줄기나 껍데기 등을 골라낸 뒤, 키를 써서 먼지나 모래 따위를 골라내면 콩만이 남습니다.
옛사람들은 키만으로도 먼지나 작은 부스러기 등을 골라냈습니다. 되도록 그런 기술도 몸에 익혀두면 좋습니다.

탈곡하며 나온 껍질이나 부스러기 등은 밭에 돌려줍니다. 이랑 위에 흩뿌려놓으면 됩니다.
나온 콩은 다시 한 번 돗자리 등에 펴 널어 이삼 일 햇살에 잘 말린 뒤, 병이나 봉지에 담아 보관합니다.
이 말린 콩은 씨앗으로도 쓸 수 있습니다. 씨앗용은 상한 데가 없는 것을 골라 별도의 장소에 보관합니다.

# 완두콩

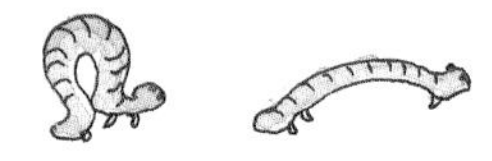

## 완두콩의 재배 달력

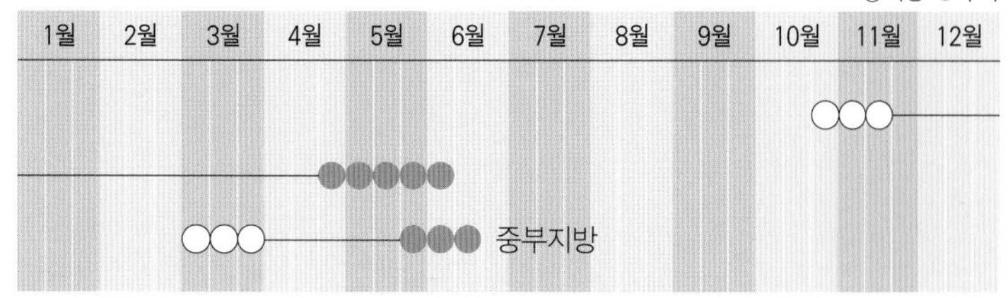


## 품종

꼬투리 완두콩: 꼬투리와 함께 먹는 완두콩. 꽃 색깔에 따라 흰 꽃이 피는 백화종白花種, 붉은 꽃이 피는 적화종赤花種으로 구분하기도 한다. 또한 덩굴이 있는 것과 없는 것이 있다. 꼬투리의 크기에 따라 소형, 대형으로 구분하기도 한다.
열매 완두콩: 풋콩을 따서 콩만을 먹는 완두콩으로 덩굴이 있는 것과 없는 것이 있다.
스냅 완두콩: 꼬투리 완두콩과 달리 꼬투리 안의 콩이 불룩하게 자란 뒤부터 꼬투리와 콩을 함께 먹는다. 단맛이 강하다.

완두콩은 메소포타미아 지방이 고향입니다.
자연농의 밭에서는 작물이 수많은 종류의 풀들과 공생을 하고 있기 때문에, 연작 장해는 극히 적다고 할 수 있습니다. 하지만 채소만이 아니라 모든 식물은 한 곳에서 오랜 기간 사는 걸 싫어하는 성질을 가진 것이 있는가 하면 좋아하는 것 등 여러 가지입니다. 완두콩의 경우는, 콩과이기 때문에 앞그루가 콩이었던 곳은 피하는 게 무난합니다. 양지바르고, 물 빠짐이 좋은 곳이라면, 처음 농사를 짓는 사람이라도 잘 해낼 수 있습니다.

### 씨앗 떨어뜨리기

완두콩은 대개 10월 하순에서 11월 중순경에 파종합니다.(남쪽 지방이 아니라면 3월에 파종하여 6월에 수확한다: 옮긴이)
덩굴이 있느냐 없느냐, 덩굴이 있다면 어떤 지지대를 세우느냐에 따라 파종 장소가 달라집니다.

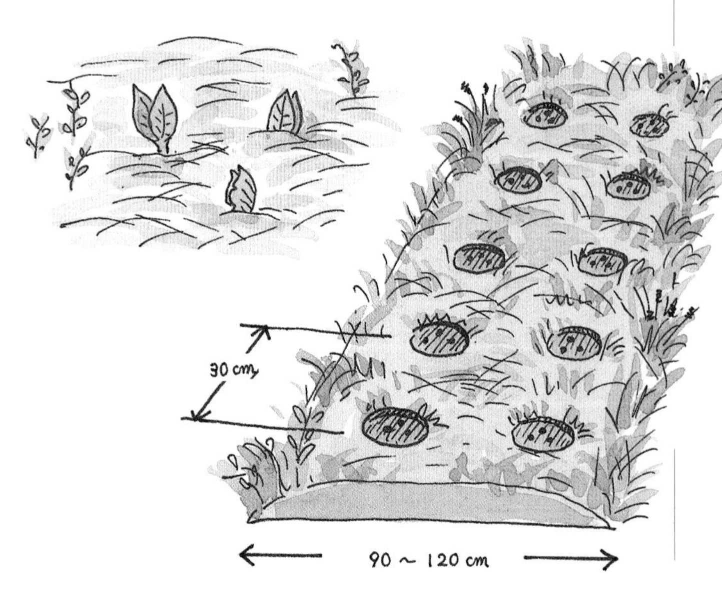


여름채소를 거둔 뒤라면 키가 큰 여름풀을 쓰러뜨리고, 그 아래의 겨울풀을 헤치고, 30~40cm 간격으로 점 뿌리기를 합니다. 파종할 곳에 직경 10cm 크기(원형)로 풀을 베고, 여러해살이풀의 뿌리 등이 있으면 뽑아낸 뒤, 평평하게 고릅니다. 손바닥으로 가볍게 진압하여 평평하게 고른 뒤, 씨앗을 서너 알씩 떨어뜨리고, 씨앗 크기의 배 정도로 흙을 덮고, 다시 손바닥으로 가볍게 눌러줍니다. 마지막으로는 마른풀 등으로 엷게 덮어줍니다. 이렇게 하면 습기를 지키는 한편 새 피해를 줄일 수 있습니다.

### 발아

약 일주일에서 열흘 뒤에 발아가 됩니다. 덮어놓았던 풀이 발아를 방해하면 제거해줍니다. 이 시기는 겨울 추위나 바람도 강하기 때문에 벌거숭이 땅이 없도록 적당히 풀을 덮어 막아줍니다.
지방에 따라 다릅니다만 기본적으로 이 상태로 겨울을 나게 합니다.

씨앗 뿌리기가 지나치게 빠르면, 가을 동안에 크게 자라 겨울에 서리나 눈 피해를 입고 말라 죽어버리는 일이 있습니다. 그러므로 조기 파종은 주의를 요합니다.

온난지에서는 2월 후반에 파종해도 가을 뿌리기보다는 조금 늦지만 수확할 수 있습니다. 추운 곳에서는 3월 초순이나 중순에 파종합니다.

**① 볏짚과 지지대를 쓸 경우**

완두콩이 자라며 다음 지지대가 필요해지면 위에 한 줄 더 매준다

볏짚

볏짚은 밑동 쪽을 아래로 가게 하여 새끼줄에 한 차례 감아 묶은 뒤 늘어뜨린다

## 지지대 세우기

덩굴이 있는 경우는 지지대를 세워 줍니다. 완두콩에 따라, 어떤 것은 줄기로 지지대를 감고 오르고 어떤 것은 잎끝에 있는 덩굴손으로 휘감아 쥐고 올라갑니다. 짚이나 망, 가는 가지가 많이 난 대나무 등을 지지대로 쓸 수 있습니다. 주위에서 쉽게 구할 수 있는 재료로 겨울에 준비해두면 좋습니다.

여기서는 볏짚과 잔가지가 많은 대나무, 그 두 가지 방법을 소개합니다.

**② 잔가지가 많은 대나무**

잔가지가 많은 대나무를 완두콩 수만큼 세워, 덩굴손이 잔가지를 잡고 위로 자라갈 수 있도록 합니다. 먼저 이랑 전체에 대나무를 꽂은 다음, 가로대를 세운 뒤, 단단히 잡아 묶어서 바람에 쓰러지지 않도록 합니다.

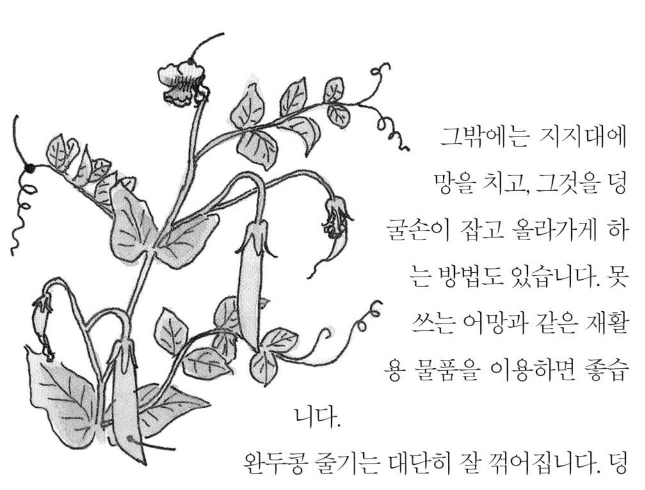

그밖에는 지지대에 망을 치고, 그것을 덩굴손이 잡고 올라가게 하는 방법도 있습니다. 못 쓰는 어망과 같은 재활용 물품을 이용하면 좋습니다.

완두콩 줄기는 대단히 잘 꺾어집니다. 덩굴손이 자라기 시작하면, 늦지 않게 다음 지지대를 미리 매두어야 합니다.

## 성장

추운 겨울에는 성장을 멈추고 있지만, 봄이 오며 기온이 올라가면 완두콩은 물론 주변의 풀도 함께 자라기 시작합니다. 주변의 풀을 베어 완두콩이 풀에게 지지 않도록 도와줍니다. 벤 풀은 그 자리에 펴놓습니다.

## 수확

● 꼬투리 완두콩

꼬투리가 연할 때, 색깔이 선명할 때, 콩이 적당히 여물었을 때 수확합니다.

● 열매 완두콩

콩알이 적당히 크고, 연하고, 파란 빛깔이 고울 때 따서 먹습니다.

한편 꼬투리 색깔이 노란색에서 엷은 갈색이 될 때까지 뒀다가 수확하면 콩처럼 마른 완두콩 상태로 보존할 수 있습니다. 먹을 때는 물에 넣어 불린 뒤에 요리합니다.

## 채종

어떤 종류나 콩 알갱이가 충분히 자라고(꼬투리 완두콩은 꼬투리가 가득 차도록 자라지 않지만), 꼬투리가 점점 엷은 갈색으로 변하며 잘 말랐을 때, 익은 것부터 차례로 채종합니다. 때를 놓치면 곰팡이가 피는 일이 있으므로 주의해야 합니다.

날씨가 좋은 날, 멍석 등에 펴 널어 잘 말린 뒤, 손으로 비벼 텁니다. 그 뒤 다시 한 번 더 말려서 병이나 봉지에 넣어 보관합니다.

양이 많을 때는 멍석 위에 꼬투리째 펴놓고, 막대기 등으로 가볍게 두드립니다. 그 뒤 체와 키로 고르면 완두콩만 거둘 수 있습니다.

열매 완두콩은 둥글고 통통한 모양입니다만, 꼬투리 완두콩이나 스냅 완두콩은 말리면 쭈글쭈글해집니다. 보존 가능 기간은 3년입니다.

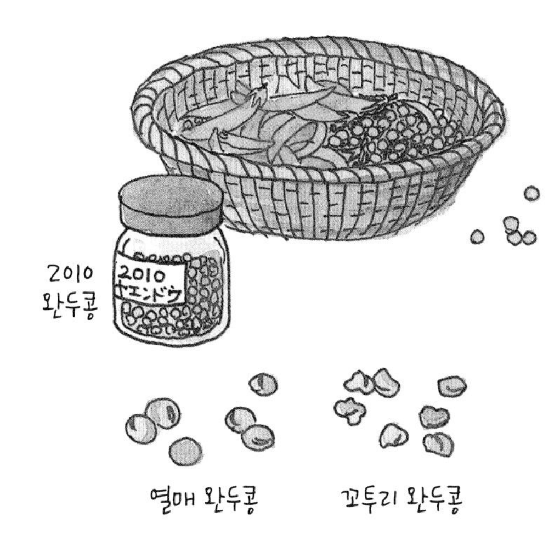

# 누에콩

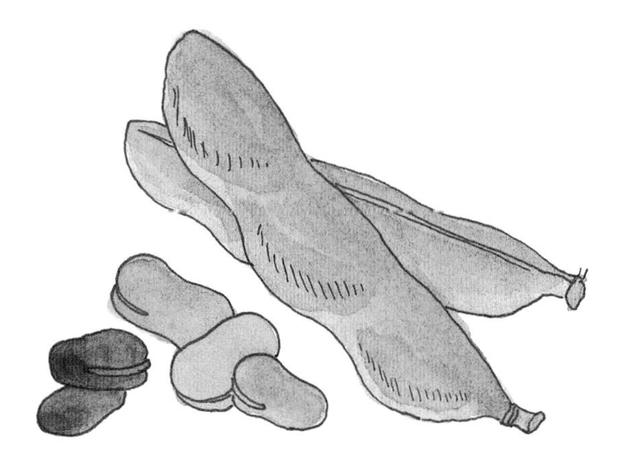

## 누에콩의 재배 달력

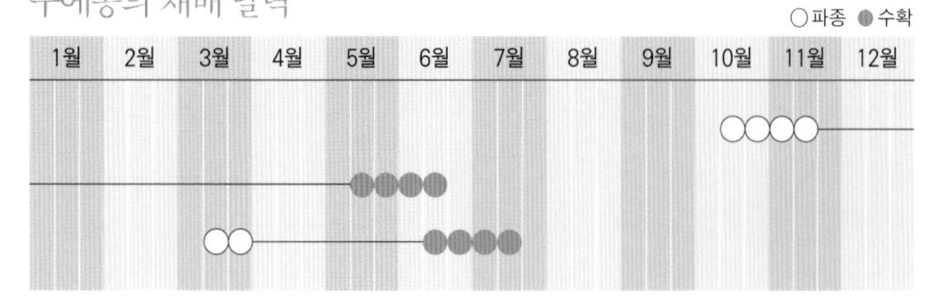


## 품종

조생종, 중생종, 만생종이 있다. 검붉은색도 있지만 거의 다 녹색이다. 검붉은 누에콩도 속은 녹색이다.

누에콩의 원산지는 아프리카 북부에서 지중해 연안이라고 합니다. 가뭄에 약하기 때문에, 양지바르지만 적당하게 습도도 있는 땅에 알맞습니다.

### 씨앗 떨어뜨리기

겨울 추위에는 강하다고 알려져 있지만 완두콩만큼은 아닌 것 같습니다. 그러므로 너무 일찍 뿌리면, 모가 지나치게 크게 자라 한해를 입기 쉽습니다. 또한 너무 늦어지면, 적당히 자라지 못한 상태에서 겨울을 맞으며 성장이 나빠지는 일이 있기 때문에, 대개 10월 상순에서 11월 상순을 기준으로 합니다.(월동이 안 되는 곳에서는 10월, 11월 파종은 불가능하다. 1970년대에 서울 뚝섬 등지에서 재배할 때는 4월 중순~5월 초순에 파종했다 한다: 옮긴이)

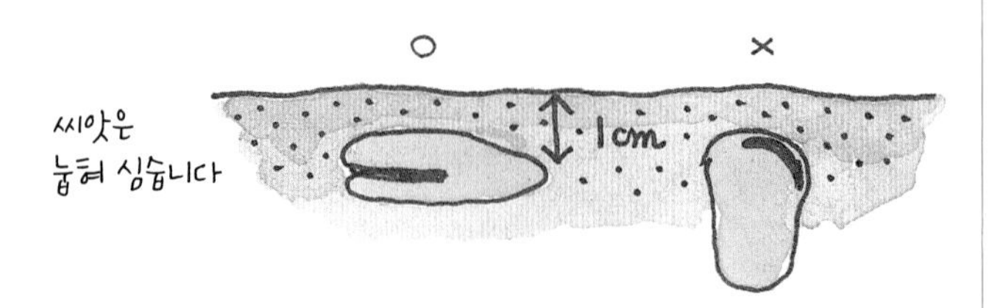


따듯한 곳일수록 늦게 뿌리는 것이 좋습니다. 규슈(일본 남쪽 지방. 위도상 제주도에 해당: 옮긴이) 일부에서는 2월 하순에 파종할 수 있습니다. 양지바른 곳을 골라 파종합니다. 폭 130~150cm 정도의 이랑이라면 두 줄로도 여유가 있습니다. 크게 자라는 누에콩에는 그만한 넓이가 필요합니다.
옆 그림처럼 줄 간격 약 70cm, 그루 간격 60~70cm 정도로 점 뿌리기를 합니다.
먼저 파종할 곳만 직경 10cm 정도로(원형으로) 풀을 베고, 겉흙을 걷어냅니다.

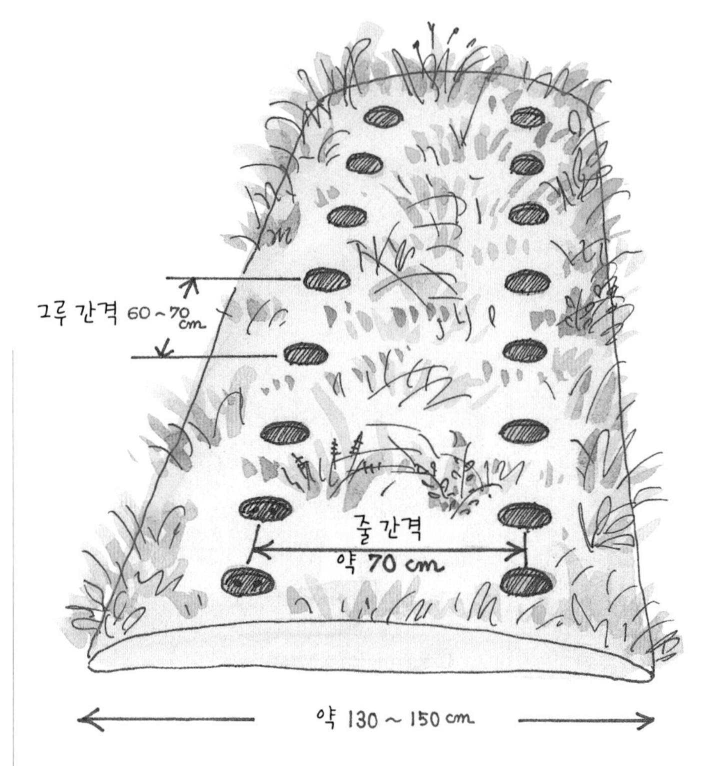


여러해살이풀의 뿌리 등이 있으면 제거하고, 땅을 평평하게 고른 뒤, 한 곳에 두세 알씩 씨앗을 떨어뜨립니다.
씨앗 위에 약 1cm 정도 두께로 흙을 덮고, 가볍게 손으로 눌러주고, 그 위에 앞서 베어놓은 풀을 흩뿌려 덮어줍니다. 새 피해와 흙이 마르는 것을 막기 위해서입니다. 자연농에서는 물을 주지 않는 것을 원칙으로 합니다. 그러므로 비가 온 뒤의 흙이 젖어 있는 날이나, 비가 오기 전에 파종하면 좋습니다. 파종한 뒤 맑은 날이 이어지며 가뭄이 들 때는, 한두 차례 충분히 물을 줍니다.

### 발아와 솎기

파종을 한 뒤 6일에서 10일 정도 지나면 싹이 트기 시작합니다. 10cm 정도 자라면 튼튼하고 건강해 보이는 것 한두 포기를 남기고, 나머지는 잘라버립니다.

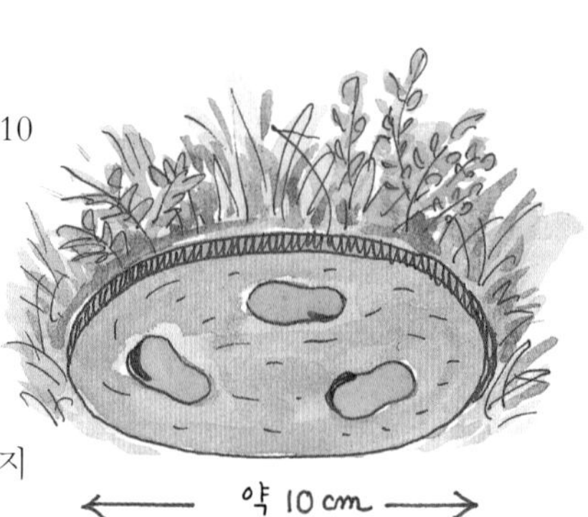

겨울 동안에는 거의 자라지 않고 어린 모 상태로 겨울을 납니다. 한파가 몰아닥칠 때는, 눈이나 서리 피해를 막기 위해 포기 주위에 마른 풀을 덮어주거나 때로는 포기 위에까지 덮어주어도 좋습니다.

## 성장

3월이 되어 기온이 상승하기 시작하면, 누에콩도 하루가 다르게 자라기 시작합니다.
옆 가지가 여러 개 나옵니다만, 그 숫자가 많으면 꼬투리가 적어지기 때문에 네다섯 개를 남기고 나머지는 잘라내도 좋습니다.

포기가 모양을 갖추는 4월에서 5월에 걸쳐서, 콩과 특유의 나비 모양의 옅은 자주색 꽃이 핍니다. 가까이 가면 형용하기 어려울 만큼 고운 향기가 납니다.

그러다 마침내 꽃이 지면, 그 안에서 작은 꼬투리가 생기며 조금씩 자라기 시작합니다.
포기가 크게  자라며 바람에 쓰러질 우려가 있을 때는, 이랑 주변 몇 곳에 막대기를 세우고 그 막대기에 줄을 쳐서 쓰러지는 것을 막아줍니다.

## 수확

누에콩은 꼬투리가 위를 향해 열리기 때문에 하늘콩이라고도 합니다. 그처럼 누에콩 꼬투리는 완두콩이나 강낭콩과 달리, 처음에는 위로 향해 꼬투리가 열립니다. 꼬투리 안의 콩이 자람에 따라 아래로 고개를 숙이는데, 이때가 수확기입니다. 만져보면 잘 여문 것을 알 수 있습니다. 녹색 꼬투리에 광택이 있을 때 거둬들입니다.

수확할 때, 꼬투리를 손으로 잡아당겨 따면 줄기가 찢어지거나 꺾어지기 쉽습니다. 그러므로 가위로 하나씩 잘라냅니다. 누에콩은 상하기 쉽기 때문에 수확한 뒤에 바로 먹는 게 가장 좋지만, 만약 보존할 때는 꼬투리는 벗겨버리고 콩만을 냉동이나 냉장 상태에서 보관합니다.

## 채종

다음 해 씨앗으로 쓸 실하고 고운 꼬투리는 따지 않고 그대로 둡니다. 꼬투리가 다 자라 검은색으로 변하고 꼬투리 안의 콩이 단단히 여물면, 씨앗으로 거둬 보관합니다.
이때면 해마다 장마가 집니다. 그러므로 필요한 양을 수확한 뒤에는 바람이 잘 통하도록 불필요한 가지를 잘라냅니다.
거둔 씨앗의 양이 많다면 말려두고 먹을 수 있습니다. 날씨가 좋은 날 잘 말린 뒤 털고, 턴 콩은 다시 한 차례 더 말려서 병 등에 넣어 보관합니다.

자연농
Q&A
알려주세요, 가와구치 씨 ❷

# 더 나은 미래를 위해

Question6

가와구치 씨, 당신 밭의 채소에는 벌레 피해가 거의 없는데 그 이유는 무엇입니까?

A 벌레로 전멸한 숲이나 초원은 없습니다. 조화를 잃지 않은 자연상태 속에서는 그러한 일이 일어나지 않습니다. 자연농에서는 보다 자연에 가까운 환경을 만드는 것을 목표로 하고 있습니다. 그러므로 수확에 지장을 가져올 만큼 벌레 피해가 클 때는 자연의 조화가 깨져 있다고, 다시 말해 재배 방법이 잘못돼 있다고 봐야 합니다. 예를 들면 벼에 오는 멸구라는 벌레가 있습니다. 다수확을 바라며 비료를 준 논의 벼는 연약하기 때문에 멸구가 와서 벼의 잎이나 줄기에 붙어 즙을 빨기 쉽습니다. 그런 조건 속에서 멸구가 한 해에 여러 차례 새끼를 치며 피해는 더욱 커집니다. 물론 자연농의 논에도 멸구는 있습니다. 하지만 벼보다 그 아래에 난 풀을 좋아합니다. 자연농의 벼는 튼튼하고 딱딱하기 때문에 멸구가 침을 찔러 넣어 즙을 빨기가 어려운 것 같습니다.

Question7

이웃 농부가 "우리 밭으로 벌레가 날아온다", "왜 풀을 그냥 두냐?"고 야단을 칩니다. 어떻게 하면 좋겠습니까?

A 저도 자연농으로 바꾸고 처음에는 걱정과 함께 그런 말을 들었습니다. 그러나 풀이 있어도 벌레가 많이 생긴다거나 하는 피해가 없다는 걸 그분들이 알며 문제가 해결됐습니다. 나중에는 "어떤 씨앗을 쓰는지 알고 싶다", "농약을 안 하고 싶은데 좀처럼 그게 안 된다"며 상담을 하러 오는 사람도 생겼습니다. 시간이 지나고, 결과를 보고 이해를 하도록 하는 게 가장 좋지만 만약 그 전에 그런 말을 듣게 될 때는 이웃과의 경계 부분만이라도 깨끗하게 풀을 베어주는 것은 어떨까요? 설명을 통해 이해를 하시면 좋지만 대꾸를 하다가 충돌이 생기면 큰일입니다. 반대로 이웃 밭에서 농약이 날아와도 불평을 해서는 안 됩니다. 그리고 실제로는 방임이 아니기 때문에 보기 괴로울 만큼 풀이 나 자라는 것도 아니고, 저에게 배우러 오는 분들로부터도 그와 같은 충돌이 이어져 곤란하다는 말은 들은 적이 없습니다.

Question8

자연농에서는 어느 정도의 수확량을 기대하면 좋을까요?

A 자연농으로는 인류 전체의 식량을 조달할 수 없지 않느냐는 분도 있습니다. 자연농에서는 많지도, 적지도 않게 보통으로 나고 자랍니다. 비료를 주고 크게, 혹은 많이 키운 작물은 자연 본래의 모습이 아니고 비료분이나 수분으로 부풀린 데 지나지 않습니다. 예를 들면 열 사람이 1년간 먹을 벼를 조달하는 데 관행농법의 벼인 경우 600kg이 필요합니다. 하지만 자연농의 논에서 난 벼라면 480kg이면 충분합니다. 영양가의 차이도 있겠지만 그 이상으로, 보다 전체적으로 보았을 때의 '생명력'의 차이에서 오는 게 아닐까 하고 저는 생각하고 있습니다.

Question9

관행 농법과 비교하여 자연농의 장점은 무엇입니까?

A 대형농기계를 써서 넓은 농지에서 다량의 수확물을 얻었다고 합시다. 그러나 거기에는, 예를 들어 그 기계를 만드는 데만도 헤아릴 수 없이 많은 에너지나 자원, 인적 투자가 들어가 있습니다. 또한 그 과정에서 대지를 깎고, 물이나 공기를 더럽힙니다. 환경을 많이 오염시킵니다. 문제가 있는 수단은 자연의 신비를 깰 뿐입니다. 사람들은 이익이다 손해다 합니다. 하지만 그중 많은 경우는, 자연계에 자기 생각을 명확하게 비춰 보지 못한 데서 오는 착각에 지나지 않습니다.

Question10

농부로 살며 자연농으로 홀로서기를 하고 싶다는 생각을 하고 있습니다.

A 이 책을 사서 자연농을 배우고자 하는 분들은 현재의 사회문제나 이제까지의 삶의 방식에 뭔가 의문을 품고 있을 겁니다. 실제로 제가 만난 자연농을 배우는 많은 분들도 그와 같이 눈을 뜬 분들이 많이 있습니다. 텃밭이나 자급자족 수준에서 실천하시고 싶은 분은 그와 같은 의식이 있으면 충분합니다. 하지만 전업농가로서 살고 싶은 경우는 한발 더 나아가 '나는 자연의 섭리에 따른 삶을 산다'는 확고한 각오와 그걸 실현해갈 수 있는 의지가 필요합니다. 그리고 농부로서 알아야 할 재배에 관한 기본적인 지식, 소위 농업의 기본과 같은 것은 선배 실천자에게 배우는 것이 가장 좋습니다. 자연농에는 전국에 40~50곳의 자연농 배움터가 있고, 누구나 참가할 수 있습니다. 거기서 배우면서 자신의 논밭을 갖고 실천해보면 좋을 것입니다.

3장

# 자연농의 벼와 보리 재배

아무나 할 수 없다고 여기기 쉬운 벼와 보리 농사.
자연농에서는 같은 논에서 봄에서 가을까지는 벼,
가을에서 봄까지는 보리를 재배한다.
사람의 손과 몇 가지 수동 농기구밖에 필요하지 않고,
제초에도 그다지 시간이 들지 않기 때문에
자급 규모의 농사에는 최고다.
부디 도전해보시기 바란다.

글·사진 아라이 요시미
일러스트 세키가미 에미

자연농의
벼와 보리 재배

# 논에서 벼와 보리를 재배한다

▼자연농의 논에서는 벼와 보리를 이어 재배한다. 이모작이다. 벼 다음에 보리를 재배하면 물을 좋아하는 풀을 억제할 수 있고, 거꾸로 물 없는 곳을 좋아하는 풀은 물을 대면 죽기 때문에 합리적.

옛날에는 논에서 벼를 기른 뒤, 가을부터 겨울에는 보리나 콩을 기르는 지역이 많았다. 요즘에는 벼 뒷그루로 양파를 심는 곳도 있다.

벼 뒷그루로 보리를 재배하면 논이 건조한 밭 상태가 되기 때문에, 물을 좋아하는 풀의 성장을 억제하는 효과가 있다. 반대로 겨울 동안 싹이 튼, 마른 땅을 좋아하는 풀은 모내기를 하고 물을 대면 죽는다.

경운을 했던 땅을 자연농으로 바꿀 때는 보리로부터 시작하면 좋다. 보리 씨앗을 뿌린 뒤에 등겨나 유박을 반씩 섞어 뿌려 놓는다.

벼 못자리는 보리가 자라고 있는 한 귀퉁이에 준비한다. 물을 대는 못자리보다 마른 못자리 쪽이 더 건강한 모를 기른다. 벼농사에서는 '모가 반'이라는 말이 있다. 그만큼 벼의 일생 중 못자리에서 지내는 2개월이 중요하다. 확실하고 정성스럽게 돌보아야 한다.

벼에는 찰벼와 메벼가 있고, 재배 방식에 따라 논에서 기르는 물벼와 밭에서 기르는 밭벼가 있다. 품종 선택은 자신이 좋아하는 품종보다 논의 환경을 우선해서 고른다. 요즘 품종은 많은 양의 비료와 농약을 필요로 하기 때문에 자연농에는 30~40년 전의 품종이 좋다. 여름이 짧은 지역에서는 조생이나 극조생, 거꾸로 긴 지역에서는 만생종을 고른다.

아카메 자연농 학교의 경우, 밀과 보리 파종 적기는 11월(강원, 경기 지방은 10월: 옮긴이). 벼와 보리는 생육기가 2개월 정도 겹치지만, 그 기간은 모의 성장에 적합하다.

보리가 자라고 있는 논 한구석에 마련한 벼 못자리에는 모에 섞여 풀도 난다. 벼를 거두는 게 목적이기 때문에 풀을 꼼꼼히 제거하고, 등겨나 유박을 반반씩 섞어 못자리에 흩어 뿌려준다.

봄 논에는 전년도 가을 혹은 초겨울에 뿌린 밀이 크게 자라고 있다. 밀 수확이 가까워질 무렵, 그 한쪽에 벼 못자리를 준비하며 벼농사를 시작한다.

## 논의 1년

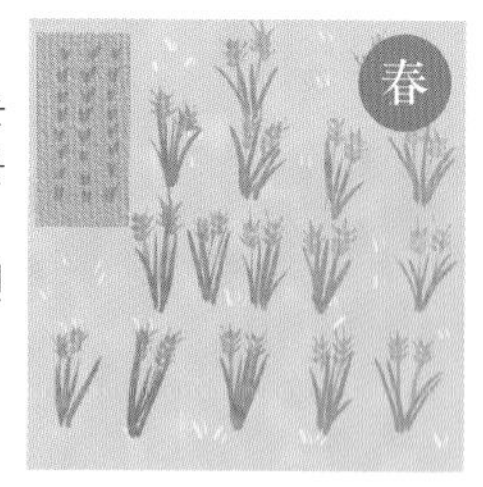


보리와 못자리
보리가 자라고 있는 한쪽에서 벼농사를 시작한다.
다른 장소가 있다면 그곳도 가능.

제초
벼의 성장기에는 풀에게 지지 않도록 두 차례 정도 풀베기를 한다.
개화기에는 뿌리가 상하지 않도록 주의.

수확, 볏덕 설치
벼를 벤 뒤, 볏덕에 걸어 자연 건조를 시킨다.
그 아래에 보리 씨앗을 뿌린다.

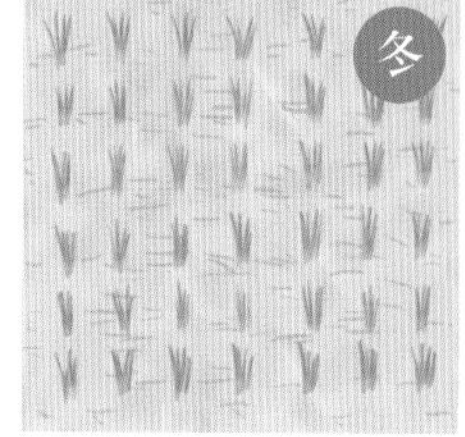


보리 발아
보리는 씨앗을 뿌릴 때의 제초로 끝.
그 뒤에는 자연에 맡기고 절로 자라게 한다.

## 논 작업 달력

|  |  |
|---|---|
| 4월 | · 수로 손질<br>· 벼 못자리 만들기 |
| 5월 | · 못자리 돌보기 |
| 6월 | · 보리 수확<br>· 논두렁 보수<br>· 모내기<br>· 논두렁 콩 심기 |
| 7월 | · 보리 탈곡, 제분 |
| 8월 | · 논의 김매기<br>· 논두렁 관리<br>· 물 관리<br>· 성장 돕기 |
| 9월 | · 논두렁 관리<br>· 물 관리 |
| 10월 | · 벼 베기<br>· 볏덕에 걸기 |
| 11월 | · 탈곡<br>· 보리 씨앗 뿌리기 |
| 12월 | · 보리 돌보기 |

4월

# 벼 못자리를 만든다

▼벼 못자리는 벼의 일생이 시작되는 중요한 작업。서리 걱정이 완전히 사라지는 4월 초순에서 5월 상순 중에 전날에 비가 내리지 않은、맑은 날을 골라서 한다。

양쪽에서 작업을 하기 쉬운 폭(약 1.2m)으로 못줄을 치고, 풀을 벤다. 괭이로 풀씨가 섞인 겉흙을 걷어낸 뒤, 평평하게 고른다. 여러해살이풀의 뿌리 등이 있으면 톱낫을 이용해 뿌리를 잘라 제거한다. 못자리 주위로 고랑을 판다. 복토는 풀씨가 없는 땅속의 흙을 파서 쓴다. 고랑은 두더지나 쥐의 침입을 막아준다.

모 줄기는 단단하고, 편평하며, 바늘처럼 가늘다. 풀은 줄기가 연하고, 둥글며, 잎이 넓다. 초보자는 볏모 하나를 뽑아보는 것도 한 방법이다. 볏모에는 볍씨가 붙어 있다. 볏모를 알아야 풀을 찾아낼 수 있다. 풀을 뽑은 뒤에는 등겨나 유박을 볍씨의 두세 배 정도 뿌린다.

## 실천 못자리 만들기

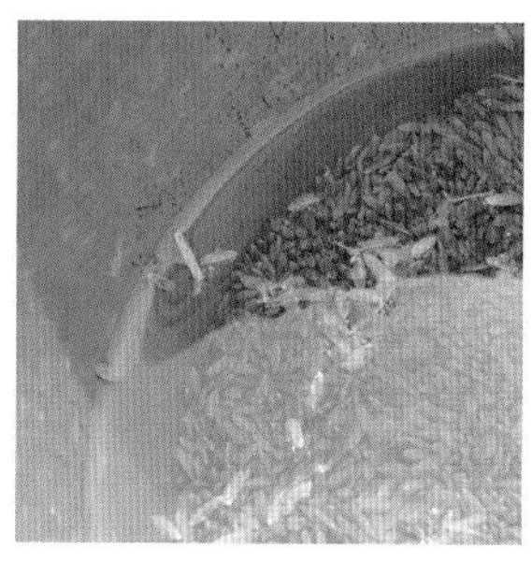

**❶ 물에 넣어 볍씨를 고른다**
물을 담은 양동이에 볍씨를 넣고, 뜨는 것은 걷어내고 남은 것을 쓴다. 볍씨는 소쿠리에 담아 말린다.

**❷ 풀베기**
못자리로 정한 곳의 풀을 벤다. 뒤에 다시 덮을 것이기 때문에, 풀씨가 붙어 있을지도 모르는 아랫부분이 아니라 윗부분을 벤다.

**❸ 겉흙을 걷어 낸다**
괭이를 써서, 풀씨가 섞여 있는 겉흙을 걷어낸다. 딱딱한 곳은 괭이로 2~3cm 가볍게 갈고, 평평하게 고른 뒤, 진압한다.

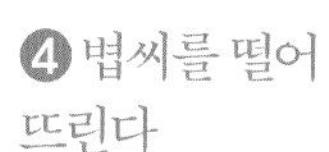

**❹ 볍씨를 떨어 뜨린다**
볍씨를 손안에 쥐고 흔들어, 손가락 사이로 볍씨가 흘러 떨어지도록 한다. 고르게 떨어지게 해야 한다. 몇 차례로 나눠서.

**❺ 간격을 조정 한다**
씨앗 간격이 좁은 곳은 넓혀준다. 배면 잘 자라지 못한다. 그러므로 이 일을 빼먹어서는 안 된다.

**❻ 고랑을 판다**
삽으로 못자리 가로 고랑을 내는데, 이때 풀씨가 섞이지 않은 아랫부분의 흙을 파서 복토에 쓴다.

**❼ 복토를 한다**
양손으로 흙을 비벼가며, 볍씨가 안 보일 정도로 고르게 덮는다.

**❽ 진압한다**
괭이의 등으로 가볍게 눌러준다. 습기가 있어 괭이에 흙이 달라붙으면 손으로 한다.

**❾ 풀을 덮는다**
생풀을 10cm 정도로 잘라 덮는다. 새를 막는 줄을 치고, 작은 동물이 들어가지 못하도록 나뭇가지 등을 꽂아놓는다.

## 실천 못자리 돌보기

**파종 1개월 뒤의 모습. 모가 2~5cm로 자랐을 때 첫 김매기를 한다.**

**❶ 풀을 뽑는다**
풀을 옆으로 당기면 잘 뽑히지 않는다. 어린 모에 주의해가며 톱낫을 써서 풀뿌리를 잘라도 좋다.

**모 구분 방법**
한 포기 뽑아본다. 볍씨가 붙어 있으면 모이기 때문에 그 모습을 잘 관찰하여 차이를 익힌다.

**❷ 성장 돕기**
등겨와 유박을 반반씩 섞어 흩뿌려주고, 모에 앉은 것은 나뭇가지 등으로 흔들어 턴다.

**❸ 새나 소동물 대책**
다시 새를 막는 줄을 치고, 소동물들이 들어가지 못하도록 나뭇가지를 꽂아놓는다.

6월·7월

# 보리 베기, 탈곡과 도정

▼보리가 황금빛으로 익어간다. 그 시기를 「보릿가을」이라고도 한다.
보리 수확은 장미 전에 맑은 날을 골라 한다.
거두어들인 보리나 밀은 자급자족에 필요한 다양한 요리의 원료가 된다.

밀은 밀가루로 빻아 빵이나 면으로 만들어 먹는 한편, 된장이나 간장의 원료로도 쓴다. 밀은 딱딱한 겉껍질로 덮여 있기 때문에 제분을 해야 한다.

한편 쌀보리는 껍질을 까지 않고도 먹을 수 있다. 그러므로 수고가 적고, 밀보다 일찍 익기 때문에 벼 뒷그루로 적당하다.

뒤는 밀이고, 앞은 쌀보리. 보리에는 맥주의 원료가 되는 '겉보리'와 된장, 납작보리 등으로 만들어 먹는 쌀보리가 있다.

맥류는 전체가 누렇게 익을 무렵이 수확 시기다. 밀은 맑은 날에 수확해야 한다. 잘 마르지 않으면 제분을 할 수 없고, 현맥 상태로 보관을 해도 곰팡이나 벌레가 생기므로 주의가 필요하다. 줄기가 강한 호밀이나 밀은 벼처럼 줄기째 베어 발탈곡기로 털 수 있지만, 줄기가 약한 쌀보리는 이삭 베기를 한다.

보리는 수확한 뒤, 이삼 일 해에 말려 탈곡을 하고, 다시 이틀 정도 햇살 아래 말리면 현맥 상태로 보관할 수 있다.

탈곡에는 두 가지 방법이 있다. 하나는 이삭만을 벤 보리를 멍석 위에 편 뒤에 나무 메로 두드려 터는 방법이고, 다른 하나는 밀처럼 발탈곡기로 터는 방법이다.

나무 메로 두드려 탈곡을 한 경우는 키질을 통해 현맥과 부스러기를 깨끗하게 나눈다. 양이 적을 때는 이 방법이 좋다.

제분은 기계 말고 맷돌도 쓸 수 있다. 맷돌로 갈고 체로 치면, 흰 밀가루와 밀기울로 나누어진다. 껍질이 쉽게 벗겨지는 쌀보리를 빼고는 제분을 하지 않고는 먹을 수 없다.

## 종류에 따라 다른 베기

밀, 호밀
톱낫을 써서 이삭만을 벤다. 또한 줄기가 강하기 때문에 밑동을 베어 발탈곡기로 털 수도 있다.

쌀보리
쌀보리는 줄기가 약하기 때문에, 이삭을 쥐고 줄기에서 잡아 뽑듯이 수확한다.

### 보리를 줄기째 밑동에서 벨 경우

보리 수확은 이삭 베기가 기본이지만, 날씨가 나빠서 손으로 수확할 시간이 없을 때나 양이 많아서 탈곡기를 써야 할 때는 밑동을 벤다. 양이 적을 때는 멍석을 펴고 나무 메로 두드려 털고, 양이 많을 때는 발탈곡기를 쓴다.

## 실천 밀, 보리 수확

❶ 이삭을 거둔다

밀

이삭만을 벤다
톱낫을 써서 보리나 밀의 이삭 부분만을 자른다. 왼손으로 이삭을 잡고, 오른손의 톱낫을 잡아당기면 잘 잘린다.

쌀보리

손으로 당겨 뽑듯이 이삭을 따낸다
쌀보리는 손으로 이삭을 쥐고 줄기에서 잡아뽑듯이 수확한다.

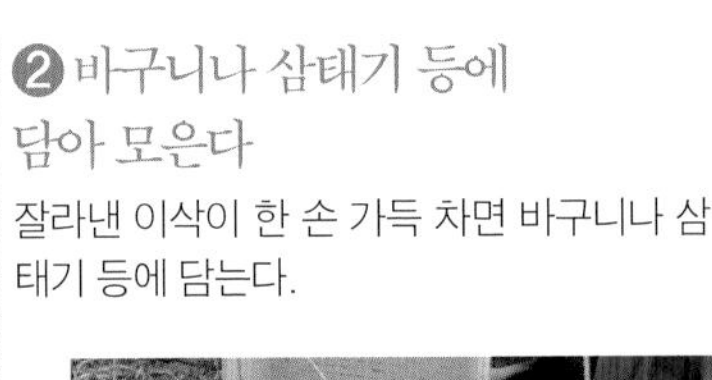

❷ 바구니나 삼태기 등에 담아 모은다
잘라낸 이삭이 한 손 가득 차면 바구니나 삼태기 등에 담는다.

❸ 이삭을 딴 뒤, 남은 줄기는 밟아 쓰러뜨린다
이삭을 따고 남은 보리 짚은, 그대로 발로 밟아 쓰러뜨려서 다음 작물인 벼의 거름이 되도록 한다. 모내기를 할 때, 모 상자를 끌며 보리 짚을 쓰러뜨리는 방법도 있다.

## 실천 탈곡

❶ 잘 말린다
수확한 뒤, 멍석 위에 펴 널어 이삼일 햇살에 잘 말린다. 덜 말리면 곰팡이가 슬기 때문에 주의한다.

❷ 나무 메로 두드린다
돗자리 위에 거둔 보리 이삭을 펴놓고, 나무 메로 두르려 탈곡하고, 현맥만을 골라낸다.

❸ 키나 체로 줄기나 부스러기를 골라낸다
나무 메로 탈곡한 뒤, 체로 친다.

### 밑동에서 벤 것은 발탈곡기로 턴다

줄기가 강한 호밀이나 밀은 밑동을 벨 수 있다. 그 경우는 발탈곡기를 쓰면 작업이 빠르다. 수확한 양이 많은 경우도 이 방법으로.

❹ 키나 풍구로 선별한다
키나 풍구를 써서 바람으로 현맥만을 남기고, 줄기나 지푸라기 따위를 깨끗이 날려버린다.

❺ 현맥을 한 번 더 말린다
탈곡하고, 이틀쯤 햇살 아래 말리면, 현맥으로 보관할 수 있다.

## 실천 제분

❶ 밀은 제분기로 제분한다
밀은 딱딱한 껍질에 둘러싸여 있기 때문에 제분기에 넣어 제분한다. 현맥을 그대로 빻으면 전분립이 된다.

❷ 체로 쳐서 밀기울과 밀가루로 나눈다
전분립을 체로 치면 밀가루와 밀기울로 나뉜다. 밀기울에는 식물섬유, 철분 등 여러 가지 영양분이 풍부하게 들어 있다.

### 제분기 구입법

제분기가 있으면 콩이나 벼도 가루를 낼 수 있다 . 가정용은 40~50 만 원 정도 .
제분기가 없을 때는 가까운 제분소나 농가에 부탁한다 .

6월

# 논두렁 보수, 모내기, 논두렁콩 심기

▼못자리를 하고 2개월쯤 지나면 드디어 모내기. 물이 새지 않도록 논두렁을 고치고, 모를 한 포기씩 정성스럽게 심어간다.

가와구치 씨의 논과 못자리. 4월에 뿌린 볍씨가 2개월에 걸쳐 30cm 정도로 자랐다.

논에서는 겨울풀과 여름풀이 교체하는 시기. 쑥이나 명아주 등이 나도 물을 대면 죽기 때문에 아무 문제 없다. 보리를 심지 않는 논에서는 습기가 많으면 미나리나 고마리와 같은 풀이 난다. 그때는 모내기 전에 베어놓는다.

논두렁 고치기는 논두렁으로 물이 새는 것을 막는 대단히 중요한 작업이다. 논두렁의 풀을 베고, 이랑과 통로 사이에 고랑을 파고, 발로 밟아가며 흙을 이긴 다음, 논두렁 쪽으로 그 흙을 끌어올린다(1차). 다음 날 밟아 이긴 흙이 반쯤 굳은 다음에, 논두렁 쪽으로 경사가 지게 끌어올린 뒤(2차), 괭이 등으로 눌러가며 마무리를 하고, 통로 쪽도 그렇게 한다.

못자리에서 2개월 동안 자란 모는 30cm쯤 자라 있다. 괭이를 써서 두께 3cm쯤으로 모를 떠내고, 상자에 담은 뒤, 심을 곳으로 옮긴다. 자연농의 모내기는 한 포기 심기가 기본이지만 모가 작다거나 가는 경우는 두 포기를 심는다. 톱낫이나 손으로 구멍을 내고, 모 뿌리와 줄기의 접점이 지면과 같은 높이가 되도록 심는다. 경운을 했던 논을 자연농으로 바꾼 경우는 땅이 딱딱하기 때문에 모종삽, 나무막대기, 대나무 등으로 구멍을 내고 심는다.

그루 간격은 여름이 짧은 곳에서 심는 조생종의 경우 25cm, 여름이 긴 곳에서 심는 만생종의 경우 40cm가 기준이다. 줄 간격은 풀베기를 하러 들어가야 하기 때문에 40cm를 기준으로 한다

논에 모내기가 끝나면, 못자리로 썼던 부분을 평평하게 고른 뒤, 모를 심는다. 보통은 밭 상태에서 모를 기른다. 하지만 다음 페이지의 사진들은 물을 댄 상태에서 못자리 고르기를 하고 모를 내는 모습을 찍은 것이다. 하지만 자연농의 못자리 고르기는 물을 뺀 상태에서 이루어진다.

## 실천 논두렁 고치기

**❶ 풀을 베고, 고랑을 판다**

논과 논두렁 사이에 수로를 만든다. 풀을 베고, 삽을 써서 폭 60cm 정도의 고랑을 판다.

**❷ 물을 넣고, 흙을 이긴다**

물을 넣고, 괭이나 발로 흙을 밟아 이긴다. 전날 이 작업을 해놓으면, 흙이 굳어 있어 다음 날 작업이 쉽다.

**❸ 다음 날, 이긴 흙을 논두렁 쪽으로 끌어올려 둑을 쌓는다**

고랑의 진흙을 둑쪽으로 쌓아올려 가며 논둑을 만들어간다.

**❹ 괭이의 등으로 경사가 지게 산山 모양을 만든다**

괭이 뒷면을 써서, 둑의 측면을 문질러 나간다. 괭이에 물을 묻혀 문지르면, 잘 미끄러져 일이 쉽다.

**❺ 통로 쪽으로도 같은 방식으로 산 모양을 만든다**

같은 방법으로 괭이의 뒷면을 이용해, 이번에는 통로 쪽에서도 산 모양을 만들어간다. 여러 차례 반복해서 문지르면 곱게 마무리가 된다.

**❻ 물 대는 높이에 맞춰 수로를 막는다**

고랑에 대는 물 높이를 고려해 수로 입구를 판자로 막는다. 이 판자의 높이를 조절하여 물 관리를 한다.

실천
## 모내기

❶ 못자리에서 모를 떠낸다
괭이를 써서 두께 3cm 정도로 흙과 함께 모를 떠낸다. 상자에 담아 심을 곳으로 옮긴다.

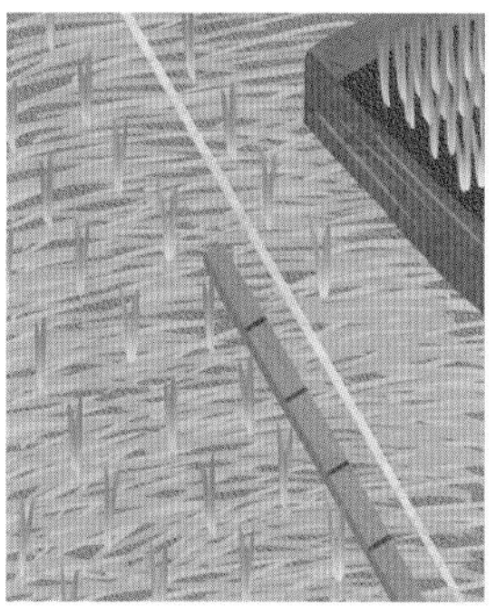

❷ 못줄을 치고, 그루 간격이 표시된 막대 자를 놓고, 구멍을 낸다
줄 간격 40cm, 그루 간격 25~40cm를 기준으로 하여 톱낫으로 구멍을 내고, 한 포기씩 심는다. 그루 간격은 막대 자를 이용하여 맞춘다.

❸ 뿌리와 줄기의 접점이 지표면과 같은 높이가 되도록 심는다
모의 뿌리와 줄기의 접점이 지표면 아래로 내려가지 않도록, 지표면과 같은 높이로 심는다. 구덩이가 깊으면 손으로 들어 높이를 맞춰 심는다. 주변의 흙을 모아줄 때, 힘이 너무 들어가면 성장 장해가 일어나니 적당하게.

실천
## 못자리 정리

❶ 남은 모는 모두 걷어낸다
남아 있는 모는 정리하고, 못자리 주변의 풀을 벤다. 벤 풀은 모내기를 한 뒤에 모 사이에 펴놓는다.

❷ 평평하게 고른다
모를 떠낼 때, 겉흙도 함께 떠냈기 때문에 높은 부분의 흙을 끌어내려 전체가 수평이 되도록 정지한다.

❸ 너무 자란 모는 끝을 잘라낸다
너무 자란 모는, 모내기를 하면 쓰러지기 쉽기 때문에 잎 윗부분을 조금 잘라낸다.

❹ 못자리로 썼던 곳에 모내기를 한다
자연농 모내기는 한 포기 심기가 기본. 줄 간격은 40cm, 그루 간격은 25~40cm를 기준으로 한다.

실천
## 논두렁콩 심기

옛날에는 논두렁에 심은 콩으로 자급용의 된장을 만들었다 한다.

❶ 괭이로 구덩이를 낸다
논두렁 고치기를 끝낸 통로 쪽 위에 괭이로 작은 구덩이를 낸다.

❷ 콩을 떨어뜨린다
두 알씩 콩을 떨어뜨려간다. 그루 간격은 50cm 정도.

❸ 왕겨, 볏짚, 풀 등을 덮는다
흙을 덮으면 콩이 썩기 때문에 왕겨나 볏짚, 생풀 등을 덮어놓는다.

# 김매기, 물 관리, 성장 돕기

▼모내기가 끝나고 모가 분얼分蘖을 시작하는 시기는 1년 중 식물이 가장 왕성하게 자라는 계절이다. 모내기를 하고 나서, 2주~2개월 정도까지는 벼가 풀에 지지 않도록 도와준다.

모내기를 하고 나서 열흘 정도가 지나면 모가 활착을 하고, 대략 2주 뒤부터 분얼, 곧 가지치기를 시작한다. 그러므로 그 뒤에 첫 번째 풀베기를 하면 된다. 단번에 전면을 다 베지 않고, 한 줄씩 건너 뛰어가며 풀을 베고, 2주 정도 사이를 두고 남은 줄의 풀을 벤다.

이 시기는 벼의 일생 중 몸을 만드는 시간에서 자손을 만드는 기간으로의 전환기다. 조생종은 7월 말이 마지막 제초 시기고, 중생종과 만생종은 8월 10일경, 늦어도 8월 15일까지는 김매기를 마친다. 개화와 교배 시기에는, 김매기를 하다가 벼 뿌리를 다치게 하면 안 되기 때문에 절대로 논에 들어가지 않도록 한다. 그 뒤에는 소동물의 생활을 위해서도 풀이 있는 쪽이 좋다.

습지에 나는 미나리나 고마리와 같은 풀은 지상부를 잘라도 뿌리가 남아 있으면 죽지 않고 다시 난다. 한편 톱낫을 써서 뿌리까지 잘라내려고 하면, 지표부까지 자라 있는 벼 뿌리를 다치게 하는 일이 있기 때문에 주의해야 한다. 풀베기가 제때 이루어지지 않는다거나 풀의 세력이 강할 때는, 줄기와 뿌리의 접점이 아니라 5~10cm 부분을 베도록 한다. 미나리처럼 뿌리를 옆으로 길게 뻗는 풀은, 잡아 뽑으면 벼 뿌리가 상하게 되므로, 되도록 뽑지 말고 지표부를 톱낫으로 자르도록 한다.

모내기 2개월 뒤의 두 번째 제초에는 좌우 줄을 동시에 베어나가도록 하고, 한 번에 베어나가는 세 줄 중 사람이 들어가는 줄은 가운데 한 줄만이 되도록 배려한다.

고랑에 물을 대어두면 이랑 위까지 잠기지 않아도 문제가 없고, 풀 베기를 할 때에는 이랑 위에 물이 없는 쪽이 작업을 하기 쉽다. 8월에 꽃이 피고 1개월쯤 지나면 물이 고랑의 반 정도가 되도록 취수구를 조정한다. 벼 베기 한 주에서 열흘쯤 전에는 고랑의 물을 완전히 뗀다.

모내기 1개월 뒤의 김매기

모내기 2개월 뒤의 김매기

모내기 때는 한 포기였던 모가 가지치기를 하며 이렇게 늘어났다.

실천

## 모내기 1개월 뒤의 김매기

모내기를 하고 난 뒤의 최초의 김매기다.
한 번에 다 베지 않고,
2주 간격을 두고 한 줄씩 한다.

❶ 한 줄씩 건너뛰어 풀을 벤다
볏짚이나 풀을 제치고, 남은 풀이 없도록 꼼꼼히 벤다. 미나리나 고마리와 같은 물풀은 뿌리째 뽑는다.

❷ 왕겨를 흩어 뿌린다
벤 풀은 그 자리에 펴 놓고, 그 위로 왕겨를 흩어뿌린다.

❸ 2주 정도 뒤에 남은 줄의 풀을 벤다
한꺼번에 풀을 베면 벌레나 소동물의 서식지가 크게 손상되기 때문에, 2주 정도 뒤에 남은 줄의 풀을 벤다.

## 실천 모내기 2개월 뒤의 김매기

이웃고 벼도 크게 자라 풀이 있어도
큰 걱정은 없게 됐다.
이 단계가 마지막 제초 시기.

6월에 모내기를 하고 2개월이 지난 모습. 분얼을 끝내고 쑥쑥 자라고 있다.

**❶ 볏짚이나 풀을 제쳐가며 풀을 벤다**

벼 뿌리가 상하지 않도록 조심할 것. 톱낫이 땅속 깊이 들어가지 않게 지표부의 풀만을 벤다.

**❷ 양쪽 줄의 풀은 손을 뻗어서 벤다**

벼 뿌리가 다치지 않도록, 발로 밟는 부분이 적어지도록, 양쪽 줄의 풀을 동시에 베어나간다.

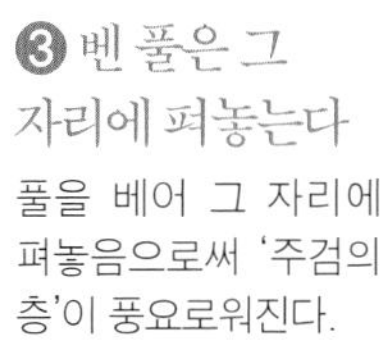

**❸ 벤 풀은 그 자리에 펴놓는다**

풀을 베어 그 자리에 펴놓음으로써 '주검의 층'이 풍요로워진다.

## 실천 논두렁 돌보기

논두렁에는 땅강아지나 두더지가 구멍을 뚫는다.
정기적으로 살펴보고 이상이 있으면 고쳐놓는다.

**❶ 논두렁 안쪽에 난 풀을 벤다**

논두렁에 풀이 나면 두더지 구멍을 찾기 어렵다. 그러므로 논두렁 안쪽에 난 풀을 괭이로 걷어낸다.

**❷ 다시 논두렁을 보수한다**

괭이로 다시 논두렁을 문질러 말끔히 마무리를 한다.

**❸ 콩 주변의 풀을 괭이로 잘라낸다**

콩 주위로 난 풀을 괭이로 잘라낸다.

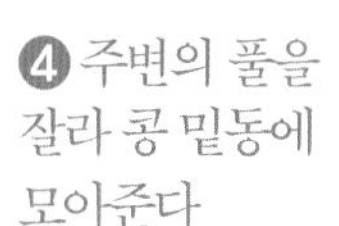

**❹ 주변의 풀을 잘라 콩 밑동에 모아준다**

콩 주변의 풀을 깎아서 콩 밑동에 그러모아주면 생육이 좋아진다.

6

10월

# 벼 베기, 볏덕에 걸기

▼벼는 주식이다. 그만큼 벼 베기는 기쁘다. 각별하다.
벼 베기는 벼농사에서 가장 즐거운 작업일지 모른다.

벼 베기 1개월 전에는 물을 떼고, 1주에서 열흘 전에는 고랑의 물까지 완전히 뗀다. 벼이삭 줄기의 3분의 2가 황금색으로 물들고, 벼 한 포기의 이삭 3분의 2가 그 상태가 되고, 논 전체 면적의 3분의 2가 그 상태가 됐을 때가 수확 적기. 이때를 놓치면 볏짚이 약해지며 탈곡할 때 벼이삭이 끊어져 버린다.

일반적으로 10월 하순경이 수확 적기(강원, 경기 지역은 10월 상순부터 벼를 베기 시작한다: 옮긴이)이고, 벤 벼는 볏덕에 걸어 자연 건조를 시킨다. 기계로 건조시키지 않고 햇살에 말리면 줄기의 양분이 이삭에 모여 미질이 더 좋아진다고 한다. 환경이나 날씨에 따라 2주에서 한 달쯤 말린다. 건조 기준은 껍질을 벗겨 확인한다. 쌀알이 투명하고, 이로 깨물면 문드러지지 않고 깨질 때가 좋다.

벼 베기는 아침 이슬이 마른 뒤부터 시작한다. 톱낫을 써서 세 줄에서 네 줄씩 베어나간다. 오른손잡이인 경우는 오른쪽에서 왼쪽으로, 두세 그루를 순서대로 베어 한 다발로 하고 좌측에 놓는다. 벼 포기를 잡는 왼손은 엄지가 위로 가게 한다. 풀을 벨 때와는 반대다. 그쪽이 작업하기 수월하다.

세 다발을 한 세트로 하면서 순서대로 베어가고, 어느 정도 베고 나서는 묶기용의 볏짚을 각 단에 놓고 한 단씩 묶어 나간다.

벼 베기가 끝나면, 묶은 볏단을 한 곳에 모으고 볏덕을 세운다. 땅속으로 30~50cm 정도 볏덕의 기둥을 박아 안정시킨다. 옆으로 놓는 가로대의 높이는 작업하기 쉽게 가슴 높이로 하고, 벼를 걸었을 때 땅 위에서 30cm 이상 떨어지게 한다.

## 실천 벼 베기

❶ 벼를 한 그루씩 벤다

엄지가 위로 가게 하여 잡고 벤다. 그루의 크기에 따라 두세 그루를 한 단으로 한다.

❷ 세 단을 교차해서 놓고, 묶기용의 볏짚을 그 위에 놓는다

두 번째 단은 X자 모양으로 놓고, 세 번째 단은 두 단 가운데에 놓는다. 그 위에 묶기용의 볏짚을 옆으로 걸쳐놓는다.

아카메 자연농 학교에서 재배하고 있는 붉은 색깔의 쌀(赤米). 오랜 옛날부터 재배해온 이 벼는 나락 끝에 까끄라기가 길게 나 있어 멧돼지 피해가 적다.

10월, 벼 베기 전의 가와쿠치 씨의 논. 한 포기의 모가 가지치기를 많이 하고, 벼이삭은 황금 빛깔로 물들었다.

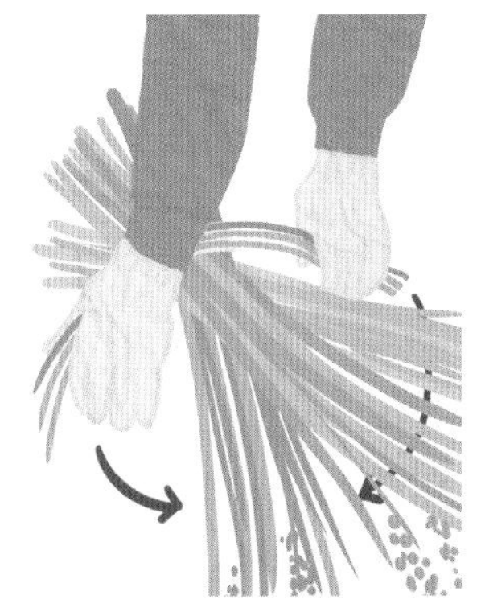

❸ 위에서 아래로 감아 들고 뒤집는다
묶기용의 볏짚을 양손으로 잡고, 번쩍 들어 볏단 전체를 뒤집는다.

❹ 묶기용 볏짚을 비틀어 밑동 쪽에서 묶는다
왼손에 쥔 볏짚을 똑바로 세운 상태에서, 오른손에 쥔 볏짚을 시계방향으로 한 바퀴 돌린 뒤 손을 바꾼다.

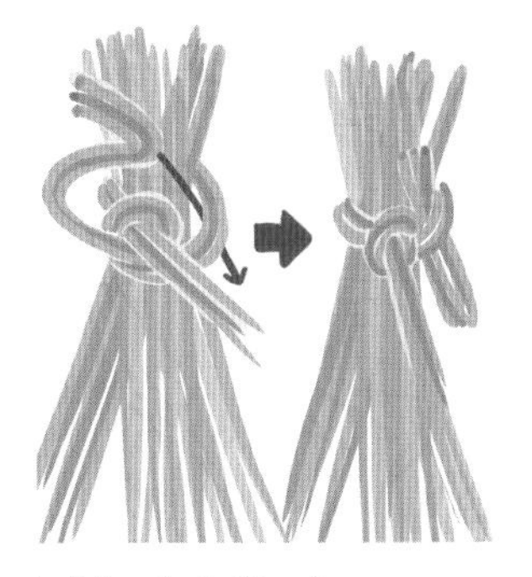

❺ 볏짚을 집어넣는다
바꾸어 쥔 오른손의 볏짚을, 둘러친 줄 안으로 집어넣어 고정한다. 이때 묶음용 볏짚의 밑동 쪽 줄기가 볏단 아래쪽을 향하도록 집어넣는다.

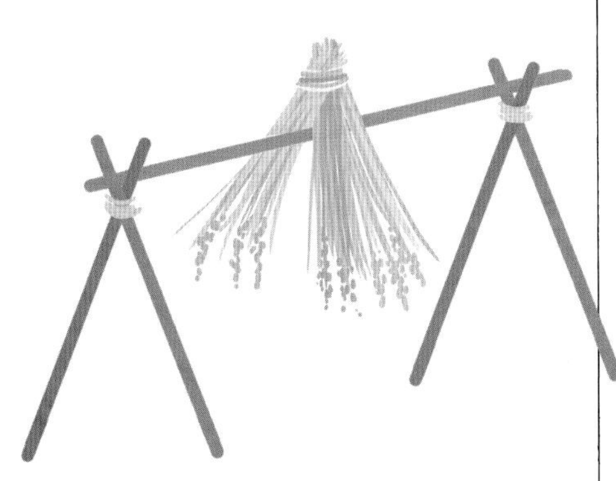

❻ 볏단을 1대 2로 벌려 건다

## 실천 볏덕 세우고, 걸기

❶ 남북 방향으로 볏덕을 세운다
볏덕을 세울 곳의 볏단을 옆으로 옮겨놓고, 볏덕을 세운다. 해가 일정하게 들도록 볏덕을 남북 방향으로 세운다. 볏덕 기둥은 직각이 아니라 八자 모양으로, 조금 비스듬히 세운다.

❸ 덧기둥을 세운다
두 개의 기둥만으로 연결한 볏덕은 좌우로 넘어질 우려가 있기 때문에, 양쪽 가로 덧기둥을 세워 보강한다.

❷ X자 부위는 새끼줄로 묶는다
X자 부위 위에 가로대를 놓고 새끼줄로 묶는다. 아래쪽에서 한 바퀴 감은 뒤 위로 감아 올라가면 묶은 곳이 느슨해지지 않는다.

❹ 볏단을 1대 2로 나눠 건다
볏단을 1대 2로 나눠 거는데, 1대 2가 차례로 바꿔 걸리도록 한다.

❺ 양쪽 가는 잎으로 묶어 고정한다
양쪽 가에 발 세 개를 세워 볏덕을 튼튼하게 고정시킨 경우는 그대로도 좋다. 하지만 발 너머까지 걸었거나, 거꾸로 모자라 도중에 끝났을 때는, 가에 있는 볏잎으로 묶어 고정한다.

❻ 새를 막기 위한 줄을 친다
벼이삭에서 10cm 정도 떨어진 곳에, 새 피해를 막기 위해 눈에 잘 안 띄는 줄을 친다. 볏단이 마르며 줄과의 간격이 벌어지면 바꿔 묶는다.

# 보리 파종, 벼의 탈곡

▼보리 파종 적기는 10월에서 11월까지.
보리 수확이 늦어지면 모내기가 늦어지기 때문에
보리 씨앗은 벼 베기 바로 전부터 탈곡을 마칠 때까지는 뿌린다.

일반 농가는 콤바인을 쓰기 때문에 벼 베기와 탈곡까지 단숨에 끝난다. 하지만 기계나 연료를 준비하는 수고나 비용을 생각하면, 수작업으로 하는 것이 가장 효율이 좋고 온갖 환경 문제도 불러오지도 않는다. 발탈곡기와 풍구가 없을 때는 더 오래된 농기구를 써도 좋다.

발탈곡기에는 이삭 끝부터 넣어 털고, 펴며 털고, 마지막에는 밑동을 손으로 가볍게 눌러가며 턴다. 이 세 단계 작업이 아주 빠른 시간에 이루어진다. 턴 벼는 체에 넣어 큰 줄기를 골라내고, 이삭째 떨어진 벼는 나무 메로 두드리거나 손으로 비빈다. 풍구를 써서 부스러기나 먼지 등을 날려버리고, 알곡만을 골라 자루에 담는다.

보리는 습기를 싫어한다. 그래서 파종 전에 수로를 막아 물이 완전히 뗀다. 습지에서 자라는 벼와 마른 땅에서 자라는 보리를 교대로 재배하면, 논의 환경이 바뀌며 풀을 억제하는 효과도 있다.

볏덕에서 말린 벼는 발탈곡기로 탈곡한다. 다음 해에 쓸 볏짚을 남기고, 남은 볏짚은 모두 논에 흩어 뿌려놓는다. 이 작업을 마치면 그 뒤에는 보리 수확까지 할 일이 아무것도 없다. 여름풀인 벼가 자라던 곳에서 겨울풀인 보리가 제힘으로 자라간다.

도정을 한 뒤에 나오는 왕겨는 보리 싹 위에 뿌린다. 이 시기의 보리는 발로 밟아도 괜찮다. 전체에 빈틈이 없도록 골고루 뿌린다. 먹는 것을 빼고는 모두 온 곳으로 돌려보내는 것이 기본. 그곳에서 썩고, 미생물이나 소동물이 먹고 자라고 죽으며 다음 생명의 무대가 되는 것이다.

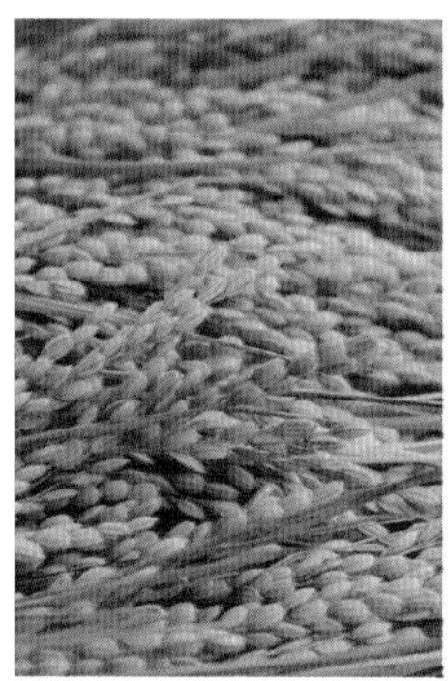

한 알의 볍씨에서 약 천 개의 쌀알을 수확할 수 있다. 밥 한 공기에는 3천 개의 쌀알이 들어간다고 한다.

볏덕에 걸고, 2주 정도에서 한 달쯤 자연 건조시킨 뒤 탈곡한다.

## 실천 탈곡(벼)

### ❶ 발탈곡기로 턴다

발탈곡기의 드럼을 돌리며, 드럼에 박힌 쇠침으로 낱알을 턴다. 둘이 하면 작업이 순조롭다.

이삭 끝부터 넣어 털고, 펼쳐가며 털고, 마지막에는 밑동 쪽을 손으로 가볍게 눌러가며 터는 게 비결.

### ❷ 체로 쳐 부스러기를 골라낸다

탈곡기로 턴 다음, 체로 쳐 볏짚과 부스러기 등을 골라낸다.

### ❸ 나무 메로 두드려 이삭에 붙은 벼를 턴다

제대로 탈곡이 안 된, 이삭째 끊어진 것은 나무 메로 두드리거나 손으로 비벼 턴다.

### ❹ 풍구에 돌린다

풍구를 돌려 먼지, 부스러기 등을 바람에 날려버린다. 오른쪽 구멍으로는 잘 여문 벼가, 왼쪽 구멍으로는 덜 여문 벼가 나온다.

### ❺ 자루에 담는다

도정하지 않고 벼 상태로 저장하면 오래간다. 포대에 담고, 주둥이를 묶는다.

## 실천 보리 파종

❶ 요철(凹凸)을 없앤다

만약 논에 요철이 있으면 다음 해 모내기를 할 때 물이 제대로 들지 않기 때문에, 보리 파종 전에 논 전체를 평평하게 고르는 작업을 한다.

❷ 고랑이나 논두렁을 고쳐놓는다

논두렁이 낮아졌거나 무너져 있을 때는 고친다. 풀이 나 있는 고랑의 겉흙을 논두렁에 파 올려놓으면, 풀이 뿌리를 뻗으며 논두렁이 잘 안 무너진다.

❸ 보리를 뿌린다

밀이나 쌀보리 등 용도에 따라 필요한 품종을 선택한다. 풀 위에 흩어뿌린 뒤, 꼼꼼히 풀을 벤다. 제초를 겸한 이 작업으로 풀에 떨어져 있던 보리 씨앗이 땅에 떨어진다.

❹ 겨울풀이 남지 않도록 꼼꼼히 벤다

겨울풀이 나기 시작한다. 톱낫을 써서 다시 나지 않도록 성장점 아래를 잘라 펴놓는다.

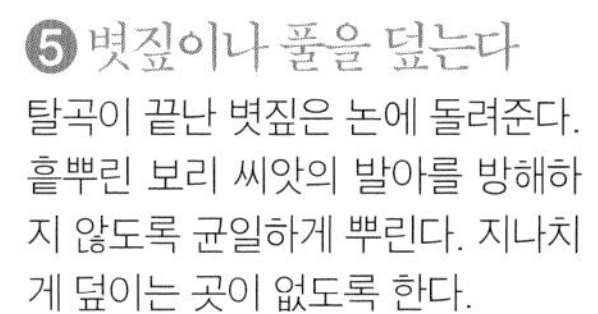

❺ 볏짚이나 풀을 덮는다

탈곡이 끝난 볏짚은 논에 돌려준다. 흩뿌린 보리 씨앗의 발아를 방해하지 않도록 균일하게 뿌린다. 지나치게 덮이는 곳이 없도록 한다.

## 실천 보리의 성장과 성장 돕기

(12월경)

10월에 뿌린 쌀보리가 다음 달이 되자 이렇게 (20cm) 자라 있다.

### 자라는 모습

벼 베기를 마친 곳에서부터 보리 파종이 시작되기 때문에 발아가 고르지 않다. 빠른 곳은 보리의 새싹이 논 전체를 뒤덮고 있어 볏덕과 조화를 이룬다.

11월에 뿌린 밀이 다음 달부터 싹이 나기 시작했다. 보리나 밀은 파종 때 한 번 풀을 베고, 그 뒤에는 자연에 맡겨두면 된다.

### 도정할 때 나오는 왕겨를 뿌린다

도정을 하며 생긴 왕겨를, 싹이 터 자라기 시작하는 보리 위에 뿌린다. 논에서 난 것은 모두 논으로 돌려주는 것이 기본.

# 끝으로

가와구치 요시카즈의 자연농을 알게 된 것은 1997년에 공개된 영화 〈자연농 — 가와구치 요시카즈의 세계 — 1995년의 기록〉(제작: 그룹 현대)을 통해서였다. 나라奈良 분지에 펼쳐진 사쿠라이 시櫻井市의 논밭을 무대로, 1년 이상의 장기간에 걸친 취재를 통해 자연 속에서는 어떤 일이 일어나고 있는지를 자세하게 기록한 장편 다큐멘터리였다. 처음 보는 자연농의 논밭은 풀이 많이 있는데도 채소나 벼가 아름다운 모습으로 자라고 있었다. 벌과 나비와 동물의 모습이 보이는, 그때까지 내가 알고 있던 논밭 이미지와는 전혀 다른 모습이었다.

자연농은 갈지 않고, 비료와 농약을 쓰지 않고, 풀이나 벌레를 적으로 여기지 않는다. 그것은 곧 경쟁이 아니라 공존의 세계. 한 배미의 밭 속에서 작물만이 아니라 여러 종류의 풀이 자라고, 풀을 좋아하는 벌레도 있는가 하면 그 벌레를 먹는 작은 동물도 있어, 그의 논밭은 활기에 넘치고 있었다. 공존의 세계에서는 누군가를 죽여 없애려 한다거나 뽑아버리고자 하지 않는다. 모든 존재가 서로 돕는다.

아카메 자연농 학교에서는 농사만이 아니라 삶 전반에 관해 배우는 일이 많다. 자연농의 논밭 농사를 지으며 싸우지 않는 길, 함께 사는 길을 배우는 것이다.

가와구치 씨는 물론 스텝 모두가 참가자들에게 이렇게 해야 한다고 강요하지 않는 점도 좋다. 매월 열리는 학습회에서 가와구치 씨와 스텝은 그달의 작업을 선보이고, 그것을 참가자가 학교 내에 있는 자기 몫의 논밭에서 직접 실천해보는 게 아카메 자연농 학교의 구조다. 스텝은 참가자들을 돕기 위해 아카메 자연농 학교의 논밭을 돌지만, 설혹 참가자들이 자기만의 방식을 고집하고 있어도 그대로 지켜볼 뿐 간섭하지 않는다. 일견 그것은 차가운 행동이라 할 수도 있다. 하지만 그렇게 하지 않는 것은, 참가자가 시행착오를 겪으며 스스로 답을 찾아가는 게 가장 좋고 그것이 자립의 첫걸음이기 때문이다.

## 버려진 땅에서 자연농을

지금 일본에서는 경작을 안 하는 땅이 늘어나 문제가 되고 있다. 2010년 농림성 센서스에 따르면, 일본의 농지 약 460만 헥타르 중 40만 헥타르가 경작 방기지가 돼 있다.

경작을 하지 않으면 잡초나 잡목이 나서 자라며 병해충이 늘어나고, 사슴이나 멧돼지와 같은 산짐승이 와서 사는 등 많은 문제가 일어난다. 그리고 오래 경작을 안 하면, 무성하게 자란 잡초와 나무를 모두 베어도 땅속줄기가 남는다거나 토양 속의 영양소 비율이 재배에 맞지 않게 바뀐다. 이런 여러 가지 문제가 생기기 때문에 농지로서 재활용하기가 어렵다는 게 일반적인 생각이다.

하지만 자연농에서는, 경작하지 않은 기간이 길면 길수록, 자연환경이 풍요롭게 되살아난다고 본다. 그런 곳에서는 논밭으로 바꿔 바로 재배를 시작할 수 있다. 경작을 안 한 땅은 자연농에서는 말 그대로 '보물의 산'이다.

영국에서 시작된 '식재료를 서로 나누자'라는 운동이 주변 국가로 퍼져가고 있다고 한다. 이것은 채소나 과일 등을 공공장소에서 재배하고, 그곳에 '식재료를 서로 나누자'라고 쓴 입간판을 세우고, 누구나 필요한 사람이 가져갈 수 있게 하는 것이다. 이 운동은 통행이 많은 곳, 도로가, 공원, 소방서 앞, 병원의 잔디밭, 시청 주차장, 학교 등으로 퍼지며 나눔의 정신을 기르고 있다고 한다.

가로수를 과일나무로 바꿔 누구나 따갈 수 있게 할 수 있고, 공원의 빈 공간을 밭으로 만드는 길도 있다. 일반 농법으로는 어렵지만 자연농이라면 바로 재배를 시작할 수 있다. 전국 각지에는 경작을 안 하는 땅도 많이 있다. 그런 곳에는 지도자가 한 사람 있고, 자급 규모의 농사를 짓고 싶은 사람이 다니며 벼나 채소를 재배하면 된다. 수확량이 많아지면 필요로 하는 사람과 나눈다. 도시에서 차로 다닐 수 있는 거리에 버려진 농지가 있으면, 그 농지를 이용해 많은 사람들이 벼와 채소를 자급할 수 있다.

## 자연농의 '씨앗'을 뿌리자

지금으로부터 30년쯤 전에 가와구치 요시카즈는 자연에 따라 사는 지혜의 '씨앗'을 발견했다. 대지에 씨앗을 뿌리면, 싹이 트고, 꽃이 피고, 수많은 씨앗을 맺는다. 한 알의 볍씨로부터 대략 1,000알의 나락을 수확할 수 있다. 이처럼 자연농의 씨앗은 조금씩 전국으로 퍼져 지금은 50곳에 가까운 자연농 배움터가 생겼다. 그들은 자급은 물론 전업농가로서 자연농을 산다.

파종을 할 때는 '좋은 씨앗'을 고르는 일이 중요하다. 오이를 기르고 싶은데 여주 씨앗을 뿌린다면, 쓴 여주밖에 얻을 수 없다. 벼를 바라는 사람이 피 씨를 뿌리면, 아무리 시간이 가도 벼는 거둘 수 없다. '자연농의 기본'을 바르게 이해해야 하는 것은 그 때문이다.

다음으로 씨앗을 뿌리는 시기와 장소에도 주의를 하지 않으면 안 된다. 여름에 자라는 채소 씨앗을 겨울에 뿌리면 싹이 트지 않고, 습기를 좋아하는 토란을 건조한 땅에 심어도 자라지 않는다. 자연농을 만난 사람에게도 각자 서로 다른 타이밍이 있는 것 같다.

이 책을 통해 처음으로 자연농의 '씨앗'을 손에 넣은 사람도 있을 거다. 이미 가지고 있는 씨앗을 밭에 뿌리게 된 사람도 있을 거다. 혹은 다음 세대에 줄 씨앗을 얻은 사람도 있을지 모른다. 어찌 됐든 이 책이 자연농의 새로운 '씨앗'이 되어 많은 사람들에게 도움이 되기를 나는 기도한다.

2013년 우수 무렵에,

아라이 요시미

# 가와구치 요시카즈의 씨 뿌리기 달력

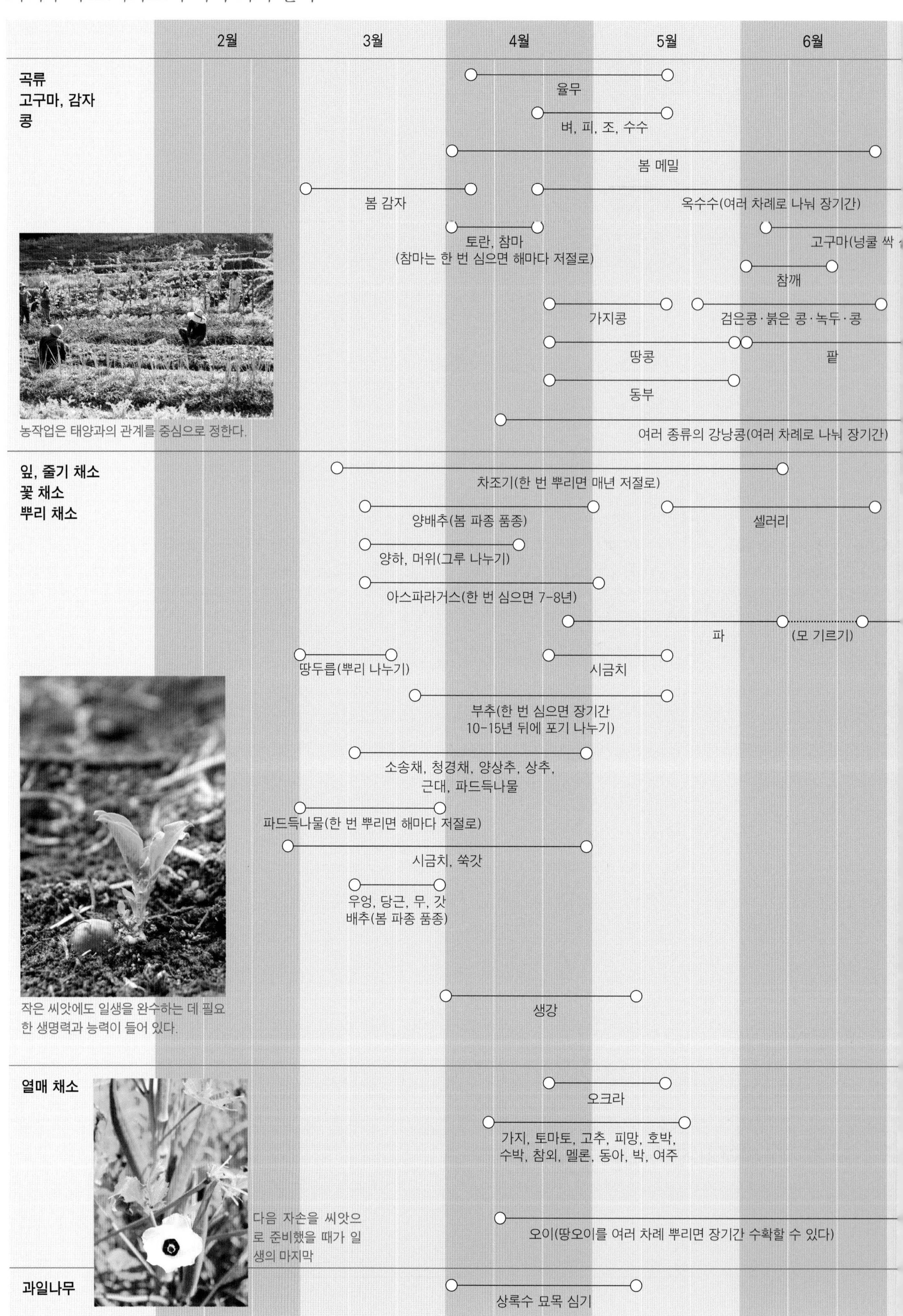

가와구치 요시카즈가 살고 곳에서는 서리는 11월 상순에서 4월 하순까지 내리고, 최고 기온은 35도, 최저 기온은 영하 4도이고, 벚꽃의 개화는 4월 8일경이다. 이것을 기준으로 각자 그 지역에 맞는 농사 달력을 만들면 좋다. (위도상으로는 목포에 해당한다. 그래서 내가 사는 강원도 홍천을 기준으로 시기를 조금 늘렸으나 한계가 있다. 참고로 삼는 정도가 좋을 것이다: 옮긴이)

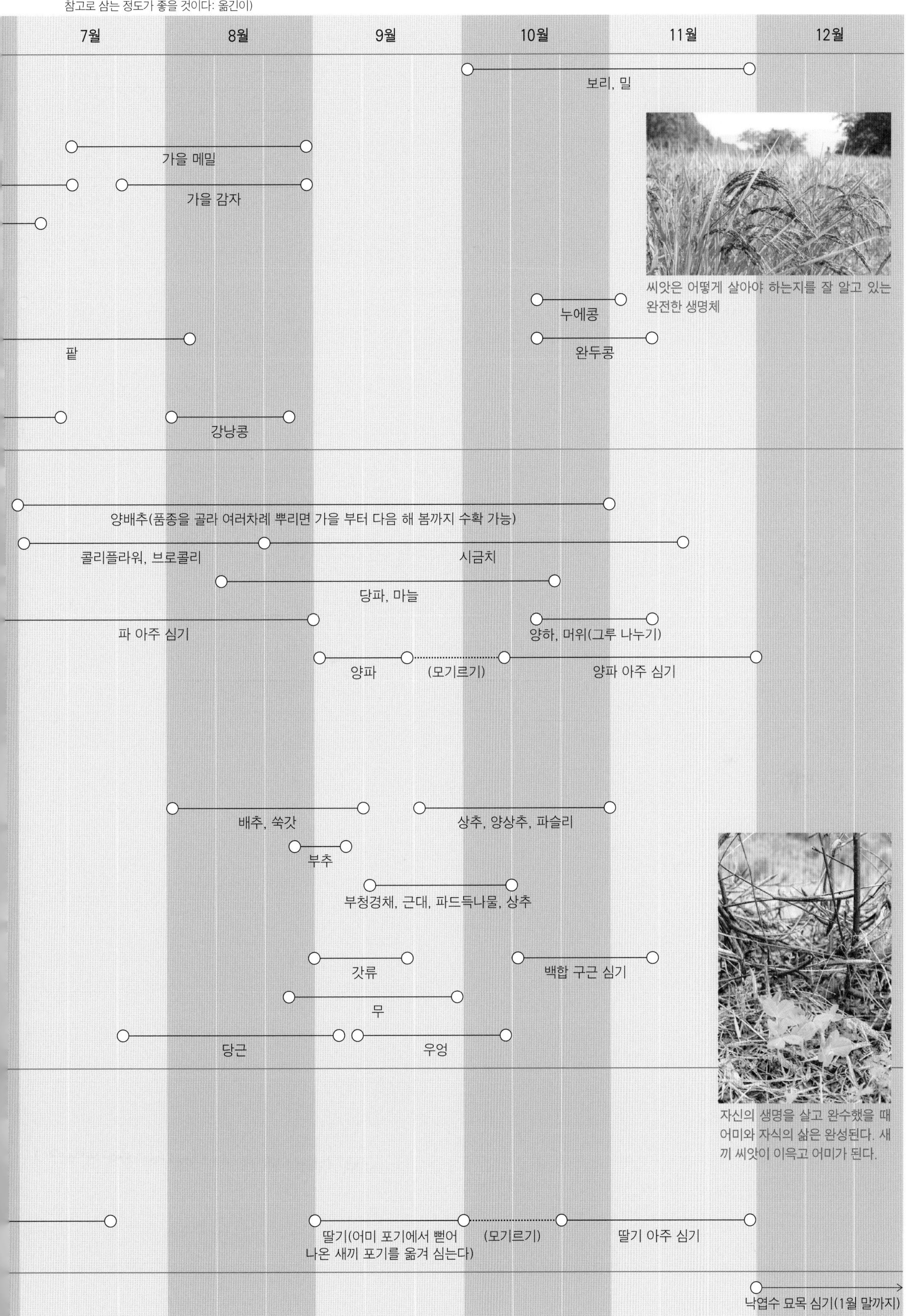


씨앗은 어떻게 살아야 하는지를 잘 알고 있는 완전한 생명체

자신의 생명을 살고 완수했을 때 어미와 자식의 삶은 완성된다. 새끼 씨앗이 이윽고 어미가 된다.

# 옮긴이의 글

최성현

사람들이 묻는다.

"정말 땅을 안 가나?"

그렇다. 안 간다. 밭만이 아니라 논도 안 간다.

"농약과 비료도 진짜 안 쓰나?"

안 쓴다. 농약과 화학비료만이 아니다. 퇴비도 안 한다.

"그러고도 농사가 되나?"

물론이다.

자연농법은 무경운, 무비료, 무농약, 무제초의 이 네 가지를 원칙으로 한다. 4무 농법이라 하는 것은 그래서다. 후쿠오카 마사노부로부터 시작됐다. 그가 창시자다. 그로부터 2대를 거쳐 3대에 오며 자연농법은 누구나 가능한 방법으로 정착이 됐다. 이 책은 3대에 해당하는 두 사람이 썼다. 둘 다 2대인 가와구치 요시카즈의 지도를 받았다.

나도 3대다. 20대 후반에 자연농법을 만났다. 어느새 30년이 넘었다. 1천 평 규모의 논밭 농사를 짓고 있다.

자연농은 자급 규모에 알맞다. 부부 노동력으로는 2천 평이 최대다. 억척스럽다면 3천 평까지는 가능하다. 그 이상은 어렵다. 그보다는 더 작게, 더 평화롭게 살고자 하는 이에게 맞다. 부자? 어림없다. 가난에서 벗어날 길이 없다. 하지만 부자가 부럽지 않은 가난이다. 감사 속에 사는 가난이다.

이 책은 가이드북이다.

자연농법! 좋다. 좋은데 어떻게 하나? 어디서부터 어떻게 시작해야 하나? 그런 사람들을 위한 책이다.

크게 둘로 나눌 수 있다.

첫째는 철학이다. 왜 땅을 갈면 안 되는지? 왜 벌레와 풀은 적이 아닌지? 비료와 농약을 쓰지 않아도 되는 건 또 왜인지?

둘째는 실제다. 파종에서 수확에 이르기까지 자세히 썼다. 사진, 혹은 그림을 넣어 알아보기 쉽게 했다. 밭만이 아니다. 논농사도 들어 있다. 이모작이다. 벼와 보리(혹은 밀) 농사의 전모를 소상히 소개하고 있다. 밭은 작물별로 전 과정을 친절하게 안내하고 있다.

지구는, 눈을 감고 보면, 한 그루의 나무다. 그 나무에 인류라는 벌레가 창궐하고 있다. 이 벌레가 무서운 속도로 나무를 먹어치우고 있다. 나무는 안중에도 없는 벌레다. 자기만 아는, 이기심이 하늘을 찌르는 벌레다. 그 벌레 등쌀로 나무가 병들어 죽어가고 있다. 암세포 같다고? 그렇다. 인류는 지구의 암세포다.

어떻게 해야 하나?

어디에도 길이 없다. 단 하나가 있다. 자연농법이다. 그 세계를 이 책은 안내하고 있다.

혹시 새로운 길을 찾는 이가 있다면 이 책에서 그 길을 볼 것이다. 내 30년 자연농법의 세월을 걸고 약속한다.